纺织服装高等教育"十四五"部委级规划教材

新形态精品教材

牛仔布生产技术

NIUZAIBU SHENGCHAN JISHU（第三版）

李竹君 王宗文 主编

刘佳明 副主编 / 易长海 主审

东华大学出版社

·上海·

内容提要

本书全面地介绍了牛仔布的发展历史和生产整理技术,主要内容包括牛仔布品种及其最新发展、牛仔布原料、牛仔布经纬纱准备、纱线染色及上浆工艺与设备、牛仔布织造工艺与设备、牛仔布后整理方法、牛仔布检验及质量标准、牛仔成衣洗水技术等。

本书可作为高职院校纺织及其相关专业的教材,也可供纺织行业的工程技术人员、管理人员和技术工人等从业人员参考。

图书在版编目(CIP)数据

牛仔布生产技术 / 李竹君,王宗文主编;刘佳明副
主编. -- 3 版. --上海:东华大学出版社,2024.10.
ISBN978-7-5669-2433-9

Ⅰ. TS941.4

中国国家版本馆 CIP 数据核字第 2024KU2480 号

责 任 编 辑　杜燕峰
封 面 设 计　魏依东

出　　　　版　东华大学出版社(上海市延安西路 1882 号,200051)
本 社 网 址　dhupress. dhu. edu. cn
天 猫 旗 舰 店　dhdx. tmall. com
营 销 中 心　021-62193056　62373056　62379558
印　　　　刷　上海龙腾印务有限公司
开　　　　本　787mm×1092mm　1/16　印张 13.25
字　　　　数　322 千字
版　　　　次　2024 年 10 月第 3 版
印　　　　次　2024 年 10 月第 1 次印刷
书　　　　号　ISBN 978-7-5669-2433-9
定　　　　价　58.00 元

PREFACE 前 言

牛仔服装从诞生至今一直流行不衰,深得广大消费者的喜爱。我国牛仔布及牛仔服装产业近年来发展非常迅速,新原料、新工艺、新技术得到广泛应用,已成为国际上重要的牛仔布生产大国。

本教材是针对职业教育纺织类专业牛仔布生产技术课程的教学而编写的,在吸收已有牛仔布工业丛书精髓的基础上,结合职业教育重应用的特点,突出实用性,并融入牛仔布生产新技术,构建新的内容体系。书中对牛仔布的发展历史、牛仔布品种、生产整理技术、质量检测标准、成衣洗水技术作了系统介绍。为打造新形态自主学习型教材,编者在第三版修订时配套开发了系列数字化教学资源,包括课件、微课、动画、虚拟仿真资源、课后习题,形成较完整的教学资源池,并以二维码的形式配置在书中。学习者通过扫描二维码即可随时随地观看数字资源,利用碎片化时间自主学习。

本书由广东职业技术学院、广东前进牛仔布有限公司校企共同编写,广东职业技术学院李竹君和广东前进牛仔布有限公司高级工程师王宗文任主编,广东职业技术学院刘佳明担任副主编,武汉纺织大学易长海教授任主审。参与编写的人员有广东职业技术学院李竹君、刘佳明、刘林云、梁海先、唐琴、薛桂萍、陈海宏,广东前进牛仔布有限公司王宗文,江门职业技术学院林丽霞。具体编写分工:模块一由李竹君执笔,模块二由刘佳明执笔,模块三由李竹君、王宗文执笔,模块四由刘林云、李竹君执笔,模块五由梁海先、唐琴执笔,模块六由薛桂萍、王宗文执笔,模块七由陈海宏执笔,模块八由林丽霞执笔。全书由李竹君统稿和整理,冯程程博士负责视频资源的整理。本书第三版修订得到广东前进牛仔布有限公司的大力支持,韶关市北纺智造科技有限公司为本书提供了相关技术资料,在此表示衷心感谢!

　　牛仔布生产技术的发展十分迅速,由于资料的收集及编者水平有限,书中纰漏在所难免,敬请读者批评指正。

编　者

2024 年 8 月

CONTENTS 目 录

牛仔面料彩图

01 模块一 概论

教学导航 ✓

知识目标	1. 了解牛仔布和牛仔服装的发展简史； 2. 阐述牛仔布的含义，熟悉牛仔布的各种分类方法； 3. 熟悉牛仔布的相关计算。
知识难点	1. 牛仔布的分类； 2. 牛仔布单位面积质量计算，紧度计算，用纱量计算。
推荐教学方式	从牛仔布的发展历史入手，通过网上、图书馆等相关渠道查阅材料，并通过团队PPT汇报展示查阅结果。
建议学时	2学时
推荐学习方法	以学习任务为引领，通过线上资源学习掌握相关的理论知识和技能，结合课堂学习，理论与实践相结合，完成对牛仔布的基本认识。
技能目标	1. 能简述牛仔布和牛仔服装的发展历史； 2. 能计算牛仔布的单位面积质量、牛仔布的紧度以及用纱量。
素质目标	1. 培养对牛仔生产技术的热爱； 2. 培养学生的自学能力、归纳总结能力，培养学生团结协作和沟通表达能力； 3. 培养学生细心踏实、独立思考、爱岗敬业的职业精神。

思维导图 ✓

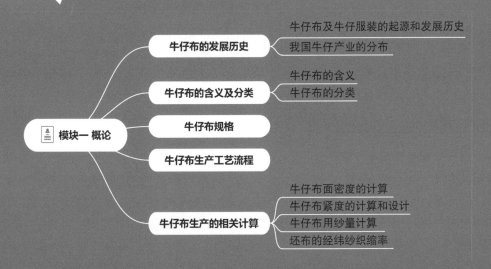

1-1 微课：
牛仔布的发
展历史

单元 1.1　牛仔布的发展历史

牛仔服装从发明到现在，经历了一百多年。一百多年来，牛仔服从美国西部的矿工、农民、工人的劳动工装，发展为上流社会的流行时装，从美国流行到世界各地，创造了"百年时尚"的神话。

一、牛仔布及牛仔服装的起源和发展历史

关于牛仔布的起源和发展历史众说纷纭，1989 年在瑞士召开的国际牛仔布生产研讨会上达成的共识是比较权威的说法。即牛仔布最早出现在法国罗纳山谷（RHONE）纳梅斯地区，它是一种用靛蓝染色的经纱与纬纱交织而成的耐磨面料，由于植物靛蓝的特殊气味有驱虫的效果，故当时这种靛蓝色的裤子很受当地牧场的牛仔、工人和农民的喜爱。1873 年，一位名叫 Levi Stranss 的法国人移居美国，在旧金山为加利福尼亚的矿工用厚的棕色帆布加工了第一条牛仔裤。牛仔裤的耐磨性好，当时很受淘金工人的喜爱，牛仔裤从此在美国得名并流传开来。随着穿着人数的增多，经过一系列的改进，牛仔裤逐渐演变成低腰、直筒、紧臀的款式，穿着起来更加舒适、合身。纵观牛仔裤的历史，不难发现牛仔裤的发展历史也是牛仔布的发展历史。

牛仔布的颜色——靛蓝色是用一种典型的有机染料染成的，从中世纪就开始使用，最初从菘蓝中提取，而后采用其他能产生靛蓝的植物。19 世纪 Nimes 的织工就用这种有机染料染结实的浅色布料，直至 1878 年，德国的化学家阿道夫·冯·贝阿发明了第一种人工合成的靛蓝染料，用它染出的牛仔布才大量投放市场。

一百多年来，牛仔服装以其独特的魅力，跻身于世界时装之林，风靡各国，经久不衰。随着时代的发展，牛仔服装已由美国西部的工装，发展成为一个款式繁多、色调丰富、纤维变化多端的牛仔服装系列家族。牛仔布是服装面料的重要部分，而靛蓝染色的牛仔布更是全球风行。

在 20 世纪 80 年代，美国牛仔布产量是全球产量的 50%，但在最近的十年之中，中国、印度、巴基斯坦、马来西亚、土耳其和墨西哥建立了大量的牛仔布生产厂，美国乃至世界的牛仔布生产重心已转移至亚洲低劳动力成本的国家。

二、我国牛仔产业的分布

中国是全球最大的牛仔生产大国，经过几十年的发展，逐步形成了很多的产业集群，主要分布在广东、江苏、浙江、山东、广西、江西等区域。广东、江苏、山东是三大牛仔布生产省，三省的牛仔布产量占全国牛仔布总产量的 80% 左右，主要集中在广东的珠三角地区、江苏的常州地区和山东的淄博地区。其中珠三角地区是最大的牛仔产业基地，量大面广，已成为全球闻名的"牛仔布产业"大基地。广东省具有牛仔产业集群优势的地区主要集中在广州新塘、中山大涌、顺德均安、江门三埠等地，这些地区涌现出了一批牛仔服装生产优势企业，形成了牛仔布、牛仔服装生产销售聚集地。江苏省牛仔布生产企业大都围绕湖塘镇以及黄桥、江阴等牛仔布

生产基地。山东省牛仔产业的分布呈现企业数量少、单个企业生产规模大的特点,主要分布在邹平、淄博等地区。

单元 1.2　牛仔布的含义及分类

1-2 动画:
牛仔智造-
牛仔面料的
生产流程

一、牛仔布的含义

1. 传统牛仔布

传统牛仔布又称经典牛仔布,是指以纯棉靛蓝染色的经纱与本色的纬纱,采用三上一下右斜纹组织交织而成的粗支斜纹布。

2. 广义牛仔布

广义的牛仔布泛指以天然纤维、化学纤维的纯纺或混纺纱线为原料,采用染浆联合机或球经染浆设备染色后织制而成的面料,具有粗犷、朴实、舒适自然等风格特征。

1-2 微课:
牛仔布的分
类

3. 仿牛仔布

仿牛仔布是指不采用传统的牛仔布生产工艺和技术而制成的具有牛仔风格的面料,如"匹染牛仔布"等。

4. 针织牛仔布

采用针织织造方法和机织牛仔布的染色工艺加工制成的具有牛仔布风格的面料。

二、牛仔布的分类

牛仔布的分类方法很多,可按照面密度、原料、纺纱方法、织物组织、染色用染料、后整理加工方法、用途等分成不同的种类。

(一) 按牛仔布面密度(布重)分类

面密度(布重)是牛仔布的基本规格参数之一,是牛仔服装行业生产中的重要指标,因为布重的差异直接影响成衣的挺括、手感和风格[1]。牛仔制衣厂在订制牛仔布时会注明布重标准,此类标准有两种:一种是牛仔布成品布重;一种是牛仔布成衣洗水后布重。一般洗水会造成布重的损耗,洗水后布重较洗水前布重小 $0.3 \sim 0.7$ oz/yd^2,普洗对布重损耗较小,酵磨则较大。但弹力牛仔布因纬向弹力收缩较大,洗水后布重反而会增加 $1 \sim 2$ oz/yd^2。

按国际商业惯例,牛仔布布重是指标准回潮率为 8% 时的含浆布重,通常以每平方米含浆质量克数(g/m^2)或每平方码含浆质量盎司数(oz/yd^2)来表示。牛仔布按布重一般可分为轻型、中型和重型三类。

1. 轻型牛仔布

布重在 340 g/m^2(即 10 oz/yd^2)以下的牛仔布,如 $36 \times 36 \times 315 \times 181$[2],布重为 220.4 g/m^2(6.5 oz/yd^2)。

---

[1]　面密度标准单位为 g/m^2,考虑到行业习惯,本书仍沿用一些传统称谓与单位。

[2]　织物规格表示为行业习惯与阅读方便计,沿用行业传统方法,未加单位。一般式中前面两个数字分别表示经纱与纬纱的线密度,单位为 tex;后两个数字分别表示经密与纬密,单位为根/10 cm。

2. 中型牛仔布

布重在 $340\sim450~\mathrm{g/m^2}$（即 $10\sim13~\mathrm{oz/yd^2}$）的牛仔布，如 $58\times58\times315\times196.5$，布重为 $356.0~\mathrm{g/m^2}$（$10.5~\mathrm{oz/yd^2}$）。

3. 重型牛仔布

布重在 $450~\mathrm{g/m^2}$（即 $13~\mathrm{oz/yd^2}$）以上的牛仔布，如 $84\times84\times283.5\times173$，布重为 $457.7~\mathrm{g/m^2}$（$13.5~\mathrm{oz/yd^2}$）。

（二）按牛仔布原料分类

牛仔布按原料可分为纯纺、混纺与交织三大类。纯纺牛仔布主要是传统的纯棉牛仔布，后为改善纯棉牛仔布的服用特性，加入了一些其他纤维，如羊毛、羊绒、丝麻等。混纺牛仔布主要有黏/棉混纺牛仔布、黏/棉/涤混纺牛仔布、涤/黏混纺牛仔布、棉/毛混纺牛仔布、麻/棉混纺牛仔布、麻/黏混纺牛仔布等。近年来，新型纤维不断应用于牛仔布，两种纤维混纺的有天丝/棉混纺牛仔布、丽赛/棉混纺牛仔布、竹纤维/棉混纺牛仔布等，两种以上纤维混纺的牛仔布有丽赛/苎麻/棉混纺牛仔布、天丝/绢丝/棉混纺牛仔布等。多纤维混纺产品以及差别化、功能性纤维的开发和应用，使牛仔布种类更加丰富。

1. 全棉牛仔布

经纬纱均为棉纱，具有粗犷、朴实、舒适、耐磨等特征。

2. 黏纤牛仔布

靛蓝黏纤经、黏纤纬牛仔布，如织物规格为 $18\times18\times512\times276.94$、织物组织为 $\frac{3}{1}\nearrow$、布幅 151 cm 的仿绸靛蓝牛仔布。该品种克服了纯棉牛仔布服用性能中悬垂性不足的缺点，经过后整理，织物表面具有丝绸滑爽的特点。

3. 真丝牛仔布

采用真丝为原料生产的牛仔布。真丝原料包括厂丝、绢丝、䌷丝三类。蚕丝经过加工后的下脚料，一般用来生产绢丝，加工绢丝过程中产生的落绵，用来生产䌷丝。

① 以厂丝为经纱，绢纱为纬纱制织的 $\frac{3}{1}$ 斜纹织物，可得到与传统牛仔布有较大差异的牛仔绸，这类织物的特点是表面光洁辉亮，具有高档感，但价格昂贵。

② 以绢纱为经、纬的纯绢牛仔布，表面光滑平整、细薄精致。

③ 以绢纱为经纱，纬纱采用转杯纱，其外观仍保持纯棉牛仔布外观，但细薄而面密度较大，有良好的悬垂性。

④ 以纯转杯纺䌷丝做经、纬纱织成的牛仔布，外观粗犷、悬垂飘逸、平整而又薄软。

⑤ 以绢纺䌷丝做经、纬织成的牛仔布，布面粗糙、丰厚而又蓬松，有较强的立体感。

4. Tencel（天丝）牛仔布

采用 Tencel 纤维为原料的牛仔布，具有棉纤维的自然舒适性、黏胶纤维的悬垂飘逸性和涤纶纤维的高强度，还兼具真丝般柔软的手感和优雅的光泽，符合绿色、环保趋势。如 Tencel $28\times28\times433\times236$、幅宽 152.5 cm 的纯天丝牛仔布。

5. 黏/棉牛仔布

指采用黏/棉混纺纱、靛蓝黏纤经纱与纯棉纬纱交织或纯棉经纱与黏纤纬纱交织而成的牛仔布。黏/棉牛仔布色彩鲜艳，发挥黏胶纤维柔软的特性，使面料手感柔软又不失挺括，穿着飘逸、舒适。

6. 棉/毛牛仔布

将羊毛与牛仔布特性相结合,其外观类似传统的牛仔布,保暖性、抗皱性及服用性能比纯棉牛仔布好,属高档牛仔布。

7. 麻/黏牛仔布、麻/棉牛仔布

经纬纱采用麻黏或麻棉混纺纱,利用麻纤维手感较粗硬、条干较明显的特点,与黏胶纤维或棉纤维混纺,比纯棉牛仔布更加粗犷、舒适、坚挺、耐磨,但手感较粗硬。

8. 丽赛/苎麻/棉牛仔布

采用丽赛/苎麻/棉混纺纱,布面光洁,纹路清晰,质地柔软挺括,弥补了纯棉牛仔布在色泽、挺括、手感等方面的不足,已有的品种如丽赛/苎麻/棉(50/20/30)$58.3 \times 58.3 \times 268 \times 224$、幅宽 147 cm 的牛仔布。

9. 竹/棉牛仔布

经纬纱均采用竹/棉混纺纱,吸湿性、透气性好,既具有手感柔软、悬垂性好、色泽亮丽的特点,又兼具抗菌防臭功能,对人体皮肤具有保健和杀菌效果。如织物规格为$(58+83) \times 58 \times 307 \times 173$、织物组织为$\frac{3}{1}\nearrow$、幅宽 150 cm 的牛仔布。

10. 异支纱牛仔布

经纱或经纬纱采用两种或两种以上不同线密度(支数)的纱线随意配置生产的不规则条影牛仔布,习称环宇牛仔布。例如织物规格为$(73+83) \times 83 \times 252 \times 181$、布重 441 g/m^{2}的环宇牛仔布和织物规格为$(97+83) \times (97+83) \times 252 \times 169$、布重 491 g/m^2 的牛仔布等。

11. 其他新型纤维牛仔布

采用新型纤维如竹纤维、大豆蛋白纤维、Viloft 纤维及其他功能性纤维织成的牛仔布,具有舒适的手感和特殊的外观风格,环保性、功能性强。

(三) 按纺纱方法分类

最初的牛仔布所用的都是环锭纺棉纱,随着纺纱技术的不断改进,各类新型纺纱方法不断出现,使牛仔布所用纱线花样越来越多,有单纱、股线、长丝,甚至还有复股线。还可选择各类花式线用于牛仔布的装饰和点缀,丰富了牛仔布的品类。主要品种及特征如下:

1. 环锭纱牛仔布

环锭纱牛仔布手感较柔软,强力高。环锭纱牛仔服装经过磨洗加工后,表面呈现出朦胧的竹节状风格。

2. 转杯纱牛仔布

转杯纱牛仔布手感较硬,条干均匀,较易吸色。

3. 环锭纱、转杯纱交织牛仔布

一般经纱(或纬纱)用环锭纱,纬纱或经纱用转杯纱,面料兼具两者优缺点。

4. 竹节牛仔布

采用单经向或单纬向竹节纱或经纬双向都配有竹节纱,与相同线密度或不同线密度的正常纱进行适当配比和排列,即可生产出多种多样的竹节牛仔布,经洗水加工后可形成各种不同的或朦胧或较清晰的条格状风格牛仔装。

早期的竹节牛仔布几乎都是用环锭竹节纱,因其长度较短、节距较小、密度相对较大,易于形成布面较密集的竹节点缀效果。竹节牛仔布有经向竹节牛仔布、经纬双向竹节牛仔布、纬向竹节牛仔布。一些品种如果组织结构设计得好,经向采用单一品种的环锭纱,纬向用适当比例的竹节纱,同样可达到经纬双向竹节牛仔的效果。

5. 精梳纱牛仔布

经纱或纬纱均采用环锭纺精梳棉纱线生产的系列牛仔布,市场习称精棉牛仔布。

6. 绉纹牛仔布

经纱采用一般棉纱,纬纱采用环锭强捻纱,利用它的捻度内力扭转角度,使得一上一下平纹组织纹路倾斜,产生凹凸不平的起皱效应。为达到这点,纬纱捻度较普通纱捻度增加 40% 至 50%,捻系数超过临界点。织成的坯布经石磨水洗后,强捻纱解捻产生收缩力,从而在织物上形成不规则的皱纹。

7. 股线牛仔布

用双股线作经纱或纬纱。纱线条干均匀,布面挺括、滑爽、强力高。

8. 紧密纺牛仔布

紧密纺是近年发展起来的一种新型纺纱形式。与传统纺纱方式相比,纤维受力均匀,抱合紧密,几乎没有纤维的内外转移。紧密纺纱线纱身光洁,毛羽很少,强力高,伸长小,条干均匀,成纱结构及成纱质量很高。与环锭纺织物相比,紧密纺织物手感柔软、悬垂性优良、光泽度好,穿着舒适。为提高产品档次,越来越多的高档牛仔布选用紧密纺纱线。

(四) 按布样有无弹性分类

牛仔布按照布样有无弹性分为无弹力牛仔布和弹力牛仔布。其中,弹力牛仔布又分为氨纶弹力牛仔布和其他弹力牛仔布。氨纶弹力牛仔布的弹性非常好,弹性伸长可达 20%～40%。化纤弹力牛仔布采用 PBT、PET 等低弹化纤纱,弹性不如氨纶弹力牛仔布,但染色性、色牢度、强度等优于氨纶弹力牛仔布。根据织物弹性的方向不同,弹力牛仔布可以分为两面弹牛仔布和四面弹牛仔布。

1. 两面弹牛仔布

两面弹牛仔布指只在两个方向上具有较好弹性的织物。根据织物的经纬向,两面弹牛仔布又可分为经弹牛仔布和纬弹牛仔布。

（1）经弹牛仔布

经纱采用弹力纱、纬纱采用普通纱线制成的仅在经向具有弹力的牛仔布。其生产难度大、服装加工困难,因而生产厂家较少。

（2）纬弹牛仔布

纬纱采用弹力纱、经纱采用普通纱线制成的仅在纬向具有弹性的牛仔布。纬弹牛仔布有全纬弹牛仔布和半纬弹牛仔布两种。

① 全纬弹牛仔布:经纱为普通纱线、纬纱全部为弹性纱。

② 半纬弹牛仔布:经纱为普通纱线、纬纱为一根普通纱线与一根弹性纱交替织入。典型品种有经纱采用 48 tex 纯棉靛蓝纱、纬向采用 48 tex 转杯纱和 78 dtex 氨纶弹力包芯纱,织物组织 $\frac{2}{1}$、经密 268 根/10 cm、幅宽 157.5 cm 的半纬弹牛仔布。

2. 四面弹牛仔布

指在经、纬和对角线四个方向都具有较好弹性的牛仔布。生产时经、纬纱均采用弹力纱，如双向弹力靛蓝牛仔布：成品规格为 $64.8(70$ 旦$)\times36.4(70$ 旦$)\times279\times181,\frac{3}{1}$ 斜纹,幅宽 $117\ cm$；灯芯条牛仔布：成品规格为 $64.8(70$ 旦$)\times36.4(70$ 旦$)\times321\times185$,幅宽 $98\ cm$。

（五）按织物组织分类

牛仔布常见的组织有斜纹、平纹、破斜纹、方平、凸条、提花等。常见的牛仔布组织及特点如下：

1. 平纹牛仔布

使用平纹组织、牛仔布工艺。平纹牛仔布的组织交织点多，手感较硬挺，一般布重不超过 10 安士(oz/yd^2)，多为薄料。

2. 斜纹牛仔布

常用的斜纹组织有 $\frac{3}{1}$ 斜纹、$\frac{2}{1}$ 斜纹及 $\frac{2}{2}$ 斜纹。

$\frac{3}{1}$ 斜纹俗称四片斜（用 4 片综框就可织造，故称四片斜），是牛仔布中最常见的组织。布面纹路粗犷、清晰，手感较柔软，用该组织能织出布重较大的牛仔布（可达 16 安士）。

$\frac{2}{1}$ 斜纹俗称三片斜，组织交织点较 $\frac{3}{1}$ 多，手感较硬挺和厚实，一般布重不超过 12 安士。

3. 破斜纹牛仔布

如 $\frac{3}{1}$ 破斜纹。$\frac{3}{1}$ 破斜纹俗称网纹，因组织纹路是破斜纹，所以布的正面没有明显的纹路，其手感和布重同 $\frac{3}{1}$ 斜纹牛仔布。

4. 凸条牛仔布

使用凸条组织织成的牛仔布。

5. 缎纹牛仔布

采用五枚三飞或五枚二飞经面缎纹组织织造的直贡牛仔布，织物正面由经纱形成。

6. 提花牛仔布

提花牛仔布又分为大提花和小提花两种。大提花牛仔布在有提花龙头的织机上织造，能设计出各种花纹图案，线条流畅，变化较多。小提花牛仔布在多臂织机上织造，与提花织机相比，因受综页数限制，花型图案的变化有限，但如果设计适当，也能得到各种花型；也可与多色经纬纱配合，生产提花彩格牛仔布。

（六）按染色方法或工艺分类

1. 靛蓝牛仔布

以靛蓝为染料对经纱进行染色。

2. 特深蓝牛仔布

比常规牛仔布颜色深浓、磨洗色牢度好的牛仔布，又称超靛蓝牛仔布。常规牛仔布经纱靛蓝染色深度在 $1\%\sim3\%$，而超靛蓝牛仔布的染色深度则需要达到 4% 以上，才可以称为超级靛蓝色或特深靛蓝色。超靛蓝染色牛仔服经重复磨洗 3 h 以上，其色泽仍能达到或超过常规染色牛仔布未经磨洗时的色泽深度，且其色光要比常规染色牛仔布浓艳明亮得多。

3. 彩色(什色)牛仔布

多数用硫化染料染成什色,主要有溴靛蓝染成翠蓝牛仔布和硫化黑牛仔布,以及采用硫化染料拼色的咖啡、翠绿、灰色、卡其、硫化蓝牛仔布,还有少量的以纳夫妥染料或活性染料染色的大红、桃红、妃色牛仔布等。

4. 套色牛仔布

多数以靛蓝为基色,在靛蓝染色前或染色后套染上另一种染料(如靛蓝套染硫化黑、靛蓝套染硫化草绿、硫化黑绿、硫化蓝等)。套色也有在后整理时进行,也有在成衣洗水时套色的。

(七) 按牛仔布后整理方法分类

1. 常规牛仔布

采用常规后整理工艺整理得到的牛仔布。常规后整理工序主要有烧毛、上浆、整纬、预烘、橡毯预缩、呢毯烘燥等。

2. 热定形弹力牛仔布

后整理经热定形工序以得到幅宽稳定的牛仔布。主要针对弹力牛仔布。

3. 丝光牛仔布

丝光牛仔布是在传统牛仔布生产工艺的基础上,采用新型染整加工技术对纱线表面进行丝光制成的,达到表层色浓、内层洁白、对比鲜明的环染效果,其色泽鲜艳度、深度较常规纱线要好。经丝光后的牛仔布具有舒适的手感、较好的光泽、鲜明的磨白效果和清晰的布面风格。

4. 涂层牛仔布

在牛仔布表面均匀地涂上一层或多层能形成薄膜的高分子化合物,同时将一些功能性助剂牢固地附着在牛仔布表面,使牛仔布具有某些特殊的功能,如防雨、防风、透气、防水透湿、防污、阻燃、抗紫外线等,此外还有皮膜感、油感、蜡感、纸感、柔软滑爽等手感特征。

5. 印花牛仔布

在靛蓝色牛仔布底布上采用涂料印花或雕白等工艺加工而成的各种花色牛仔布,称印花牛仔布,是印染与色织的联合产品。

6. 液氨整理牛仔布

经特殊液氨整理设备处理的牛仔布,具有抗缩、柔软、免烫等效果。

7. 磨毛牛仔布

经磨毛机磨毛处理,布面具有细绒而且手感柔软的牛仔布。应用于牛仔布上的磨毛有碳素磨毛、金刚砂磨毛和碳素与金刚砂组合磨毛。

8. 轧花牛仔布

经轧花机处理,布面具有自然的立体感花型的牛仔布。

1-3视频:
牛仔面料生
产流程

单元1.3 牛仔布规格

牛仔布规格表示因品种而异,但品种名称相同,规格也会有所不同。牛仔布的规格包括用来表示具体技术指标的文字和数字等,一般包括牛仔布名称、纤维种类、经纬纱特(支)数、经纬密、幅宽、织物组织、重量、颜色等。例如:纯棉牛仔面料 $12^S \times 12^S$　80×46　$58'' \sim 60''$、布重 $8\ oz/yd^2$、组织 $\dfrac{2}{1}$、颜色 INDIGO,表示布重为 $8\ oz/yd^2$ 的纯棉牛仔布,其经纱是 12^S 棉纱,纬纱为 12^S 棉纱,织物经纬密分别是 80 根/英寸和 46 根/英寸,幅宽为 58 英寸至 60 英寸,织物组织为二上一下斜纹,颜色为靛蓝色。

再如:纯棉双向竹节牛仔布 $(10^S + 8^S SB) \times (16^S + 12^S SB)$、$72 \times 44$、$58'' \sim 60''$、$\dfrac{2}{1}$、布重 $8\ oz/yd^2$、颜色靛蓝,表示布重为 $8\ oz/yd^2$ 的纯棉竹节牛仔布,其经纱是 10^S 普通纱和 8^S 竹节纱,纬纱为 16^S 普通纱和 12^S 竹节纱,织物经纬密分别是 72 根/英寸和 44 根/英寸,幅宽为 58 英寸至 60 英寸,织物组织为两上一下斜纹,颜色为靛蓝色。

常见牛仔布规格见表 1-1。

表 1-1　常见牛仔布规格

序号	成品幅宽 (英寸)	经纬纱细度 (英支)	经纬密度 (根/英寸)	织物组织	布重 (oz/yd²)
1	58~59	7×7	72×46	$\dfrac{3}{1}$	13.75
2	58~59	7+7 竹节×7	68×50	$\dfrac{3}{1}$	12.3
3	58~59	7×6	72×46	$\dfrac{3}{1}$	14.5
4	58~59	7+8 竹节×12	68×55	$\dfrac{3}{1}$	10.3
5	58~59	7+8 竹节×7	74×48	$\dfrac{3}{1}$	13.3
6	58~59	8×8	78×46	$\dfrac{3}{1}$	10.7
7	58~59	8+8 竹节×7	75×48	$\dfrac{3}{1}$	12.5
8	58~59	8+9 竹节×8	75×50	$\dfrac{3}{1}$	12.4
9	58~59	10×10	78×50	$\dfrac{3}{1}$	10.0
10	58~59	10+10 竹节×12	75×49	$\dfrac{3}{1}$	9.5
11	58~59	10×7	77×58	$\dfrac{3}{1}$	11.4
12	58~59	12×12	80×46	$\dfrac{2}{1}$	8.0
13	58~59	12×10	92×54	$\dfrac{3}{1}$	10.0
14	58~59	16×16	98×60	$\dfrac{3}{1}$	7.2

续　表

序号	成品幅宽 （英寸）	经纬纱细度 （英支）	经纬密度 （根/英寸）	织物组织	布重 （oz/yd²）
15	58～59	16×16	80×46	$\frac{2}{1}$	6.5
16	58～59	21×21	98×58	$\frac{2}{1}$	5.7
17	58～59	32×32	133×72	$\frac{2}{1}$	4.5

1-4 动画：
牛仔智造-
牛仔面料的
生产流程

单元 1.4　牛仔布生产工艺流程

牛仔布的一般生产工艺流程如图 1-1 所示。

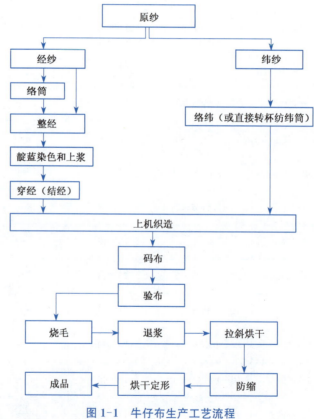

图 1-1　牛仔布生产工艺流程

络筒：将圆柱形筒子络成圆锥形筒子，有利于整经机高速退绕；同时经电子清纱器清除纱疵，提高棉纱条干质量及降低后工序断头。

整经：将筒子纱卷绕到经轴上，一般一个经轴的根数（头份）为 350～500，10 个左右经轴拼成一缸用于浆染，牛仔布一般一缸纱的总根数为 4 000。

浆染：牛仔布经纱靛蓝染色常用两种方式，一种是采用染浆联合机生产线；另一种是采用球经(绳状)染色上浆生产线。前者是经过染浆联合机生产线制成浆轴供织造使用,这种加工方法工序简单,投资费用小。球经(绳状)染色上浆生产线是先将经纱在球经整经机上加工成球状,在球经(绳状)染色机上进行染色,再经重新整经做成经轴,然后送到浆纱机上完成上浆。球经(绳状)染色上浆工艺生产的靛蓝经纱外观色泽和内在质量比染浆联合机生产线生产的靛蓝经纱要好得多,故多用来生产高档牛仔布。

穿经(结经):浆染织轴完成后,将经纱一根根穿过停经片、综丝和钢筘上,经上轴后织造。如果准备上机织轴与了机织轴品种相同,可采用结经法,结经法较穿经过筘上轴法的效率大大提高。

织造:经纱与纬纱在织机上交织成布。

码布:将织机上落下来的布卷,叠码成布堆,便于验布和修布,并计算码长。

验布:将码好的布每页翻开进行检验,对疵点进行修织,不能修织的布要评分和确定等级。牛仔布的后整理工艺主要包括烧毛、拉斜(整纬)、防缩等工艺。

烧毛:将检验好的布头尾缝合后,经烧毛机烧去表面毛羽,使布面光洁,增加外观质量。

拉斜:将烧毛后的布经拉斜辊预拉出一定斜向,以避免牛仔布做成服装后扭缝。

防缩:将牛仔布经橡毯握持,机械压缩,使经纬向提前收缩,降低成品缩水率,保证服装尺寸稳定。

牛仔布经防缩后烘干,再卷布包装。

单元 1.5　牛仔布生产的相关计算

一、牛仔布面密度的计算

面密度是牛仔布规格中非常重要的一个指标,也是面料采购商非常重视的一个指标,是牛仔布规格设计与计算中一个重要的参数。面密度在一定程度上可以反映牛仔布原料的使用量、牛仔布的厚薄、牛仔布的舒适性、牛仔布的用途等。

牛仔布面密度有公制面密度和英制面密度两种。公制面密度指每平方米牛仔布的重量克数(g/m^2)。英制面密度指每平方码的重量盎司数(oz/yd^2)。

1. 牛仔布面密度的计算公式

$$Wm = 0.012 \times [M_T \times Tt_T \times (1+\alpha_T) \times (1+\beta_T) \times (1-\gamma_T) + M_W \times Tt_W \times (1+\alpha_W) \times (1+\beta_W)]$$

$$We = 0.685\,7 \times \{[Me_T \times (1+\alpha_T) \times (1+\beta_T) \times (1-\gamma_T) \div Ne_T] + [Me_W \times (1+\alpha_W) \times (1+\beta_W) \div Ne_W]\}$$

式中:Wm——公制面密度(g/m^2);We——英制面密度(oz/yd^2);M_T——公制经密(根/10 cm);M_W——公制纬密(根/10 cm);Tt_T——经纱线密度(tex);Tt_W——纬纱线密度(tex);α_T——经纱染织缩率(%);α_W——纬纱染织缩率(%);β_T——经纱整理预缩率(%);β_W——纬纱整理预缩率(%);γ_T——经纱总飞花率(%);Me_T——英制经密(根/英寸);Me_W——

英制纬密(根/英寸);Ne_T——经纱英制支数(英支);Ne_W——纬纱英制支数(英支)。

2. 牛仔布面密度计算经验公式

牛仔布面密度计算经验公式可供设计牛仔布重量规格时参考,也可在商业营销中用来估算牛仔布重量。

$$Wm = 0.012 \times (M_T \times Tt_T + M_W \times Tt_W)$$

$$We = 0.83 \times (Me_T \div Ne_T + Me_W \div Ne_W)$$

3. 面密度公英制换算公式

$$Wm = We \times 33.91$$

$$We = Wm \times 0.029\,49$$

式中:Wm——公制面密度(g/m^2);We——英制面密度(oz/yd^2)。

4. 牛仔布面密度的简易测试和计算

牛仔布面密度的简易测试可用圆盘取样器裁取样品,然后称重。圆盘取样器裁取的样品面积是 $100\ cm^2$,重量为 M,则:

$$Wm = M \times 100$$

$$We = 2.95\,M$$

式中:Wm——面密度(g/m^2);We——面密度(oz/yd^2)。M——$100\ cm^2$ 样品的重量(g)。

二、牛仔布紧度的计算和设计

织物紧度并不是织物规格必须包含的内容,但紧度可以直接反映织物的手感风格。根据定义可进行经向紧度、纬向紧度和织物总紧度的计算。

$$E_T = d_T M_T = C \times M_T \sqrt{Tt_T}$$

$$E_W = d_W M_{W=} C \times M_W \sqrt{Tt_W}$$

$$E = E_T + E_W - \frac{E_T \cdot E_W}{100}$$

式中:E_T、E_W——经向紧度、纬向紧度(%);d_T、d_W——经纱直径、纬纱直径(mm);C——纱线的直径系数;E——总紧度(%)。

不同种类的纱线直径系数取不同的值,参照表 1-2。

表 1-2 部分棉型和毛型纱线的直径系数表

纱线种类	C	纱线种类	C
纯棉纱	0.037	涤/腈(50/50)混纺纱	0.041 1
纯棉股线	0.045	涤/黏(50/50)混纺纱	0.038
涤/棉(65/35)混纺纱	0.038 9	涤/黏(65/35)混纺纱	0.038 9
纯黏胶纱	0.037 6	精纺毛纱	0.043
纯腈纶纱	0.043	粗纺毛纱	0.040
纯涤纶纱	0.039 5	—	—

牛仔布的经向紧度一般在 $70\%\sim95\%$,纬向紧度一般在 $40\%\sim70\%$,总紧度一般在 $80\%\sim95\%$,经向紧度与纬向紧度之比一般为 $1.5:1$。

三、牛仔布用纱量计算

用纱量是一项技术与生产管理相结合的综合指标,对牛仔布生产企业的生产成本、生产计划制定及生产调度有很大影响。在计算用纱量时,必须正确处理好用纱量与质量之间的关系,在保证产品质量的前提下,合理节约用纱,降低成本。

1. 坯布经纱用纱量的计算

$$W_T = \frac{100 \times \mathrm{Tt}_T \times mj \times (1 + 放码损失率)}{1\,000 \times 1\,000 \times (1 - 经纱织缩率) \times (1 + 染浆伸长率) \times (1 - 经纱回丝率)}$$

式中:W_T——坯布经纱用纱量($\mathrm{kg}/100\ \mathrm{m}$);$mj$——织物总经根数。

公式中放码损失率根据不同品种、地区、季节、上机张力而定,约为 $1\%\sim2\%$;染浆伸长率根据不同设备、不同品种、不同工艺而异,约为 $1.5\%\sim3\%$;经纱回丝率为 $3\%\sim5\%$;经纱织缩率受纱支、密度、组织、设备、上机工艺影响,常规品种在 $6\%\sim18\%$。

2. 坯布纬纱用纱量的计算

$$W_W = \frac{100 \times \mathrm{Tt}_w \times M_W \times 10 \times \left[\dfrac{B}{(1 - 纬纱织缩率)} + L_1 + L_2\right] \times (1 + 放码损失率)}{1\,000 \times 1\,000 \times 100 \times (1 - 纬纱回丝率)}$$

式中:W_W——百米坯布纬纱用纱量($\mathrm{kg}/100\ \mathrm{m}$);$B$——坯布幅宽($\mathrm{cm}$);$L_1$——两侧毛边长度($\mathrm{cm}$);$L_2$——两侧废纬长度($\mathrm{cm}$)。

公式中两侧毛边长度为 $0.3\sim0.5\ \mathrm{cm}$;两侧废纬长度根据具体机型以及机械调整而定;纬纱回丝率因不同生产工艺、不同设备而异,剑杆织机约为 $6\%\sim8\%$。

3. 坯布总用纱量的计算

坯布总用纱量＝坯布经纱用纱量＋坯布纬纱用纱量

例:计算产品 $83.3\times83.3\times267.7\times149.6$ 的用纱量。其总经根数 $4\,216$,废边 20 根,坯布幅宽 $157.5\ \mathrm{cm}$,经纱织缩率 11%,纬纱织缩率 2.2%。

解:经纱伸长率取 2%,经纱回丝率取 3%,放码损失率取 1.5%,纬纱回丝率取 6.5%,毛边长度取 $0.5\ \mathrm{cm}$,废纬长度取 $5\ \mathrm{cm}$。则坯布经、纬纱用纱量及总用纱量分别为:

$$W_T = \frac{100 \times 83.3 \times (4\,216 + 20) \times (1 + 1.5\%)}{1\,000 \times 1\,000 \times (1 - 11\%) \times (1 + 2\%) \times (1 - 3\%)}$$

$$= 40.67(\mathrm{kg}/100\ \mathrm{m})$$

$$W_W = \frac{100 \times 83.3 \times 149.6 \times 10 \times \left(\dfrac{157.5}{1 - 2.2\%} + 0.5 + 5\right) \times (1 + 1.5\%)}{1\,000 \times 1\,000 \times 100 \times (1 - 6.5\%)}$$

$$= 22.52(\mathrm{kg}/100\ \mathrm{m})$$

$$W_{总} = 40.67 + 22.52 = 63.19(\mathrm{kg}/100\ \mathrm{m})$$

4. 棉牛仔布用纱量经验计算方法

工厂在实际生产中为了快速计算出牛仔布百米用纱量，以制定用纱计划，摸索出了一个经验公式，可供计算用纱量参考。

$$W_{hm} = \left(\frac{英制经密}{英制经纱纱支} + \frac{英制纬密}{英制纬纱纱支} \right) \times 布幅（英寸）\times 0.064\,5$$

式中：W_{hm}——织物总用纱量（kg/100 m）。

如果已知各数据为公制，需分别换算为英制后，再代入以上公式计算。

5. 常用牛仔布用纱量的估算

对于 150～152 cm（59～60 英寸）布幅的牛仔布，若已知其英制面密度，可用经验公式估算每码用纱量和每百米用纱量。

$$W_y = W_e \times 50$$

$$W_{hm} = W_e \times 5.468$$

式中：W_y——每码用纱量（g）。

四、坯布的经纬纱织缩率

牛仔布经、纬纱织缩率对织物的强力、厚度、外观丰满程度、成布后的回缩、原料消耗、产品成本等有很大影响。

1. 经、纬纱织缩率的实测

经纱织缩率的测定是在盘头上做两处标记，测量两标记间的实际坯布长度，按照以下公式计算

$$经纱织缩率 = \frac{两标记间经纱长度 - 两标记间坯布长度}{两标记间经纱长度} \times 100\%$$

$$纬纱织缩率 = \frac{穿筘幅宽 - 下机后坯布幅宽}{穿筘幅宽} \times 100\%$$

2. 影响经、纬纱织缩率的有关因素

影响牛仔布织缩率的因素很多，如纤维原料、纱线线密度、经纬密度、织物组织、织造工艺参数、织机类型等。

（1）纤维原料

不同纤维原料纺制成的纱线在外力作用下变形不同，一般来说，易于屈曲的纤维纱线产生的织缩率较大，易于塑性变形的纤维纱线产生的织缩率较小。

（2）纱线线密度

当经纱比纬纱粗时，经纱织缩率小，纬纱织缩率大；反之则纬纱织缩率小，经纱织缩率大。

（3）经纬密度

当织物中经纱密度增加时，纬纱织缩率增加，但当经纱密度增加到一定数值后，纬纱织缩率反而减少，经纱织缩率增加；当经纬密度都增加时，经纬纱织缩率均会增加。

（4）织物组织

织物中经纬纱交织点越多，则织缩率越大；反之织缩率越小。

（5）织造工艺参数

织造时经纱上机张力大，开口时间早，经纱屈曲波小，则经织缩小，纬织缩大；反之则经纱易屈曲，经织缩大而纬织缩小。

（6）上浆率

经纱上浆率大，则经纱织缩率减小；反之则增大。

（7）纱线捻度

捻度增加则纱线结构紧密，刚度大，织缩率减小；捻度减少则织缩率增大。

（8）织造车间湿度

相对湿度较高时，经纱伸长增加，经纱织缩率减小，但布幅会变狭，纬纱织缩率会增加；相对湿度较低时，经纱织缩率增加，纬纱织缩率减小。

（9）边撑伸幅效果

边撑形式对纬纱织缩率有一定影响，如边撑伸幅效果好，则纬纱织缩较小；反之则较大。

（10）织机类型

对经纬纱织缩率也有一定影响，一般无梭织机的纬纱织缩率小于相同品种有梭织机的纬纱织缩率。

（11）经缩与纬缩

经缩增大，则纬缩会减小；纬缩增大，则经缩会减小。

3. 常用牛仔布品种的经、纬纱织缩率

一般在相同设备工艺条件下制织新品种时，可参考本单位类似产品的经纬纱织缩率进行工艺设计，或参考常用品种的数值，待试织后再进行修正。表 1-3 列出了几个品种的织缩，供设计时参考。

表 1-3　常用品种的经、纬纱织缩率

经纱细度×纬纱细度		经密×纬密		经纱织缩率	纬纱织缩率
tex	英支	根/10 cm	根/英寸	%	%
83×83	7×7	283×173	72×44	10~12	2 左右
83×58	7×10	283×173	72×44	8	1.5~2
58×58	10×10	307×189	78×48	7~8	2~2.5
49×49	12×12	283×165	72×42	6~7	2.5 左右
36×36	16×16	315×181	80×46	6 左右	2.5~3

思考题

1. 牛仔布的面密度如何定义？其单位是什么？公制、英制面密度单位间如何转换？

   13 oz/yd^2 等于多少 g/m^2？

   350 g/m^2 等于多少 oz/yd^2？

2. 牛仔布按面密度如何分类？

3. 牛仔布常用的织物组织有哪些？

4. 什么是绉纹牛仔布？什么是异支纱牛仔布？

5. 写出牛仔布的一般生产工艺流程。

6. 估算牛仔布($10^S \times 7^S$，78 根/英寸 × 42 根/英寸)的面密度。

02 ↗ 模块二
牛仔布的原料

教学导航 ∨

知识目标	1. 了解牛仔布对纱线质量的要求； 2. 了解牛仔布对原棉质量的要求； 3. 熟悉牛仔布常用纱线的生产及性能； 4. 熟悉牛仔布用新型纱线的种类及特点。
知识难点	环锭纱与转杯纱的结构、性能对比。
推荐教学方式	1. 宏观教学方法：任务教学法； 2. 微观教学方法：引导法、小组讨论法、多媒体讲授法、案例分析法。
建议学时	6 学时
推荐学习方法	1. 教材、教学课件、工作任务单； 2. 网络教学资源、视频教学资料。
技能目标	1. 能说出牛仔布对纱线质量的要求； 2. 能说出转杯纺纱线与环锭纺纱线纺纱原理的不同，纱线性能的不同； 3. 能分析竹节纱的特征参数； 4. 能说出新型环锭纺纱线的特点。
素质目标	1. 培养学生分析问题、解决问题的能力； 2. 培养学生自主学习的能力； 3. 培养学生的科学精神与爱岗敬业的职业精神。

思维导图 ∨

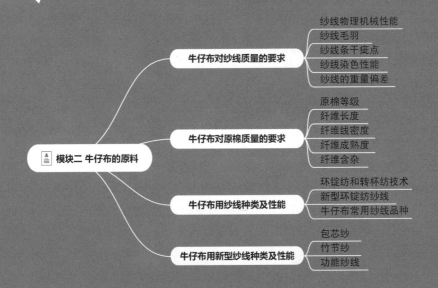

2-1 细纱流
程—虚拟仿
真

单元 2.1　牛仔布对纱线质量的要求

一、纱线物理力学性能

牛仔布用经纱对强度、伸长、弹性等物理力学性能的要求比纬纱高。

一方面,因为经纱是先经染色上浆再织布,染色上浆的工艺流程长,经纱在润湿状态下要经过上百条导辊,承受很大的拉伸、弯曲、挤压应力,对原纱性能损伤较大。为使经过染浆的经纱保持良好的物理力学性能,为织造做好准备,不影响织机的织造效率和牛仔布质量,对经纱原纱的质量要求较严,不仅要有较高的强度,而且要有较大的弹性伸长,否则加工过程中会造成意外牵伸甚至断头,影响染浆生产的顺利进行和产品质量。例如在染色中出现断头纱绕在导辊上,须停车加以处理,这种情况下产生几十米甚至上百米长的停车色档次品就在所难免。

另一方面,在织造过程中,由于牛仔布多为粗特高密织物,织物总紧度都在90%以上,为了追求牛仔织物布面平整、纹路清晰的风格,在织造过程中都采用大张力、强打纬工艺,经纱在织造过程中受到的反复拉伸应力、弯曲应力和摩擦力都特别大。特别是近年来,牛仔布行业大量采用无梭织机(剑杆、片梭、喷气等)代替有梭织机织造牛仔布,无梭织机与有梭织机相比速度更高,入纬率高,开口尺寸小。为了使织造过程中梭口清晰,一般采用大的上机张力,这对经纱质量提出了更高的要求。我国规定,用于绳状染色和环状染色的原纱断裂强度应达到12.5～13.5 cN/tex,用于片状染色的原纱断裂强度应在 9 cN/tex 以上。

由于转杯纱的强度比环锭纱低,而且弹性回复能力也不如环锭纱,为了保证转杯纱有足够的强度和弹性,在经纱配棉时,要选用成熟度好、长度稍长、整齐度好、富有弹性、强度高的纤维。牛仔布用纬纱对力学性能的要求可比经纱低。

二、纱线毛羽

(1)毛羽造成了纱线外表的毛绒,降低了纱线外观的光泽性。

(2)过多的成纱毛羽会影响正常上浆,并在织造过程中造成开口不清、断头增加。

(3)纱线毛羽的多少和分布对布的质量和织物的染色印花质量都有重大影响,而且会产生织物服用过程中的起毛起球问题。特别是 3 mm 以上的毛羽会严重影响后道的生产,影响纱线及其最终产品的外观、手感和使用性能。因此,纱线毛羽指标已成为当前的重要质量考核指标。

牛仔布用经纱对结杂、毛羽、结头要求很严,一方面经纱结杂、毛羽多会使浆纱及整经工序分纱困难,断头多;浆液混浊变稠,甚至堵塞管道,影响正常生产。另一方面经纱结杂、毛羽对织物外观质量影响大,因为牛仔布一般采用三上一下、二上一下斜纹的组织结构,经纬向紧度比为(1.3～1.4):1,几何结构相在 6～7,再加上织造时上下层经纱张力差异较大,所以经纱在织物中的屈曲波高大于纬纱,即牛仔织物主要是通过增加经纱的屈曲波高来获得丰满厚实的布面效果的。但这样的结构同时会造成经纱的结杂、结头更容易显露于布面,因而经纱上的结杂、结头、毛羽会影响上色均匀程度,从而在布面上形成一个个有异于正常色泽的黑点或白点。为了使牛仔布经水洗、石磨处理后,浮于布面的经纱交织点凸出部分受摩擦褪色形成的雪花点能在布面上均匀分布,要严格控制好经纱的结杂、毛羽、结头。若采用环锭纱作经纱,一般要选用无结头纱。对于纬纱的结杂、毛羽,虽不如经纱结头明显和易于外露而影响产品的外观质量,但过多的结头也会造成布面白星。

三、纱线条干疵点

纱线条干均匀度指纱线沿长度方向粗细变化程度。牛仔织物对纱线条干均匀度的要求较高,原纱的条干不匀和竹节纱疵,不仅会恶化纱线强力和强力变异系数,增加染浆、织造过程中的断头率,还会直接影响牛仔织物的布面风格和外观质量。特别是纬纱的条干不匀和竹节疵点对牛仔织物外观的威胁更大。当纬纱条干不匀严重时,在布面上会形成隐约可见的节状白色条痕,有损牛仔布面蓝色透白的特有外观和均匀色光。一般而言,轻度的经纱条干不匀和竹节纱疵对产品外观质量的影响不大,因此对经纱条干质量的要求可低于纬纱。

四、纱线的染色性能

绝大多数牛仔布经纱采用靛蓝染料染色,靛蓝染料属靛系还原染料,它具有历史悠久、价格低廉的优点,但也有以下缺点:

1. 上染性差

靛蓝染料隐色体钠盐对棉纤维的亲和力较低、上染困难;如果采用提高染色温度的方法来促使上染的话,又会使纱线色光泛红、鲜艳度变差,所以实际生产中一般仍采用室温冷染,因而染料上染性极差。又因牛仔经纱采用本白纱染色,染色前不经练漂、丝光等前处理,所以纱线自身的吸色能力也较差。

2. 匀染性差

靛蓝隐色体的上染过程:首先隐色体吸附于纱线表面,然后向内部扩散,染料对纱线的扩散、渗透性能较差,使纱线中间不能染透而造成白芯,匀染性差,只能获得环状染色效果。

3. 湿摩擦色牢度差

靛蓝染色织物湿摩擦色牢度较差,仅能达到 1 级。染料渗入纱线内部的程度将影响染色牢度,环染程度较深入的牛仔布湿摩擦色牢度才好。

为了获得较好的经纱染色牢度和染色效果,使牛仔布面色泽稳定、色光均匀,除了染色工艺(如染液成分、染色温度、染色时间、氧化条件、染色助剂等)的稳定性要严格控制之外,纱线的染色性能也是必须考虑的因素,织制牛仔布的原料必须具有较好的吸色性、渗透性和匀染性。选择纤维时应选择轧工好,色泽较白,杂疵、棉结较少,成熟度正常的棉纤维,一般成熟系数在 1.5~1.8,不能混用成熟系数低的原棉和僵死棉,否则会造成经纱严重染色不匀,导致布面条花疵点。选配时,原棉性能尽量做到连续稳定,避免使用成熟系数差异大的原棉。原棉接替时应注意使混合棉的性质慢变、少变,遵循勤调、少调的原则,注意取长补短,采用分段增减、交叉抵补的方法。同一天内接批的原棉以批数计,一般不超过两批;以百分比计,一般不超过25%。织厂对进厂棉纱必须严格抽检登记,不同纱厂、不同批号或生产日期、色泽差距过大的棉纱要分开堆放、分开使用,防止纱线上染不匀而引起织物条花疵点。

五、纱线的重量偏差

由于工艺、设备等原因,生产出来的纱线的实际线密度与设计线密度之间总是不可避免地

存在差异,这种差异值与设计线密度之比的百分率,称为重量偏差。即

$$重量偏差(\%) = \frac{实际线密度 - 设计线密度}{设计线密度} \times 100\%$$

重量偏差为正值,说明实际纺出的纱偏粗;重量偏差为负值,说明实际纺出的纱偏细。纱线粗细直接影响着牛仔布单位面积的重量,国际市场上牛仔布品种和价格主要取决于织物单位面积的重量。如果纱线偏细,会导致牛仔布达不到产品所要求的单位面积质量,对牛仔布厂的下游用户不利;另一方面,由于现在市面上大多数牛仔布生产企业的纱线是以筒子纱(定重成包)的形式购入的,纱线偏粗会使纱线长度缩短,出现严重的亏纱,无形中增加了牛仔布织造厂的用纱成本。考虑到经纱在染织加工过程中受张力作用会伸长变细,一般经纱的重量偏差控制为正偏差,即偏重掌握,纬纱重量偏差的绝对值则越小越好。

综上所述,牛仔布与一般织物相比具有一定的特殊性,因此对纱线的要求也不同。具体见表 2-1。

表 2-1   牛仔布对纱线质量的基本要求

项　目	要　求	原　因
强力、伸长、弹性	经纱有较高的强力、伸长和弹性	经纱染色上浆流程长,受到反复多次的弯曲和伸长,织造时上机张力大
条干、竹节	纬纱条干不匀和竹节纱疵较少	纬纱条干不匀和竹节纱疵对布面外观质量威胁大并影响色光
结杂、毛羽	经纱结杂、毛羽要少	经纱的结杂更容易显露于布面。经纱的毛羽会使纱及整经工序分纱难,断头多,还会使浆液混浊变稠,管道堵塞
纱线接头	纱线接头少和小	接头影响后道加工及布面外观
成熟度	原棉成熟度好,具有较好的匀染性和渗透性,避免使用成熟差异大的原棉	靛蓝染料上染性差,摩擦色牢度差,成熟度差或差异大的原棉易造成染色不匀,导致条花、白星等疵点
卷装容量	卷装容量较大	容量少会增加布面结头,特别是在无梭机织造时
重量偏差	纱线线密度正确,纬纱重量偏差绝对值则越小越好,经纱的重量偏差控制为正偏差	纱线粗细偏差大会影响织物面密度标准的控制,经纱在染织加工过程中受张力作用会发生伸长变细

单元 2.2　牛仔布对原棉质量的要求

牛仔布大多为纯棉纱织造,原棉是牛仔布使用的最主要原料,原棉的质量既直接关系到纱线及织物的质量,也直接关系到生产成本,原料成本约占纺纱总成本的 70%～80%。原棉是按质论价的,不同等级、不同长度的原棉价格差异很大,如何根据产品的质量要求合理地选用原棉,在纺织厂具有极其重要的技术经济意义。

近二十年来,我国牛仔布厂大多采用 10 英支以下的粗特转杯纱为原料进行生产,配棉标准极低,许多纺纱厂使用转杯纺纱机就是为了消化本厂的低级棉及落棉。原料品质的低下,难以从根本上保障牛仔布的质量。虽然也有转杯纱质量的国家标准,但这个标准是本着消化低级棉及落棉而制定的,与牛仔布的用纱要求存在一定的差距。国外生产牛仔布用纱的配棉标准要求不得低于以下条件:

（1）手扯长度至少在 27 mm。

（2）12 mm 以下短绒量保持在 40％以下。

（3）马克隆值为 4.0～4.5。

（4）纺纱强力、伸长 CV 值及纱疵要在 Uster 公报 50％水平以内。

而国内低品质原料配备现状造成的直接后果是，中国虽为牛仔布生产大国，但生产的多数为低档产品，在国际市场低档产品供大于求的形势日趋明显的情况下，不可避免地形成低质低价的局面。近年来随着印度、巴基斯坦、越南等其他国家纺织业的崛起，中国牛仔业一贯所依赖的低劳动力成本、以量取胜的竞争优势已不复存在，企业的利润空间已被压缩至不合理的状态，盈利变得十分艰难。

因此，提高牛仔产品的质量和档次，使我国牛仔产业从低水平运作走向高技术竞争，已成为我国牛仔行业发展的必然趋势，而要生产出高质量的牛仔布，必须从合理地选用原棉开始。牛仔布因其加工方法特殊，对原棉的各项性能都有严格的要求。

一、原棉等级

传统牛仔织物多采用 58 tex(10^S)左右的粗特转杯纱制成，因为纱粗，截面纤维根数多，配棉要求低，再加上习惯上转杯纱的配棉品级比同线密度的环锭纱低 1～2 级，所以多年来，一说到牛仔布用纱的配棉，就给人们留下了废棉利用的固有印象。其实，现在无论是皇室贵胄，还是平民阶层，牛仔服装早已突破原先低档织物的形象，遍及各类人群、各种场合。针对这种变化，需要设计制造出适合不同场合穿着的不同档次的牛仔装，使用的原棉等级不能一律按低档粗特纱要求对待。建议实际生产中配棉平均等级选择为：细特纱 2.3～2.8 级，中特纱 2.5～3 级，粗特纱 3.0～3.8 级，一般不应使用 5 级及 5 级以下原棉，尽量少用 4 级棉，更不宜混用精梳、抄斩等各种落棉。

二、纤维长度

牛仔转杯纱使用的纤维长度可适当偏短，这是因为转杯纺纱的加工过程有其特殊性。第一，在转杯纺纱机上，分梳辊分梳后的单纤维大多数呈弯钩状态；第二，纤维在沿转杯杯壁滑向凝聚槽时，由于转杯直径有限，约束了凝聚槽中纤维的伸直；第三，杯内的回转纱条在经过纤维喂入点时，可能与喂入纤维长度方向上的任何一点相接触，使该纤维形成折叠、弯曲形态。纤维越长，纱中弯钩、对折、打圈纤维的比例越大，伸直程度越差，纤维长度的增加对转杯纱强力和均匀度的提高并无太大的帮助。有研究表明，当纤维长度在 23.5～27.5 mm 时，转杯纱强力随纤维长度增加而有所增加，而超出此范围时，纤维长度增加对转杯纱强力的影响较小。这一现象与环锭纱有所不同，影响环锭纱强力的最主要因素是纤维长度，其次是纤维强力。影响转杯纱强力的主要因素是纤维强力和线密度，长度退居次要地位。所以使用太长的纤维对转杯纱而言意义不大，反而会使用棉成本增加，造成浪费。一般牛仔用转杯纱的纤维长度在 25～27 mm 较好，牛仔用环锭纱的纤维长度在 27～29 mm 较好。

转杯纱要求纤维长度整齐度高，16 mm 以下的短绒率不大于 15％。一方面，短绒率对纱线及织物的质量影响较大。原棉短绒率高则成纱中分担外力的长纤维减少，则纱线强力降低。例如短纤维含量从 15％提高到 20％，则纱线强力会下降约 15％。短绒率高，对牛仔织物外观影响也较大。短绒含量高则成纱毛羽多,织成的牛仔布经水洗、石磨处理后,布面发毛,严重损坏牛仔布布面光洁、织纹清晰的风格;短绒率高也会使纺成的纱上易产生粗节,织成的布易形成条花。另一方面,短绒率对生产过程的影响也较大,在纺纱过程中,短绒容易积聚在纺纱杯中,增加纱疵和断头。在染色过程中,短绒容易脱落沉积于染槽底部,造成染槽循环系统堵塞,给染色加工带来困难。

综上所述,对于牛仔用转杯纱而言,选用长度较短、短绒率较低的原棉更为经济合理。

三、纤维线密度

在选择原棉线密度时,同样应该注意到牛仔用纱线的特点。

通常,选择纤维线密度是基于纱线的粗细而考虑的。纤维越细,成纱截面内纤维根数越多,纤维间接触面积越大,摩擦抱合力大,不易相互滑脱,所以成纱强力大。纤维线密度的选择应保证成纱截面内具有一定的纤维根数,转杯纱截面最少纤维根数为120,环锭纱截面最少纤维根数为70,所以从截面纤维根数来说,选择细纤维,容易满足纱线最少纤维根数的要求。但同时也要注意到,纤维越细,其刚性越差,加工过程中易折断、扭结,清梳工序处理不当时会产生大量短绒、棉结。由于牛仔用纱多为粗特纱,截面纤维根数已有保障,在这种情况下,再采用细度较细的纤维对成纱强力的增加效果并不明显,相反采用粗一些的纤维则比较有利,因为粗纤维刚性强、弹性足,在转杯纱中的伸直程度比细纤维好,可大大减少纱中弯钩、对折、打圈纤维的比例,有利于提高转杯纱的强力,也有助于增强环锭纱的弹性,可以愈发彰显牛仔织物结实耐磨、粗犷奔放的风格,对绳状染色加工时的分纱效率的提高也有帮助。

四、纤维成熟度

一般选用成熟系数在1.5~1.8正常成熟的纤维,它们弹性好、强度高、染色均匀且除杂效率高。成熟系数过高的纤维不利于染色,而且纤维在纱中抱合程度差、成纱强力低。成熟系数过低的纤维,纤维自身强力下降明显,对成纱强力不利,而且低成熟纤维弹性差,在加工过程中易被扭结,形成棉结,因此要求尽量不使用成熟系数低于1.3和高于2.0的原棉。

五、纤维含杂

纤维含杂也直接影响牛仔用纱的生产及牛仔织物的布面质量。原棉含杂多,纺纱时纺纱杯凝聚槽中容易积聚杂质,增加断头和纱疵,影响纱线强力和条干;纱中含杂多时又直接影响布面质量,使布面疵点增多,所以棉纤维的含杂率要低,一般不大于4%。此外,还需要注意提高清、梳工序单机的除杂效率,从而真正实现降低结杂疵点、提高纱线和织物外观质量的目的。

综上所述,牛仔布与一般织物相比具有一定的特殊性,因此对原棉的质量也有特定要求,总结对比见表2-2。

表2-2　牛仔布对原棉质量的基本要求

原棉指标	要　求	原　因
等　级	细特纱用2.3~2.8级,中特纱用2.5~3级,粗特纱用3.0~3.8级,一般不使用5级及以下原棉,尽量少用4级棉,更不宜混用精梳、抄斩等各种落棉	根据不同档次、不同粗细的纱线选用原棉等级

续 表

原棉指标	要 求	原 因
长 度	牛仔布用转杯纱使用的纤维长度适当偏短,在25~27 mm较好,牛仔用环锭纱的纤维长度在27~29 mm较好	纤维越长,转杯纱中弯钩、对折、打圈纤维的比例越大,伸直程度越差,对提高强力和均匀度不利,反而使成本增加
短绒率	纤维长度整齐度要好,16 mm以下的短绒率不大于15%	短绒率高,纱线强力低,毛羽、粗节多,牛仔布面发毛,产生条花。在纺纱过程中,短绒易积聚在纺纱杯中,增加纱疵和断头。在染色过程中,短绒易脱落沉积于染槽底部,造成堵塞
线密度	可适当粗些	粗纤维刚性强,弹性足,在纱中的伸直程度比细纤维好,可减少纱中弯钩、对折、打圈纤维的比例,提高纱的强力和弹性,突出牛仔织物结实耐磨、粗犷奔放的风格
成熟度	一般选用成熟系数在1.5~1.8左右正常成熟的纤维,尽量不使用成熟系数低于1.3和高于2.0的原棉	正常成熟的纤维弹性好,强度高,染色均匀,除杂效率高。成熟系数过高的纤维抱合差,成纱强力低。过低的纤维,自身强力低,弹性差,加工时易被扭结成棉结
含 杂	含杂率要低,一般不大于4%	原棉含杂多,纺纱杯中容易积聚杂质,增加断头和纱疵,影响纱线强度和条干均匀度,使布面疵点增多

单元 2.3　牛仔布用纱线种类及性能

牛仔面料所用纱线花样繁多,可以是单纱、股线、长丝,甚至是复股线,还可选择各类花式线用于牛仔面料的装饰和点缀,丰富了牛仔面料的类别。现在牛仔布用纱线主要包含环锭纺纱线和气流纺纱线两大类。另外,随着纺纱技术的进步以及牛仔布产品的更新升级,牛仔布用纱线还包括紧密纺纱线、赛络纺纱线、包芯纱、包缠纱、竹节纱等。

一、环锭纺和转杯纺技术

(一)环锭纺技术

在转杯纺纱发明之前,牛仔布均采用环锭纱为原料。环锭纺纱自1828年问世以来,一直因为具有结构简单、维修方便、对原料适应性强、纺纱线密度范围广以及成纱质量好等优点,在纺纱领域的统治和主导地位从未动摇过,现在仍是世界上技术最成熟、应用范围最广的一种纺纱方法。

环锭纺细纱机的工艺过程如图2-1所示。粗纱从吊锭1下的粗纱管2上退绕下来,经过导纱杆3及缓慢往复运动的横动导纱喇叭4,喂入牵伸装置

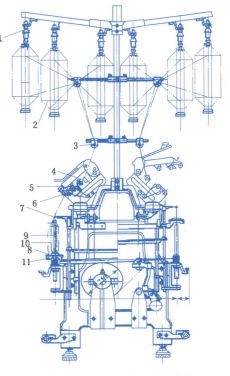

图 2-1　FA506 细纱机工艺流程

1—吊锭　2—粗纱管　3—导纱杆　4—横动导纱喇叭
5—牵伸装置　6—前罗拉　7—导纱钩　8—钢丝圈
9—锭子　10—筒管　11—钢领板

5 进行牵伸。牵伸后的须条由前罗拉 6 输出，经过导纱钩 7、钢丝圈 8，卷绕到紧套在锭子 9 上的筒管 10 的表面。锭子高速回转带动筒管同速回转筒管回转后再通过张紧的纱条拖动钢丝圈沿钢领跑道运行。钢丝圈在钢领上每运行一周，给前罗拉握持的纱条加上一个捻回。由于钢领固定不转动，它会对钢丝圈产生摩擦阻力，阻止钢丝圈的运行，因而使得钢丝圈的回转速度低于筒管的回转速度，两者的转速之差便是卷绕转速，即单位时间内筒管上的绕纱圈数，这样前罗拉输出的须条能够连续地卷绕到筒管上。在成形方面，由于锭子、筒管只回转不升降，而成形机构控制着钢领板 11（带动钢领、钢丝圈）按一定的规律升降，使细纱管绕成一定的卷装形式。

彩图 2-1
环锭纺

（二）转杯纺技术

20 世纪 70 年代，随着转杯纺的问世和发展，转杯纱很快取代了环锭纱，成为生产牛仔布的主要用纱。20 世纪 70 年代中、后期至 20 世纪末，牛仔布几乎全用转杯纱生产。据统计 2000 年以前超过 80%～90% 的牛仔布用纱是转杯纱，只有不到 10% 使用环锭纱，这是因为转杯纺纱与环锭纺纱相比在牛仔布生产方面具有独特的优点。

1. 转杯纺纱的特点

（1）速度快、产量高

转杯纺纱机取消了环锭细纱机上的锭子、筒管、钢领、钢丝圈等加捻卷绕元件，并且加捻与卷绕作用分开进行，能够实现高速高产。环锭细纱机锭子速度一般在 15 000 r/min 左右，加工牛仔织物所常用的中、粗特纱时，折合引纱速度在 30m/min 左右；而转杯纺纱机的引纱速度最高可达 200 m/min，即一个转杯纺纱头的产量相当于 7 个环锭纺纱锭的产量，速度产量优势以及由此产生的高经济效益相当明显。

（2）卷装容量大

环锭纺纱因受钢领直径的限制，细纱卷装都比较小，一般每个纱管只能绕 70～75 g 纱线。而

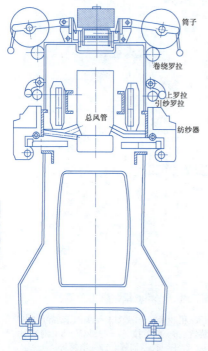

筒子

卷绕罗拉

上罗拉
引纱罗拉

总风管

纺纱器

2-3 转杯机
动画

图 2-2　转杯纺纱机工艺过程

转杯纺纱将加捻与卷绕分开，而且直接绕成筒子，所以在卷装容量上有了根本性的突破，一般为 4～5 kg。卷装容量的增大，不仅使纺纱落纱次数减少，机器生产效率提高，工人劳动强度降低；而且卷装大，纱线接头少，有助于减少纱疵，提高纱线的条干均匀度和牛仔织物的布面质量。

（3）纺纱流程短

转杯纺纱采用条子喂入且直接卷绕成筒子纱，因此它将粗纱、细纱、络筒三道工序合为一道，大大缩短了纺纱流程，节约了生产成本。

（4）符合牛仔布的质量要求

转杯纱具有独特的纱线结构，非常符合牛仔布的使用要求。例如，转杯纱的条干均匀度比环锭纱好，转杯纱的耐磨性比环锭纱好，转杯纱蓬松、染色鲜艳等。

2. 转杯纺纱机的工艺过程

转杯纺纱机的工艺过程如图 2-2 所示。转杯纺纱机主要由喂给分梳、凝聚加捻和卷绕等机构组成。条子从条筒内引出，送入纺纱器，在纺纱器内完成喂给、分梳、凝聚和加捻

等工作后，由引纱罗拉引出，经卷绕罗拉绕成筒子。

纺纱器是转杯纺纱机的核心部件，见图2-3，条子通过喂给喇叭，由喂给罗拉与喂给板握持向前输送。喂给喇叭由塑料制成，截面设计成渐缩形，使条子在进入喂给罗拉与喂给板以前受到必要的压缩与整理，能很好地接受喂给罗拉与喂给板的握持。喂给罗拉表面刻有浅密细槽，喂给板表面光滑，两者间保持一定的压力，握持纤维条向前送给表面包有锯条或针齿的分梳辊，分梳辊转速一般为6 000～9 000 r/min，纤维条被分梳辊分梳成单纤维，并被分梳辊抓取。

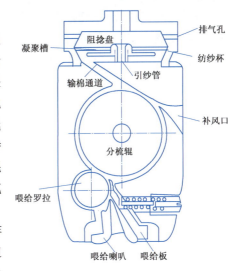

图2-3　纺纱器内部

纺纱杯高速回转带动杯内气流回转产生离心力从排气孔排出，或由于风机的抽吸使纺纱杯内产生真空度，迫使外界气流从补风口和引纱管补入。附于分梳辊锯齿上的单纤维，在分梳辊离心力及补风口补入气流的双重作用下，脱离分梳辊锯齿而进入输棉通道。输棉通道是一个入口大、出口小的渐缩型管道，这种设计使气流在输棉通道中呈加速运动，有利于纤维进一步获得伸直、平行，提高纱中纤维的强力利用率。

纤维流经输棉通道输送至纺纱杯内。纺纱杯转速一般为40 000～150 000 r/min，其结构为两个中空的截头圆锥大头相连接，连接处形成一个凝聚纤维的凹槽，称为凝聚槽。纤维被吸入纺纱杯时，由于输棉通道的出口对着纺纱杯入口处的内表面，所以纤维先落在纺纱杯入口处的内表面上。由于纺纱杯入口处直径小，凝聚槽处直径大，当纺纱杯高速回转时，纤维在离心力的作用下滑到凝聚槽中，形成凝集须条。

开车生头时将引纱送入引纱管，由引纱管补入的气流吸入纺纱杯，由于纺纱杯内气流高速回转产生的离心力，使引纱纱尾贴附于凝聚须条上，引纱头端由引纱罗拉握持输出，贴附于凝聚须条上的引纱尾端和凝聚须条一起随纺纱杯高速回转获得捻回，并借捻回使纱尾与凝聚须条相联系。引纱罗拉连续输出，凝聚须条便被剥离下来，加捻成纱。

（三）环锭纱与转杯纱的结构与性能对比

纱线结构主要反映在须条经加捻后纤维在纱线中的排列形态及纱线的紧密度。具体指纱线轴向纤维是否伸直、平行，径向是否有内外转移；在相同线密度下，纱线的直径是否相同等等。

纤维在纱中的不同形态是在成纱加捻过程中形成的，因此不同的纺纱方法形成了不同的纱线结构，而不同的纱线结构又造成了不同的纱线性能。

1. 环锭纱的结构

环锭纱的加捻在细纱机的前罗拉钳口和钢丝圈之间完成。纤维在到达前罗拉钳口未加捻之前平行于纱条轴线，加捻使平行于纱轴的纤维与纱轴形成一定的倾斜角度，整个须条的截面形状也由扁平状过渡为接近圆形，习惯上把前罗拉钳口处到成纱之间的过渡区称为加捻三角区，如图2-4所示。

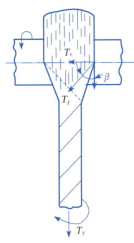

图2-4　加捻三角区

在加捻三角区,由于钢丝圈加捻作用和纺纱张力,纤维产生伸长变形和张力。图 2-4 中 T_y 为纺纱张力;β 为纤维与纱轴的夹角;T_f 为纤维由于纺纱张力而受到的力;T_r 为 T_f 沿着纱芯方向的分力,称为向心力。从此图可以得出

$$T_y = \sum T_f \cos \beta$$

$$T_r = \sum T_f \sin \beta$$

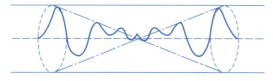

图 2-5　环锭纱中纤维的几何形状

从上述分析可见,随着纤维在纱中所处半径的增大,向心力 T_r 也增大,即外层纤维的向心力较大,容易向纱芯挤入(向内转移);而内层纤维的向心力较小,易被挤到外面(向外转移)。这种现象,称之为三角区纤维的内外转移。一根纤维在加捻三角区中可以发生多次内外转移,从而形成复杂的圆锥形螺旋线结构,如图 2-5 所示。

在环锭纱中发生上述内外转移形成复杂圆锥形螺旋线的纤维占绝大多数,在纱中没有发生内外转移而是形成圆柱形螺旋线的仅是一小部分纤维,另外还存在有弯钩、折叠和纤维束等情况。纤维的内外转移使纱中纤维互相纠缠联接,形成较好的结构关系,使纱能承受较大的外力且耐磨性好。

2. 转杯纱的结构

转杯纱的结构与环锭纱有显著差异。在纱的整体结构方面,转杯纱的结构分纱芯和外包纤维两部分,纱芯结构近似环锭纱,比较紧密,但外包纤维结构比较松散,无规则地缠绕在纱芯外面。在纤维形态方面,如表 2-3 所示,转杯纱中圆锥形、圆柱形螺旋线纤维约占 24%,比环锭纱(约占 77%)少,这是因为转杯纱的形成过程好比搓草绳一样,一面搓动给草绳加捻,一面不断补充稻草,捻好的绳子被卷绕起来。转杯纱在加捻过程中,加捻区的纤维缺乏积极的握持,纤维所受的张力很小,纤维内外转移程度低,所以圆锥形、圆柱形螺旋线纤维比环锭纱少。环锭纱中纤维形态较好,对折、缠绕纤维基本没有,弯钩、打圈纤维较少(约占 23%),而转杯纱中弯钩、对折、打圈、缠绕纤维约占 76%,高出环锭纱许多。其主要原因是经分梳辊分解后的单纤维大多数呈弯钩状态,虽经输送管加速气流的作用伸直了一部分,但不及环锭纺罗拉牵伸消除弯钩的作用大,且纤维在纺纱杯内壁滑移中也有形成弯钩的可能,更重要的是纺纱杯内的回转纱条在经过纤维喂入点时,可能与喂入纤维长度方向的任何一点接触,该纤维就可能形成折叠、弯曲形态,形成缠绕纤维,这种纤维排列混乱,结构松散,影响成纱结构。

表 2-3　纱线中各种纤维排列形态的数量分布(%)

纤维形态	圆锥形螺旋线	圆柱形螺旋线	弯钩、打圈、对折、缠绕
环锭纺	46	31	23
转杯纺	15	9	76

3. 环锭纱与转杯纱的性能对比

由于转杯纱中纤维结构与环锭纱有较大区别,因此成纱性能也有所不同。

（1）强力

由于转杯纱中弯钩、对折、打圈、缠绕纤维量多，内外层纤维转移程度差。这些不良形态的纤维的相当于缩短了纤维在纱中的有效长度，使纤维间摩擦抱合力弱，受外力拉伸时容易相互滑移而造成纱线断裂。内外层纤维转移程度差，使纤维不能均匀分布在纱线截面的内外层，在外力拉伸时内外层纤维受力不均匀导致的纤维断裂不同性较严重。

因此，转杯纱强力低于环锭纱。纺棉时，转杯纱强力比环锭纱低 10%～20%；纺化纤时，低 20%～30%。

（2）条干均匀度

转杯纺纱不经过粗纱机、细纱机的罗拉牵伸，因而没有罗拉牵伸对纱线均匀度所造成的机械波和牵伸波的困扰。转杯纺纱在纤维凝聚过程中发生了大约 100 倍的并合作用，这样大的并合作用对改善成纱均匀度具有显著效果。因此，转杯纱的条干均匀度比环锭纱好。纺中等线密度的转杯纱，乌斯特条干 CV 值平均为 11%～12%，有的甚至低于 10%，而同等线密度的环锭纱则为 12%～13%。

（3）纱疵数

转杯纺纱的原棉经过前方机械的强烈开松除杂作用，排杂较多，加上还有排杂装置，故转杯纱比环锭纱要清洁，纱疵小而少，纱疵数只有环锭纱的 1/4～1/3。

（4）纱线的耐磨性

纱线的耐磨性与纱线结构密切相关，一般转杯纱的耐磨度比环锭纱约高 10%～15%。因为环锭纱中纤维大多呈规则的螺旋线形态，当反复摩擦时，螺旋线纤维逐步变成轴向纤维，整根纱因失捻解体而很快磨断。而转杯纱外层包有不规则的缠绕纤维，纱线不易解体，因而耐磨性好。

（5）弹性

纺纱张力和捻度是影响纱线弹性的主要因素。一般纺纱张力大，成纱后纤维滑动困难，纱线弹性较差。纱线捻度大，纤维倾斜角大，受到拉伸时，表现出弹簧般的伸长特质，故弹性好。转杯纱由于纺纱张力比环锭纱小，捻度比环锭纱多，故转杯纱的弹性及伸长能力比环锭纱好。纱线弹性大，断裂功就大。纱线弹性对织造工程影响较大，尤其是经纱在织造中要承受开口、闭口的反复拉伸，如纱线弹性差且强力低，断头就会增加。因此纱线弹性也是纱线质量中值得重视的指标。

（6）捻度

由于转杯纺纱的加捻成纱过程与环锭纺纱不同，纺纱杯凝聚槽中须条的剥取与加捻是同时进行的，要使纺纱杯凝聚槽中的须条被顺利剥取，引纱纱条与凝聚槽内须条的联系力必须大于凝聚槽对须条的摩擦阻力。为了达到这一目的，转杯纱的设计捻度一般比同线密度环锭纱要高。国外转杯纯棉纱采用捻系数比同线密度环锭纱高 17%～30%，国内高 15%～25%。因为转杯纱捻度大，所以刚度大、手感硬。

（7）纱线的蓬松性

纱线的蓬松性用比容（cm^3/g）表示。由于转杯纱中的纤维伸直度和排列整齐度差，加捻过程中纱条所受张力小，外层又包有缠绕纤维，所以转杯纱的结构蓬松。一般转杯纱的蓬松度约比环锭纱高 10%～15%。环锭纱的比容为 1.96 cm^3/g，而转杯纱的比容则可达 2.11 cm^3/g。

总之,转杯纱和环锭纱相比,结构比较蓬松,外观较丰满,强度较低,但条干均匀度好,耐磨性较优,染色性也较好。对比见表 2-4。

表 2-4 环锭纱与转杯纱的性能对比

产品	内在质量			表面性能				外观质量			
	强度	弹性	伸长	刚度	手感	表面摩擦系数	耐磨性	蓬松度	粗细节	均匀性	毛羽
环锭纱	高	小	小	小	软	低	差	紧	多	差	多
转杯纱	低	大	大	大	硬	高	好	松	少	好	少

虽然转杯纺具有如前所述的各项优点,但转杯纺比较适合于纺粗特纱,国内的转杯纺 90%生产 20^S 以下的纱,其中 50%生产 10^S 以下的纱,这就限制了转杯纱在轻薄型牛仔布上的运用。而现在的牛仔服装早已从过去单一的春秋两季服用发展为一年四季皆宜,织物的轻重范围不断扩大。此外,空气捻接器的使用实现了环锭纱无接头化,加之通过丝光处理有效解决了环锭纱牛仔布石磨整理时间长等关键技术问题,因此 2000 年以后我国牛仔布生产用纱类别出现了可喜的变化,即环锭纱重新抬头,打破了曾一度单一依靠转杯纱的格局,牛仔布生产企业可按产品要求选用纺纱方法和纱线原料,目前已形成转杯纱和环锭纱各领风骚的局面。

① 转杯纺纱:牛仔布主要使用的转杯纱有 OE7^S、OE10^S、OE12^S、OE16^S,其次是 OE20^S、OE21^S、OE5.5^S、OE8^S 竹节、OE10^S 竹节等规格纱线。主要用来织造厚重型全棉牛仔布、弹力牛仔布和竹节牛仔布。

② 环锭纺纱:主要生产全棉纱、精梳纱、麻/棉、涤/棉、天丝/棉及其他混纺纱。以环锭纺纱 7^S、10^S、12^S、16^S、21^S/2、JC32^S/2 等较为常见。

可以看出,两种纺纱系统的适用范围不同,使纱线的性能用途不同,因而大大拓展了牛仔布生产用纱的选择范围。此外,随着我国转杯纺纱机械水平和配棉质量的提高,用转杯纺纱机生产中、细特纱线是完全可能的。国外转杯纺有 80%～90%生产 10^S～30^S 的纱线,其中有 50%生产 21^S～30^S 的纱线。同样,环锭纺纱技术也在不断的改进发展之中,如紧密纺、赛络纺、赛络菲尔纺等环锭纺新技术在牛仔织物上有越来越多的应用。这些都大大拓宽了环锭纱的使用范围,丰富了牛仔布的品种,并使纱线性能提高到一个崭新的水平。

(四)环锭纱质量参数指标

环锭纱线质量参考指标见表 2-5～表 2-8(摘自 GB/T 398—2018)。

表 2-5 普梳棉本色纱的技术要求

线密度/tex	等级	线密度偏差率/%	线密度变异系数/%≤	单纱断裂强度/(cN/tex)	单纱断裂强力变异系数/%≤	条干均匀度变异系数/%≤	千米棉结(+200%)/(个/km)≤	十万米纱疵/(个/10^5 m)≤
8.1～11.0	优	±2.0	2.2	15.6	9.5	16.5	560	10
	一	±2.5	3.0	13.6	12.5	19.0	980	30
	二	±3.5	4.0	10.6	15.5	22.0	1 300	—

续　表

线密度/tex	等级	线密度偏差率/%	线密度变异系数/%≤	单纱断裂强度/(cN/tex)	单纱断裂强力变异系数/%≤	条干均匀度变异系数/%≤	千米棉结（+200%）/（个/km）≤	十万米纱疵/（个/10^5 m）≤
11.1～13.0	优	±2.0	2.2	15.8	9.5	16.5	560	10
	一	±2.5	3.0	13.8	12.5	19.0	980	30
	二	±3.5	4.0	10.8	15.5	22.0	1 300	—
13.1～16.0	优	±2.0	2.2	16.0	9.5	16.0	460	10
	一	±2.5	3.0	14.0	12.5	18.5	820	30
	二	±3.5	4.0	11.0	15.5	21.5	1 090	—
16.1～20.0	优	±2.0	2.2	16.4	8.5	15.0	330	10
	一	±2.5	3.0	14.4	11.5	17.5	530	30
	二	±3.5	4.0	11.4	14.5	20.5	710	—
20.1～30.0	优	±2.0	2.2	16.8	8.0	14.5	260	10
	一	±2.5	3.0	14.8	11.0	17.0	320	30
	二	±3.5	4.0	11.8	14.0	20.0	370	—
30.1～37.0	优	±2.0	2.2	16.5	8.0	14.0	170	10
	一	±2.5	3.0	14.5	11.0	16.5	220	30
	二	±3.5	4.0	11.5	14.5	19.5	290	—
37.1～60.0	优	±2.0	2.2	16.5	7.5	13.5	70	10
	一	±2.5	3.0	14.5	10.5	15.5	130	30
	二	±3.5	4.0	11.5	13.5	18.5	200	—
60.1～85.0	优	±2.0	2.2	16.0	7.0	13.0	70	10
	一	±2.5	3.0	14.0	10.0	15.5	130	30
	二	±3.5	4.0	11.0	13.0	18.5	200	—
85.1 及以上	优	±2.0	2.2	15.6	6.5	12.0	70	10
	一	±2.5	3.0	13.6	9.5	14.5	130	30
	二	±3.5	4.0	10.6	12.5	17.5	200	—

表 2-6　普梳棉本色股线的技术要求

线密度/tex	等级	线密度偏差率/%	线密度变异系数/%≤	单纱断裂强度/(cN/tex)	单纱断裂强力变异系数/%≤	捻度变异系数/%≤
8.1×2～11.0×2	优	±2.0	1.5	16.6	7.5	5.0
	一	±2.5	2.5	14.6	10	6.0
	二	±3.5	3.5	11.6	13.5	—
11.1×2～20.0	优	±2.0	1.5	17.0	7.0	5.0
	一	±2.5	2.5	15.0	10.0	6.0
	二	±3.5	3.5	12.0	13.0	—

续　表

线密度/ tex	等级	线密度 偏差率 /%	线密度 变异 系数/%≤	单纱断裂 强度 /(cN/tex)	单纱断裂 强力变异 系数/%≤	捻度变异 系数 /%≤
20.1×2～30.0×2	优	±2.0	1.5	17.6	7.0	5.0
	一	±2.5	2.5	15.6	10.0	6.0
	二	±3.5	3.5	12.6	13.0	—
30.1×2～60.0×2	优	±2.0	1.5	17.4	6.5	5.0
	一	±2.5	2.5	15.4	9.5	6.0
	二	±3.5	3.5	12.4	12.5	—
60.1×2～85.0×2	优	±2.0	1.5	16.8	6.0	5.0
	一	±2.5	2.5	14.8	9.0	6.0
	二	±3.5	3.5	11.8	12.0	—
8.1×3～11.0×3	优	±2.0	1.5	17.2	5.5	5.0
	一	±2.5	2.5	15.2	8.5	6.0
	二	±3.5	3.5	12.2	11.5	—
11.1×3～20.0×3	优	±2.0	1.5	17.6	5.0	5.0
	一	±2.5	2.5	15.6	8.0	6.0
	二	±3.5	3.5	12.6	11.0	—
20.1×3～30.0×3	优	±2.0	1.5	18.2	4.5	5.0
	一	±2.5	2.5	16.2	7.5	6.0
	二	±3.5	3.5	13.2	11.0	—

表 2-7　精梳棉本色纱的技术要求

线密度/ tex	等级	线密度 偏差率 /%	线密度 变异系数 /%≤	单纱断裂 强度 /(cN/tex)	单纱断裂 强力变异 系数/%≤	条干均匀度 变异系数 /%≤	千米棉结 (+200%)/ (个/km)≤	十万米纱疵/ (个/10^5 m) ≤
4.1～5.0	优	±2.0	2.0	18.6	12.0	16.5	160	5
	一	±2.5	3.0	15.6	14.5	19.0	250	20
	二	±3.5	4.0	12.6	17.5	22.0	400	—
5.1～6.0	优	±2.0	2.0	18.6	11.5	16.5	200	5
	一	±2.5	3.0	15.6	14.0	19.0	340	20
	二	±3.5	4.0	12.6	17.0	22.0	470	—
6.1～7.0	优	±2.0	2.0	19.8	11.0	15.0	200	5
	一	±2.5	3.0	16.8	13.5	17.5	340	20
	二	±3.5	4.0	13.8	16.5	20.5	480	—
7.1～8.0	优	±2.0	2.0	19.8	10.5	14.5	180	5
	一	±2.5	3.0	16.8	13.0	17.0	300	20
	二	±3.5	4.0	13.8	16.0	20.0	420	—

线密度/tex	等级	线密度偏差率/%	线密度变异系数/%≤	单纱断裂强度/(cN/tex)	单纱断裂强力变异系数/%≤	条干均匀度变异系数/%≤	千米棉结(+200%)/(个/km)≤	十万米纱疵/(个/10⁵ m)≤
8.1~11.0	优	±2.0	2.0	18.0	9.5	14.5	140	5
	一	±2.5	3.0	16.0	12.0	17.0	260	20
	二	±3.5	4.0	13.0	15.0	20.0	380	—
11.1~13.0	优	±2.0	2.0	17.2	8.5	14.0	100	5
	一	±2.5	3.0	15.2	11.5	16.0	180	20
	二	±3.5	4.0	13.2	14.0	18.5	260	—
13.1~16.0	优	±2.0	2.0	16.6	8.0	13.0	55	5
	一	±2.5	3.0	14.6	10.5	15.0	85	20
	二	±3.5	4.0	12.6	13.5	17.0	110	—
16.1~20.0	优	±2.0	2.0	16.6	7.5	13.0	40	5
	一	±2.5	3.0	14.6	10.0	15.0	70	20
	二	±3.5	4.0	12.6	13.0	17.0	100	—
20.1~30.0	优	±2.0	2.0	17.0	7.0	12.5	40	5
	一	±2.5	3.0	15.0	9.5	14.5	70	20
	二	±3.5	4.0	13.0	12.5	16.5	100	—
30.1~36.0	优	±2.0	2.0	17.0	6.5	12.0	30	5
	一	±2.5	3.0	15.0	9.0	14.0	60	20
	二	±3.5	4.0	13.0	12.0	16.0	90	—

表 2-8　精梳棉本色股线的技术要求

线密度/tex	等级	线密度偏差率/%	线密度变异系数/%≤	单纱断裂强度/(cN/tex)	单纱断裂强力变异系数/%≤	捻度变异系数/%≤
8.1×2~11.0×2	优	±2.0	1.5	16.6	7.5	5.0
	一	±2.5	2.5	14.6	10	6.0
	二	±3.5	3.5	11.6	13.5	—
11.1×2~20.0	优	±2.0	1.5	17.0	7.0	5.0
	一	±2.5	2.5	15.0	10.0	6.0
	二	±3.5	3.5	12.0	13.0	—
20.1×2~30.0×2	优	±2.0	1.5	17.6	7.0	5.0
	一	±2.5	2.5	15.6	10.0	6.0
	二	±3.5	3.5	12.6	13.0	—
30.1×2~60.0×2	优	±2.0	1.5	17.4	6.5	5.0
	一	±2.5	2.5	15.4	9.5	6.0
	二	±3.5	3.5	12.4	12.5	—

线密度/tex	等级	线密度偏差率/%	线密度变异系数/%≤	单纱断裂强度/(cN/tex)	单纱断裂强力变异系数/%≤	捻度变异系数/%≤
60.1×2~85.0×2	优	±2.0	1.5	16.8	6.0	5.0
	一	±2.5	2.5	14.8	9.0	6.0
	二	±3.5	3.5	11.8	12.0	—
8.1×3~11.0×3	优	±2.0	1.5	17.2	5.5	5.0
	一	±2.5	2.5	15.2	8.5	6.0
	二	±3.5	3.5	12.2	11.5	—
11.1×3~20.0×3	优	±2.0	1.5	17.6	5.0	5.0
	一	±2.5	2.5	15.6	8.0	6.0
	二	±3.5	3.5	12.6	11.0	—
20.1×3~30.0×3	优	±2.0	1.5	18.2	4.5	5.0
	一	±2.5	2.5	16.2	7.5	6.0
	二	±3.5	3.5	13.2	11.0	—

（五）转杯纱质量参数指标

牛仔布用转杯纱质量指标应根据产品生产和质量要求制定，表2-9可供参考。

表2-9　气流纺棉本色纱的技术要求

线密度/tex（英制支数）	等别	技术指标							
		单纱断裂强力变异系数/%≤	百米重量变异系数/%≤	条干均匀度		单纱断裂强度（cN/tex）≥		优等纱十万米纱疵/（个/10⁵m）≤	百米重量偏差/%
				黑板条干均匀度10块板比例（优：一：二：三）	条干均匀度变异系数/%≤	经纱	纬纱		
14~16（48~86）	优	10.0	2.5	7:3:0:0	17.0	11.2	10.8		
	一	13.5	3.5	0:7:3:0	20.5				
	二	17.5	4.5	0:0:7:3	24.5				
17~21（34~28）	优	10.0	2.5	7:3:0:0	16.0	11.0	10.6		
	一	13.5	3.5	0:7:3:0	20.0				
	二	17.5	4.5	0:0:7:3	24.0			20	±2.5
22~26（26~22）	优	9.5	2.5	7:3:0:0	15.0	10.8	10.4		
	一	13.0	3.5	0:7:3:0	19.5				
	二	17.0	4.5	0:0:7:3	23.0				
28~31（21~19）	优	9.5	2.5	7:3:0:0	15.0	10.6	10.2		
	一	13.0	3.5	0:7:3:0	19.5				
	二	17.0	4.5	0:0:7:3	23.0				

续　表

线密度 /tex （英制支数）	等别	技术指标								
		单纱断裂强力变异系数/%≤	百米重量变异系数/%≤	条干均匀度		单纱断裂强度（cN/tex）≥		优等纱十万米纱疵/（个/10^5m）≤	百米重量偏差/%
				黑板条干均匀度10块板比例（优：一：二：三）	条干均匀度变异系数/%≤	经纱	纬纱		
32～34 （18～17）	优	9.5	2.5	7：3：0：0	14.5				
	一	13.0	3.5	0：7：3：0	19.0	10.4	10.0		
	二	17.0	4.5	0：0：7：3	22.5				
36～42 （16～14）	优	9.0	2.5	7：3：0：0	14.0				
	一	12.5	3.5	0：7：3：0	18.5	10.0	9.6		
	二	16.5	4.5	0：0：7：3	22.0				
40～60 （13～10）	优	9.0	2.5	7：3：0：0	13.5			20	±2.5
	一	12.5	3.5	0：7：3：0	18.0	9.8	9.4		
	二	16.5	4.5	0：0：7：3	21.5				
64～88 （9～7）	优	8.5	2.5	7：3：0：0	13.0				
	一	12.0	3.5	0：7：3：0	17.5	9.6	9.2		
	二	16.0	4.5	0：0：7：3	20.5				
89～192 （6～3）	优	8.5	2.5	7：3：0：0	13.0				
	一	12.0	3.5	0：7：3：0	17.5	9.4	9.0		
	二	16.0	4.5	0：0：7：3	20.5				

二、新型环锭纺纱线

（一）紧密纱

1. 紧密纺纱概念

在传统的环锭纺纱中，粗纱经细纱机牵伸装置的牵伸，通过纤维的相互滑移，须条获得抽长拉细，达到产品所要求的细度，从前罗拉钳口输出，输出时由于受到前皮辊的加压，纤维束呈现一定宽度的扁平状，此时纤维间的抱合力已基本消除，纤维呈自由状。为了使细纱获得所需的强力，必须加上一定的捻度以束缚住纤维。加捻作用是钢丝圈回转而产生的，钢丝圈回转产生的捻回向前罗拉钳口传递，但它却无法进入前钳口，因而在前罗拉附近，须条的宽度和截面发生变化，由扁平带状逐渐过渡为近似圆柱形的细纱，形成一个没有捻度的三角形纤维束，即俗称的加捻三角区，见图2-6。

加捻三角区中的纤维尤其是边缘纤维几乎完

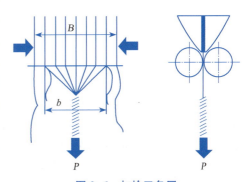

图2-6　加捻三角区

失控,所以加捻三角区的存在造成三方面不良的影响。

（1）产生毛羽

在加捻过程中,纤维受纵向张力作用,三角区外侧纤维所受张力大,内侧纤维所受张力小,由于内外纤维受力不同,纤维会发生由内至外和由外至内的反复转移,纤维两端常暴露在纱体之外,形成毛羽。毛羽的存在不仅会影响后道工序生产的顺利进行,而且和产品的外观、手感、服用舒适性能密切相关。随着人们对纺织品性能要求的不断提高和新型高速织机对纱线表面光洁度的特殊要求,普通环锭纱的毛羽问题日显突出。

（2）影响纱线强力

由于三角区外侧纤维所受张力大,内侧纤维所受张力小,因此,加捻后纱中纤维所受的预张力大小不一致,使纱线在后工序加工或最终产品使用过程中承受外力作用时,预张力大的纤维会先行断裂,纤维断裂不同时性显著,使纱的强力远远小于单纤维强力之和,达不到理想的强力水平。

（3）形成飞花

有些纤维脱离主体成为飞花而损失掉,据测约 85% 的飞花是加捻三角区产生的。飞花不仅影响生产环境,也影响纤维制成率。

紧密纺是指须条经过细纱机牵伸之后,在加捻之前,利用气流或机械的作用,使须条的宽度变窄,最大限度地减小加捻三角区。如图 2-7 所示,A_1A_2 是普通环锭纺和紧密纺的牵伸输出钳口线,同时也是普通环锭纺的加捻钳口线,C_1C_2 是紧密纺的加捻钳口线。B 为牵伸钳口输出须条的宽度,b 为加捻钳口须条的宽度,不难发现虽然 $B_{环锭纺}=B_{紧密纺}$,但 $b_{环锭纺}>b_{紧密纺}$,所以紧密纺通过从牵伸钳口到加捻钳口之间须条的集聚,使须条宽度大为减小,从而使纤维由松散、自由状态变为平直、密集状态后,再接受加捻,几乎所有纤维捻入纱条主体,大大减少了纱线毛羽,并使成纱条干、强力得到提高（图 2-8）。

2-4 紧密纺原理—虚拟仿真

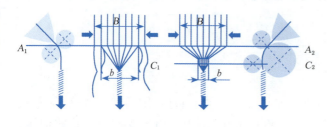

$$B_{环锭纺}=B_{紧密纺}$$
$$b_{环锭纺}>b_{紧密纺}$$

图 2-7　紧密纺原理

图 2-8　环锭纺与紧密纺加捻三角区实物对比

2. 紧密纺纱装置

目前,使用最广最具有代表性的紧密纺装置主要有瑞士立达（Rieter）公司的 Comfor Spin 紧密纺纱系统和德国绪森（Suessen）公司的 EliTe 紧密纺纱系统两种。

（1）瑞士立达（Rieter）公司的 Comfor Spin 紧密纺纱系统

该机构以传统的三罗拉长短皮圈牵伸装置为基础,保留中罗拉的胶圈和后牵伸区结构,将细纱机原来牵伸机构的实芯前罗拉改为直径为 59 mm 的中空网眼滚筒（也称集聚罗拉）,在集聚罗拉中间部分周向布有吸风小孔,内部装有吸风插件,吸风插件上有与吸风小孔对应的吸风口,与负压吸风系统相连。集聚罗拉上装有两个胶辊,前面为新增的输出胶辊,它与集聚罗拉组成输出钳口或加捻钳口,第二个为原来牵伸装置的前胶辊,它与集聚罗拉组成主牵伸区的前钳口,这样,在集聚罗拉圆柱形的表面上,由最前方的输出胶辊和原来的前胶辊所控制的圆弧区域,便形成集聚区。集聚罗拉担负着牵伸、吸风集聚和加捻握持三大任务。须条在牵伸之后、加捻之前,受到由集聚罗拉和双胶辊组成的集聚控制区的气流吸风作用,负压气流透过集聚罗拉上的小孔、吸风口构件的槽形吸口排向中央吸风系统。在此过程中,纤维受到自上而下、由边缘到中心的集聚约束,使须条宽度变窄,加捻三角区缩小,纤维保持紧密顺直的状态,被加捻成为紧密纱。

该紧密纺纱系统具有以下特点:

① 结构简洁,集聚罗拉集牵伸、集聚、输出、加捻握持等多项作用于一身;

② 集聚部分无易损件,寿命长,运行成本低;

③ 须条一出牵伸钳口就进入集聚区直到输出钳口,实现了全程集聚,集聚效果好;

④ 输出胶辊与前胶辊均由集聚罗拉驱动,意味着两者之间,即集聚区内无法设置张力牵伸,对纤维伸直不利;

⑤ 集聚罗拉与吸风组件设计要求高、制造难度大,比较适应立达公司自身细纱机,不便与其他机型配套。

图 2-9 所示为立达紧密纺原理图,图 2-10 所示为立达紧密纺实物系统图,图 2-11 所示为立达紧密纺关键元件。

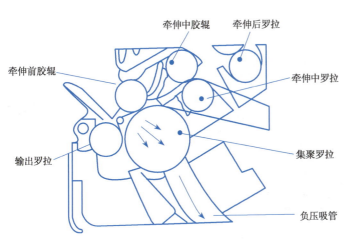

图 2-9　立达紧密纺原理

图 2-10　立达紧密纺实物系统

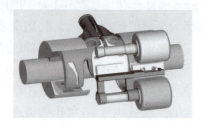

图 2-11　集聚罗拉、输出胶辊、前胶辊、吸风插件等关键元件

（2）德国绪森（Suessen）公司的 EliTe 紧密纺纱系统

德国 Suessen 的 EliTe 紧密纺纱系统示意图见图 2-12，图 2-13 所示为其实物。它保持原牵伸装置不变，在前罗拉前方设置集聚机构，即加装异形截面吸风管、网格集聚圈和输出胶辊，输出胶辊与原来的前胶辊两者组合在一起成为一个紧凑的双胶辊套件，见图 2-14。集聚圈套在异形截面吸风管上，并由撑杆张紧。输出胶辊和前胶辊的铁壳内侧附有相同齿数的齿轮，这样前胶辊通过过桥齿轮传动输出胶辊，再依靠输出胶辊对集聚圈的摩擦，带动集聚圈在异形截面吸风管上回转输送须条。吸风管与输出胶辊构成输出钳口或加捻握持钳口，吸风管固定不动并与吸风系统相连，吸风管上部工作面在对应每个纺纱位处，开有一个与纤维输出方向略呈一定角度倾斜的吸风口，见图 2-15。纤维离开牵伸前钳口后，受到集聚区内吸风管的吸风作用，空

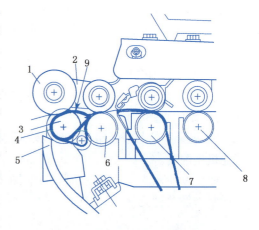

图 2-12　Suessen EliTe 紧密纺系统

1—输出胶辊　2—双胶辊架　3—异形截面吸风管
4—集聚圈　5—断头吸管　6—前罗拉
7—中罗拉　8—后罗拉　9—进气口

气透过集聚圈的网孔，从吸风口经异形吸管排向吸风系统，纤维则被吸附到集聚圈对应有吸风口的位置处，纤维便处于压缩集聚状态，随集聚圈的回转，按照倾斜吸风口的横向吸引速度和集聚圈的向前输送速度的合成速度方向，顺着斜槽输送到输出胶辊钳口处，被握持加捻成为紧密纱。

图 2-13　Suessen EliTe 紧密　　图 2-14　Suessen EliTe 输出胶辊与　　图 2-15　Suessen EliTe
　　　　　纺实物　　　　　　　　　　　　前胶辊组合套件　　　　　　　　　　　吸风口

应用该系统原理衍生的紧密纺纱机类型较多，其优点是：

① 紧密纺装置单独设置，集聚圈成本低，更换方便，适合对普通细纱机的改造加装；

② 吸风口的长度方向和集聚圈的运动方向有一定角度的倾斜，倾斜吸风口的负压吸引力

使受控须条横向运动,产生了绕自身轴线的切向力矩,因此对须条的集聚效果有进一步辅助增强的作用;

③ 输出胶辊的直径稍大于前胶辊,可使牵伸前钳口与输出钳口之间的集聚区里产生一定的张力牵伸,有利于提高纤维的伸直平行。

缺点是异形截面吸管虽然尽量深入到牵伸钳口处,但仍不能做到零距离,所以无法实现全程集聚控制。

对比以上两种紧密纺纱,都是利用气流进行须条的集聚,吸风连续稳定,可调性强,集聚效果好。瑞士立达的 Comfor Spin 紧密纺属于集聚罗拉集聚型,德国绪森的 EliTe 紧密纺属于吸风管集聚型。集聚罗拉集聚型优点是无易损件,运行成本低;缺点是不便与其他机型配套,不适于老机改造。而吸风管集聚型适合于对普通细纱机的改造加装,所以这种模式已成为国内将传统环锭纺升级为紧密纺采用的主要方式之一。

3. 紧密纱的性能特点

紧密纺技术的出现,标志着环锭纺技术有了一个质的飞跃,它明显改善了纱线的性能,如图 2-16 所示,主要表现在以下方面:

（1）毛羽少

由于紧密纺纱消除了加捻三角区,须条中边纤维的受控性能大大改善,从而减少了纱线毛羽,尤其是 3 mm 及以上对后工序危害大的长毛羽减少尤为显著。按照 Zweigle 纱线毛羽测试的结果,3 mm 及以上毛羽指数降低了 10%～30%。

（2）强力高

由于消除了加捻三角区,减少了纤维内外转移,并使纱中纤维紊乱程度降低,伸直程度提高,增强了纤维承受外力的同步性,从而显著地提高了单纱强力和耐磨性。棉纱强力提高约 5%～15%。

普通环锭纱　　　　紧密纱

图 2-16 普通环锭纱与紧密纱对比

（3）条干好

纤维须条从牵伸钳口输出后即受到集聚气流或机械的控制,并且须条在集聚时轴向受到一定张力,因此须条中纤维伸直度提高,纱的条干均匀度更好,纱疵情况也明显改善。与普通环锭纱相比,紧密纱的条干 CV 值降低 2.6%,粗细节降低 13%。

4. 紧密纱牛仔织物的性能特点

（1）织物外观质量

由于紧密纱表面光滑,毛羽少,条干均匀,纱疵少,因此制成的牛仔布外观质量优秀,布面整洁干净、织纹清晰、光泽均匀、色彩对比度强。

（2）织物内在质量

由于紧密纺纱体紧密,蓬松度比普通环锭纱低约 1/3,强力高,因此牛仔布的内在质量也有所提高,具体表现在强度增加,耐磨性提高。

（3）织物风格

紧密纱牛仔织物风格独特,由于紧密纺纱体紧密,可以采取较小的捻度设计,从而使得牛仔织物手感细腻柔软,悬垂性提高。

目前紧密纱多用于生产高档轻型牛仔布,尤其是用于生产提花牛仔织物时,组织图案十分清晰,效果非常明显。世界上一些知名的牛仔品牌,如美国的 Levi's、意大利的 Diesel,荷兰的 G-STAR,都以高密度缎纹组织制成的紧密纱织物作为牛仔面料,再运用立体裁剪工艺,设计开发出塑造人体美感的 3D 效果牛仔裤。这些牛仔裤表面质感独特,既有型又好穿,将自然、时尚与舒适、清爽发挥得淋漓尽致,定价折合人民币一般都在千元以上。

(二)赛络纱

1. 赛络纺纱概念

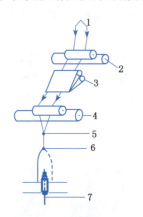

图 2-17 赛络纺纱工作原理

1—两根粗纱 2—后罗拉 3—中罗拉
4—前罗拉 5—汇聚点 6—导纱钩
7—锭子

赛络纺是直接在环锭细纱机上生产出类似股线结构纱线的一种纺纱方法,1975 年由澳大利亚科学与产业研究机构(CSIRO)发明,1978 年国际羊毛局将这项科研成果推向实用化,1980 年正式向世界各国推荐,商品名称为 SIROSPUN 或 CSIROSPUN,其工作原理如图 2-17 所示。对应于一个细纱纺纱位,两根粗纱经后导纱器保持一定间距,同时平行喂入牵伸装置,在后牵伸区仍有中导纱器继续保持两根须条的分离状态,两根须条各自分别经牵伸后,由前罗拉输出为两根分离的单纱须条,它们在由前罗拉输出一定长度后,汇聚合并在一起,再经同一锭子的钢丝圈加捻卷绕成具有双股结构特征的赛络纱。

赛络纺无疑在生产原理方面有它的独特之处。

(1)生产流程短

与常规的股线生产相比,赛络纺省去了并纱、捻线工序,生产流程短,节约了机器设备,减少了机器占地面积和能量消耗,每锭产量可比单纱提高一倍,具有较好的经济效益。

(2)设备改造简便

2-5 赛络纺
—虚拟仿真

只需在原有的环锭细纱机上安装部分部件即可,主要包括:

① 改装粗纱架,增加一倍粗纱容量,根据细纱机的类型确定锭距和粗纱的成形,要注意避免同一只纱管上的两根粗纱以相同的相位喂入;

② 原后、中、前单槽导纱器均调换成双槽导纱器,三者纵向中心对齐,槽横向间距适当;

③ 横动导纱装置不横动。

2. 赛络纱的性能特点

由于赛络纺是对单纱和股线同向加捻,汇集点上方的两根单纱捻向和下方股线捻向相同,捻度上少下多。因而纱线中的纤维形态和捻幅不同于普通双股线。首先,赛络纺的两根单纱须条在合并之前有一段单纱加捻区域,须条在此段形成单纱结构,纤维基本呈锥形螺旋线排列。由于单纱加捻区域短,施加捻度少,因而单纱中的纤维螺旋角较小,纤维内外转移弱,纤维两头外伸机会少,单纱表面光滑。其次,两根纱条汇合加捻属于同向加捻,合股后的捻度在原有单纱捻度的基础上迅速增加,使股线中的单纱及纤维螺旋线更加明显,纤维倾斜程度增加,股线截面呈圆形(而非普通股线的扁形),外观近似单纱,抱合力提高,股线强力明显增大,较之同向加捻的股线,赛络纺纱线有较大的延伸性和弹性,表面纤维排列整齐,毛羽较少,纱线结构紧密,光泽较好,耐磨性较高。赛络纱与传统环锭纱外观比较如图 2-18 所示。

（a）赛络纱　　　　　　　　　　　　　　　（b）环锭纱

图 2-18　赛络纱与传统环锭纱对比

3. 赛络纱牛仔织物的性能特点

赛络纱牛仔织物手感滑爽、柔软、有光泽、纹路清晰、富有弹性，透气性、染色性好，热传导高，目前，多用于生产高档轻薄牛仔面料，特别是对于一些容易形成毛羽的纤维原料如天丝、莫代尔等，具有很好的针对性。

（三）紧密赛络纱

1. 紧密赛络纺纱的概念

紧密赛络纺纱是在环锭纺纱机上将紧密纺与赛络纺相结合的一种新型纺纱方法，它结合了紧密纺与赛络纺的技术优势，相继完成集聚和单纱合股的过程，可直接纺制出毛羽极少、性能优良的纱线。其纺纱过程如图 2-19 与图 2-20 所示，两根粗纱以一定的间距经过双喇叭口平行喂入环锭细纱机的同一牵伸机构，以平行状态同时被牵伸，从前罗拉钳口出来后进入气流集聚区。在异形吸风管上对应的每个纺纱部位开有双槽，吸风管内部处于负压状态，表面套有集聚圈，集聚圈受输出罗拉的摩擦而转动。由前罗拉输出的两根须条受负压作用吸附在集聚圈表面对应双槽的位置，如图 2-21 所示，须条在受集聚控制的同时随集聚圈向前运动，由输出钳口输出。集聚后的两束纤维获得较为紧密的结构，分别经轻度初次加捻后，在汇聚点处结合，然后再被施加强捻，最后卷绕到细纱筒管上，成为具有类似股线结构的紧密赛络纱。

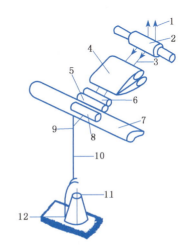

图 2-19　紧密赛络纺纱工作原理

1—喂入双粗纱　2—后罗拉
3—后区双粗纱　4—牵伸胶圈
5—过桥齿轮　6—前胶辊
7—异形截面吸风管　8—输出胶辊
9—汇聚点　10—紧密赛络纱
11—锭子　12—钢丝圈

图 2-20　紧密赛络纺纱的实物

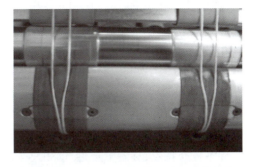

图 2-21　双纱条在吸风槽处被吸附的状态

2. 紧密赛络纱的性能

作为一种崭新的纺纱技术,紧密赛络纺纱技术具有得天独厚的优势,它成功地将紧密纺纱和赛络纺纱完美结合起来,是紧密纺纱和赛络纺纱技术的优化升级。紧密赛络纱的条干、强力和毛羽等各项性能指标都要优于单纯的紧密纺、赛络纺产品,更大大优于普通环锭纺产品。实践证明,使用与原环锭纺相同的工艺配棉方案,采用紧密赛络纺工艺后,可以提高纺纱细度,开发传统环锭纺难以实现的毛羽少、强力高的细特产品,为生产高质量轻型牛仔布创造了良好的原料基础,现已开发出布重低至 4.5 安士的轻薄面料。紧密赛络纱牛仔布质地紧密细致、爽滑柔软,穿着舒适透气、轻便快捷,得到越来越多的牛仔服装设计师的青睐。此外,由于紧密赛络纺纱的生产工艺相对于一般纺纱工艺而言,流程更为简练,省掉了后道加工工序(并纱、倍捻等)的资金投入,是一个低投入、高产出、低能耗的节约型项目,前景非常广阔。

三、牛仔布常用纱线品种

牛仔布的发展促进了牛仔布用纱的多样化。传统牛仔布用纱线以纯棉 $97 \sim 36.4$ tex($6^S \sim 16^S$)粗纱支为主,新型牛仔布用纱线的线密度由原来的粗特号向中、细特号发展。纺纱工艺也由原来的转杯纺纱向多种纺纱工艺与多纤混纺技术发展,包芯纱、包覆纱、竹节纱、彩点纱、结子纱等花色纱和新型纱线应用于牛仔布,使牛仔服向多用途、全年四季均可穿着方向发展,而高档牛仔布的生产也使牛仔服由家居服、休闲服、度假服发展为社交场合穿着的服装。

(一)纯棉转杯纱

采用 100%棉,转杯纺工艺生产。

常用线密度:97 tex(6^S),83.3 tex(7^S),58.3 tex(10^S),48.6 tex(12^S),36.4 tex(16^S),29.15 tex(20^S),36.4 tex×2($16^S/2$),29.15 tex×2($20^S/2$)。

用途:用作牛仔布经、纬纱,适用于重型牛仔布。

纯棉转杯纱牛仔布的特点:染色吸色率高,覆盖系数大,布质紧密、丰满、硬挺、粗犷、耐磨性好。

(二)纯棉环锭纱

采用 100%棉,环锭纺工艺生产。

常用线密度:36.4 tex(16^S),27.76 tex(21^S),J16 tex(32^S),36.4 tex×2($16^S/2$),29.76 tex×2($21^S/2$),J18.2 tex×2($32^S/2$),J14.6 tex×2($40^S/2$)。

用途:用作牛仔布经、纬纱,适于轻型牛仔布。

纯棉环锭纱牛仔布的特点:比相同线密度的转杯纱牛仔布强力高,覆盖系数小,因而布质柔软、随性舒适、服用性好。

(三)黏/棉混纺纱

一般黏/棉混纺比为 60/40、65/35、70/30。

黏胶纤维湿强低,因此,当纱线细度小时,通常纺成股线。常用线密度:49 tex(12^S),36 tex(16^S),29 tex(20^S),19.4 tex×2($30^S/2$),18 tex×2($32^S/2$)。

用途:织造黏/棉牛仔布或涤/黏/棉牛仔布。适于夏季中、轻型牛仔布。

黏/棉牛仔布特点:穿着舒适透气,手感柔软,悬垂性好,飘逸美观。

(四)麻/棉混纺纱

一般麻/棉比例为 55/45,常用线密度:58.3 tex(10^S),48.6 tex(12^S),44.8 tex(13^S),

36.4 tex(16^S)。

用途：织造麻/棉牛仔布,常用作纬纱。

麻/棉牛仔布特点：粗犷、坚挺、透气,但手感较粗硬。

（五）麻/涤混纺纱

一般麻/涤比例为 55/45、65/35、70/30。

线密度：36～58 tex。

用途：织造麻/涤牛仔布,常用作纬纱。

麻/涤牛仔布特点：粗犷、挺括、结实,但手感较硬。

（六）涤/棉混纺纱

常用涤/棉混纺比例：65/35,多用作纬纱。

涤/棉牛仔布特点：挺括、抗皱、强度高,耐磨、耐用。

（七）绢丝、䌷丝

绢丝是利用蚕茧制丝过程中产生的废茧、废丝为原料纺制而成的,而䌷丝又是利用绢丝加工过程中产生的废料(落绵)制成的,所以䌷丝比绢丝整齐度差、绵结多。

线密度：16.7～66.7 tex。

用途：用作牛仔布经、纬纱。

绢丝、䌷丝牛仔布的特点：光泽柔和优雅,穿着透气吸湿。绢丝牛仔布平整细腻,䌷丝牛仔布比绢丝牛仔布的布面显得粗糙、丰厚。

单元 2.4　牛仔布用新型纱线种类及性能

一、包芯纱

包芯纱是由两种或两种以上的纤维组合而成的一种新型纱线。一般以弹力或强力较好的合成纤维长丝为芯丝,外包棉、毛、黏胶等短纤维一起加捻而成。包芯纱兼有长丝芯纱和外包短纤维的优良性能,能充分发挥两种纤维的特长并弥补它们的不足。

（一）包芯纱起源

包芯纱纺纱技术是新型纺纱方法的一种,其历史可追溯到 20 世纪中期,是受到钢筋混凝土的启发而产生的。

起初为了增强棉帆布,以棉纤维为皮、涤纶短纤为芯开发了短纤包芯纱。其主要目的在于保持棉纤维遇水膨胀而具有的拒水性,利用涤纶在雨中受潮时具有抗拉伸性、抗撕裂性和抗收缩性等优点。当时在西方国家少数纺纱厂开始试纺,主要采用在环锭细纱机上将芯纱喂入普通牵伸系统的输出罗拉,然后同外包纤维共同加捻卷绕成纱的方法。在我国,京棉一厂在普通细纱机上首次试纺包芯纱成功,填补了我国这一高档产品的空白。

目前工厂使用最普遍的是环锭纺包芯纺纱技术。现在全世界大约已有 1 000 万锭纺纱设备在生产包芯纱。为了满足不同消费者的需求,使包芯纱具有多样的性能,许多研究者都在进行不同原料包芯纱的纺制,特别是将新原料、新纤维应用于包芯纺纱,已进行许多有益的探索,如丙纶/玻璃纤维包芯纱、聚丙烯腈预氧化纤维涤纶包芯纱、牛奶蛋白纤维/氨纶包芯纱等。

随着社会文明的进步、人们生活水平的全面提高和环境保护意识的增强,消费者对纺织品的要求从原来的重视强力、耐磨、挺括等一般实用性转而强调外观和手感,因而纺织品会逐步向个性化、多元化、功能化及安全舒适无公害等方向发展。包芯纱由于其特有的皮芯结构,兼具不同纤维组分的特点,由不同原料复合而成的包芯纱,尤其是具有特殊功能和特殊手感的包芯纱织物,将具有广阔的市场前景。

(二) 氨纶包芯纱

氨纶包芯纱的运用使牛仔布发展到了一个新领域,用它制成的牛仔面料穿着时能紧密配合人体的每一个动作,做到伸展自如,不受约束,充分彰显了牛仔服装自由、随性、潇洒、活泼的特质。目前,弹力牛仔布大多为纬向弹力,弹性伸长率一般在 20%～30%。

氨纶包芯纱:氨纶比例为 3%～5%,常用线密度为 18～36 tex。

用途:大多用于牛仔布的纬纱,少数也用于经纱。

弹力牛仔布特点:弹性伸度一般在 20%～40%,穿着合体贴身又不紧绷,便于运动。

1. 氨纶的特性

(1) 弹性

高伸长、高回弹是氨纶纤维的最大特点。一般情况下,可拉伸至原长的 4～7 倍。在 2 倍的拉伸下,其回弹率几乎是 100%;伸长 500% 时,其回弹率为 95%～99%,这是其他纤维望尘莫及的,而且氨纶的回缩力较小,回弹时没有橡胶丝那样的压迫感。

(2) 强度

氨纶纤维的湿态断裂强度为 0.35～0.88 cN/dtex,干态断裂强度为 0.44～0.88 cN/dtex,是橡胶丝的 2～3 倍,但与其他常见纺织纤维相比,其强度较低,因而也极少单独使用。

(3) 弹性模量

弹性模量是物体在外力作用下抵抗形变能力的量度。弹性模量越大,纤维越不容易变形,刚性强,柔软性差。氨纶的弹性模量较小,以代表品牌 Lycra 为例,仅为 0.11 cN/dtex,所以柔软性较好。

(4) 吸湿性

氨纶的吸湿性较差,公定回潮率为 1.3%。

(5) 耐热性

不同品种氨纶的耐热性差异较大,大多数在 95～150 ℃时,短时间存放不会损伤。在 150 ℃以上时,纤维变黄、发黏、强度下降。由于氨纶一般在其他纤维包覆下存在于织物中,所以可承受较高的热定形温度(180～190 ℃),但热处理时间要短。

2. 包芯纱的纺制

棉氨包芯纱的纺制方法很多,可采用环锭纺、转杯纺、赛络纺、涡流纺、静电纺等,但使用最广泛的是环锭纺和转杯纺。

(1) 环锭纺棉氨包芯纱的纺制

环锭纺棉氨包芯纱的纺纱原理如图 2-22 所示。在普通环锭细纱机的基础上,加装氨纶丝退绕和导入装置。氨纶丝筒子 1 放在喂入罗拉 2 上,两个罗拉同向回转,带动氨纶丝退绕,退绕下来的氨纶丝 3 向下,经过氨纶导丝器 4,进入牵伸装置前区。与此同时,棉粗纱从粗纱筒管 5 上退绕下来,依次经过细纱机牵伸装置的后、中、前三列罗拉,接受正常的牵伸。氨纶和棉两者在前区里相遇合并在一起,共同由前罗拉钳口输出,经过导纱钩、钢丝圈,卷绕在细纱筒管 10 上,钢丝圈回转对氨纶丝和棉纱条进行加捻,加捻后氨纶长丝被棉纤维包覆在中间,形成包芯纱。氨纶丝喂入罗拉的表面线速度低于前罗拉表面线速度,使氨纶丝喂入时得到一定大小的预牵伸倍数,将其伸长率控制在一定程度,从而保持包芯纱具有一定的弹性(图 2-23)。

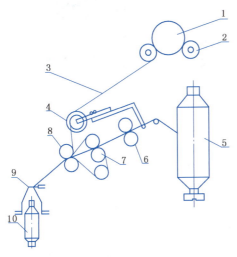

图 2-22　环锭细纱机纺弹力包芯纱

1—氨纶丝筒子　2—氨纶丝喂入罗拉　3—氨纶丝
4—氨纶导丝器　5—棉粗纱筒管　6—牵伸后罗拉
7—牵伸中罗拉　8—牵伸前罗拉　9—导纱钩
10—细纱筒管

图 2-23　环锭细纱机纺弹力
包芯纱实物

相对于普通环锭细纱机,要实现包芯纱的纺制,在细纱机的机构方面的变化主要有两个方面。

① 加装氨纶丝退绕机构,即在粗纱架下方两侧各装两根喂入罗拉,通过它们的支撑并回转,实现氨纶丝的退绕。喂入罗拉采用轻质铝合金制成,并将表面涂色,以便识别断丝。

② 加装氨纶丝导入机构,为了确保喂入氨纶长丝加捻时位于棉须条中心,在前罗拉上方设置氨纶导丝器。

(2)转杯纺棉/氨包芯纱的纺制

转杯纺氨纶包芯纱的纺纱原理如图 2-24、图 2-25、图 2-26 所示。将转杯轴中心开孔,氨纶丝经由转杯轴中孔进入转杯,通过调整氨纶丝的张力与原杯内的棉纱条结合加捻,形成棉纱条包缠于氨纶长丝周围的棉/氨包芯纱。

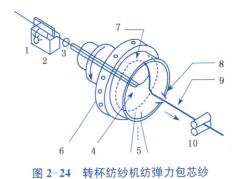

图 2-24　转杯纺纱机纺弹力包芯纱

1—氨纶丝　2—张力装置　3—导丝器
4—导丝管　5—短纤输送通道　6—转杯
7—转杯凝聚槽　8—引纱管
9—包芯纱　10—引纱罗拉

图 2-25　转杯纺纱机纺弹力包芯纱实物　　图 2-26　纺弹力包芯纱的转杯纺纱器实物

3. 影响棉/氨包芯纱弹性的主要因素

弹力牛仔织物对棉/氨包芯纱的性能有一定的要求,除了对普通棉纱线所要求的强力、条干均匀度、结杂等指标外,对包芯纱的弹性性能也有相应要求。

影响棉/氨包芯纱弹性的主要因素有以下几方面:

(1) 氨纶丝线密度

氨纶丝线密度越大,包芯纱弹性越高,目前氨纶丝常用规格有 4.4 tex(40 D)、7.7 tex(70 D)、15.4 tex(140 D)、30.8 tex(280 D)。氨纶包芯纱生产上应用最多的是前三种,而牛仔包芯纱最常用到的是 7.7 tex(70 D)。

(2) 氨纶丝预牵伸倍数

氨纶丝牵伸倍数越大,包芯纱弹性越高。

氨纶丝预牵伸倍数的计算公式为

$$氨纶丝的预牵伸倍数 = \frac{细纱机前罗拉线速度}{氨纶丝喂入罗拉线速度}$$
$$= 1 + 氨纶伸长率$$
$$\leqslant 1 + 氨纶断裂伸长率$$

氨纶断裂伸长率一般在 400% 以上。所以,为了保证生产过程中氨纶丝不断裂,氨纶丝的预牵伸倍数应小于 5,一般选择 2~5 倍。在使用 4.4 tex(40 D)氨纶丝时,选择预牵伸 3~4倍;使用 7.7 tex(70 D)氨纶丝时,选择预牵伸 3.5~4.5 倍;使用 15.4 tex(140 D)氨纶丝时,选择预牵伸 4~5 倍。根据经验,氨纶丝预牵伸为 3.8 倍时,织物的弹力伸长在 25%~35%。弹力牛仔布使用中、粗特棉/氨包芯纱比较多,氨纶丝预牵伸可选大一些,一般为 3.8~4.5 倍,这样可保证穿着时,臀部、膝盖部有较好的回弹能力,不产生鼓包变形的现象。

(3) 氨纶在成纱中的百分比

氨纶百分比越大,包芯纱弹性越高。牛仔布用包芯纱中氨纶一般采用 3%~5% 的混纺比,即可满足牛仔织物的弹性要求。

4. 包芯纱捻系数的确定

包芯纱的捻系数要设计合理。由于棉/氨包芯纱特殊的结构,包芯纱捻度不宜设计得太小。若捻度偏小,不仅纱的强力低,织造断头多,而且外包纤维容易松散滑移,也会造成织疵;

当然捻度过大,成纱手感过于僵硬,也会影响弹力织物的风格和细纱机的生产效率。试验认为棉/氨包芯纱的捻系数比同线密度的普梳棉纱增加 10%～20% 为宜。

5. 棉/氨包芯纱的品种代号

品种代号包括原料、混纺比、纺纱工艺、纱线线密度、氨纶长丝规格以及用途等。

[例]品种代号为:C/S95/5J48.6[7.7 tex(70D)]K。

其含义为:C—棉;S—氨纶,即 Spandex;95/5—棉与氨纶的混纺百分比;J—精梳;48.6—纱线线密度(tex);7.7 tex(70 D)—氨纶长丝细度;K—针织纱。

也有的工厂使用习惯表示法,如上例习惯表示为:C48.6tex+S70D 或 C12^S+S70D。

6. 氨纶包芯纱新品种

竹浆纤维/天丝(莫代尔)纤维混纺弹力纱,由江苏盐城一家企业研发生产。天丝是一种绿色环保型纤维,它既有天然纤维的吸湿、染色性好等优良性能,还具有合成纤维的优良强伸性能,其干态与湿态断裂强度均高于竹浆纤维。将天丝纤维与竹浆纤维混纺,可弥补竹浆纤维强度较低、回弹性与保形性较差的不足。

由于竹浆纤维与天丝混纺弹力牛仔布的经纬纱均采用 36.5 tex 竹浆纤维/天丝(50/50)混纺纱包 77 dtex 氨纶丝的中弹型包芯纱,用该包芯弹力纱生产的牛仔布既具有良好的弹性与吸湿透气性,又具有一定强伸度和抗皱性,且有抗菌抑菌功效,是制作高档牛仔服装的理想面料。

(三)双丝弹力包芯纱

弹力包芯纱在较长时间以来主要以氨纶弹力丝为芯丝,从多年的生产实践发现,它既有优点也有一定缺点,因氨纶丝强力较低,染色性能较差,在加工或穿着过程中,如氨纶丝断裂,就会出现无芯丝纱与无弹力纱,同时氨纶丝的回弹性高达 600% 以上,尤其在中老年群体穿着时会感到一定的压迫感与束缚感,其舒适性欠佳。此外,在包覆过程中,如芯丝与外包纤维配合不当,会造成包覆不良出现露丝等疵点,经染色后露丝会暴露在织物表面,严重影响产品质量。

为了克服单一氨纶包芯纱的弊端,近几年来国内许多纺纱企业将单丝弹力包芯纱改为双丝弹力包芯纱。并采用两根不同特性的弹力丝为芯丝,利用两根芯丝回弹性的差异,使弹力包芯纱具有优良性能。

将棉包 T400 复合丝+44 dtex 氨纶丝生产的 36.9 tex 双芯丝弹力包芯纱作牛仔布用纱,既保持外包棉纤维的良好吸湿性与亲肤性,又使织物具有更高强度及穿着的尺寸稳定性。

1. 双丝弹力包芯纱的制备

双芯弹力包芯纱生产宜采用赛络纺工艺,因赛络纺纺纱过程中单纱须条的纤维转移较传统环锭纺少,纤维呈顺直紧密的排列,使纱体表面光滑,成纱条干及强力都有所提高。同时赛络纺采用双根粗纱喂入,须条宽度相对变宽,有利于提高短纤对双芯长丝的包覆效果。

生产双芯弹力包芯纱时,尤其两根芯丝存在弹性性能差异的情况下,需要单独控制双芯长丝的张力,如图 2-27 所示,长丝 15 和氨纶丝通过两组喂入机构喂入,即两根长丝采用单独的送纱机构控制,在导丝轮 8 汇合后喂入前罗拉钳口,有效避免了缺丝和芯丝张力波动大的缺陷。为保证双芯长丝在喂入和运行时张力适中稳定,需加装吊环张力器、大导轮和张力胶辊,可有效改善双芯弹力包芯纱的包覆效果,从而减少成纱过程中纱线结构不稳定,以及易出现断

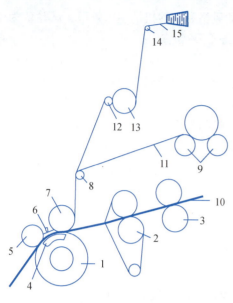

图 2-27　双丝包芯纱生产

1—前罗拉　2—中罗拉　3—后罗拉
4—吸风插件　5—阻捻罗拉　6—气流导向装置
7—前胶辊　8—导丝轮　8—送丝辊　10—粗纱
11—氨纶丝　12—引丝胶辊　13—导丝罗拉
14—导丝辊　15—长丝

头、包覆不良、露芯及橡皮纱现象。

2. 其他弹力纤维包芯纱

除氨纶丝外，已成功开发多种弹性纤维，如 T400、陶氏 XLATM、CM800 等弹性丝，正在逐步改变氨纶丝垄断弹力牛仔织物的局面。

采用 T400 作弹力包芯纱的芯丝可以避免氨纶丝不易染色、弹性过剩、制成织物尺寸不稳定和使用过程中易老化等弊端。

陶氏 XLATM 纤维的拉伸倍数不大于 200％，其弹性回复性能优良，洗涤后织物收缩率较低，尺寸稳定性较好。

CM800 弹性纤维是 PTT 和 PET 双组分长丝，由 PTT 和 PET 并列复合纺丝而成，两种组分各占 50％。PTT 和 PET 虽同属聚酯类材料，但具有不同的物理性能和热加工性能。CM800 长丝的特点是利用两种成分的不同热学特性，通过复合纺丝方法获得具有阶段自然卷曲和蓬松性的三维卷曲结构，织物经过湿热处理加工后，可以使坯布包芯纱中伸直纤维的卷曲得以显现，从而赋予芯纱中 CM800 纤维优良的弹力和弹力回复性，制成的弹力牛仔布具有较好的弹性和尺寸稳定性，且具有价格较低、加工过程中容易控制的优点。

上述几种新型弹性纤维作芯丝时，外包纤维宜选用棉、吸湿透气性好及易快干的纤维，以提高服装穿着时肌肤的舒适感。

(四) 全棉包芯纱

通常来讲，包芯纱主要是指通过芯纱和外包纱组合的一种复合纱，一般以化纤长丝为芯丝、天然纤维为包覆纤维纺制。通过外包纤维与芯纱的结合，发挥各自的优点，弥补双方的不足，扬长避短，优化成纱的结构和特性。

和短纤纱相比，长丝具有条干均匀、强度高、伸长及弹性好等优点，适作包芯纱的骨干，可充分发挥成纱强力高、弹性好以及特殊长丝功能等特点。短纤是包芯纱的外包纤维，可充分发挥纤维的功能和表观效应，如新纤维的光彩美丽，纤维优良的吸水、吸湿性、耐热性、保暖性、柔软性、抗起球性等特长。两者择优结合就可生产一般短纤纱和长丝无法比拟的包芯纱，如弹力包芯纱，高强度、高模量、耐高温的缝细包芯纱，烂花包芯纱，中空包芯纱，高功能包芯纱等。

1. 全棉包芯纱结构

全棉包芯纱中，芯纱和包覆纤维全部采用棉短纤，棉纤维制成的芯纱和包芯纱具有相反的捻向，在纺纱过程中，自身内外纤维发生退捻、加捻、转移、缠结，从而使纱线内部达到一种自锁状态，因此纱线主体内紧外松、柔中带刚，达到优化成纱结构和力学性能的效果。

在生产过程中，导纱钩到前罗拉钳口的纱线段在加 S 捻时，芯纱便伴随着 Z 捻的退捻。当芯纱外层的棉纤维克服自身的张力，完全松弛并起拱，破坏周围外包棉纤维的平衡状态时，芯纱外层的棉纤维就有可能被挤出,即向外发生转移,芯纱外层的棉纤维和周围外包棉纤维就会发生缠结,使纱线的内部结构呈现自锁的状态,纤维间抱合力和摩擦阻力增大,达到强伸性最优的目的。与此同时,依然保证了纱线内紧外松的结构特点,纱线主体牢固、强力大,而且外层触感柔软舒适。

2. 全棉包芯纱品种性能

包芯纱采用 14.6 tex、捻系数为 380～400、捻向为 Z 捻的棉纱,成品包芯纱为 58.3 tex,捻系数为 380,捻向为 S 捻,锭速为 18 000 r/min。

包芯纱与传统牛仔纱性能对比如表 2-10 所示。

表 2-10　全棉包芯纱和传统牛仔纱线性能对比

纱线类型	线密度/tex	强力/cN（捻系数 380）	强力/cN（捻系数 380）	断裂伸长率/%（捻系数 380）	断裂伸长率/%（捻系数 400）
全棉包芯纱	58.3	1 002～1 140	1 042～1 155	9.7～10.8	10.2～12.1
传统牛仔纱		750～865	784～886	6.9～8.6	7.8～9.6

全棉包芯纱的强伸性要普遍优于传统牛仔纱线,而且强伸性优势较明显。这主要归功于其纱线内部纤维的缠结、自锁而形成的内紧外松、柔中带刚的结构特点。若要达到相同的单纱强力,包芯纱所需要的捻系数更低,这不但大大提高了单纱本身的柔软度,提升了纯棉纱线的产品档次,增加了产品的附加价值,更大大降低了生产成本与生产能耗。

(五) 空心包芯纱

空心纱是一种具有高的比表面积、纱线的覆盖面积大和高弹性超柔软的纱。用这种纱线开发的牛仔布产品具有特有的手感和风格。主要采用水溶性纤维作为芯纱并外包其他纤维制成包芯纱,最后在后整理过程中,将芯层的水溶性纤维溶解,即成空心纱线。

1. 空心纱的特点

空心纱线的特点主要表现在以下几方面:

(1) 与常规纱线相比,在同样的线密度下有较高的比表面积和覆盖面积;

(2) 纱线有较高的弹性,加工出的织物手感柔软;

(3) 纱线部分区域呈空穴状,有较好的保暖特性;

(4) 纱的膨松度高,增加了纱的毛细管效应,提高了吸水性;

(5) 由于空心化效果的产生,纤维与纤维间的抱合力下降,强力比常规纱低 15%～30%。

2. 棉/维混纺纱线生产实践

我国将棉与水溶性维纶纤维混纺,经特殊的后道松式加工,去除水溶性维纶纤维,产生特有的中空形态。棉/维混纺纱的特点主要表现在以下几方面:

(1) 随着退维时间的增加,纱线强力先缓慢降低,而后再降低并趋于稳定,证明退维工作完成。一般控制在 35 min 左右能将水溶性维纶基本溶化。

(2) 纱线溶解初期维纶质量损失(溶解速率)比后期要快,水溶性维纶溶解后黏附在棉纱上有助于棉纱的强力增强,纱线表面毛羽也相对减少。

(3) 在退维时应密切注意水中维纶溶解的浓度,及时排出废水,输入新的热水,建议采用连续溢流换水。否则,溶入水中的维纶分子会进入棉纤维,使纱线手感变硬,影响最终品质。

（4）退维可在清水中进行，退维过程中温度要由低到高逐步上升，并且要不断搅拌。为保证退维彻底，退维温度比水溶温度高 15～20 ℃，并且退维前，织物应在 20 ℃水中充分浸泡。

（5）棉/维空心纱织物与普通纯棉织物相比较，手感丰满、蓬松；保暖性能好；在同等条件下，饱和含水率大、干燥所需的时间少，即空心纱制成的织物在蓬松性、保暖性以及吸水快干性等方面都优于普通棉织物。

（六）牛仔布用包芯纱发展趋势

1. 氨纶包芯纱向高支纱方向发展

原来氨纶包芯纱以生产中粗纱为主，如 $32^S＋40D$、$21^S＋70D$、$12^S＋100D$ 等，目前也生产 $40^S～60^S$ 氨纶包芯纱，如 $40^S＋30D$、$60^S＋20D$ 等，可用于制备夏季轻薄款的牛仔布。

2. 包芯纱向非弹性方向发展

先后出现 60^S 纯棉包涤纶低弹丝及包金属丝等新型包芯纱，并都投入批量生产。60^S 纯棉包涤纶低弹丝纱，由于芯丝是涤纶丝，外包覆精梳棉，使服装既概括尺寸稳定，又有良好的穿着舒适性，是轻薄、高端牛仔升级换代产品。

3. 开发双芯丝包芯纱

以短纤维为外包原料，两种不同特性的长丝为芯丝，经加捻纺制成纱。由于两种芯丝性能差异，使纱线具备更优良的特性。双芯包芯纱作牛仔布用纱既保持棉包氨纶纱的良好吸湿性、柔软性及弹性外，又使织物具有更高的强力、耐磨性及尺寸稳定性。故用双芯包芯纱生产的牛仔布穿着无束缚感、无压迫感、无松弛感，且具有保形性好等优点，故用双芯包芯纱来替代原单芯包芯纱正在国内流行。

二、竹节纱

2-6 竹节纱
—虚拟仿真

近十年来，牛仔布生产得到了长足的发展。牛仔布一改其传统、单一的纱线原料，纱线品种产生了多层次的变化。竹节牛仔布则成为诸多变化中的一个主流趋势，用竹节纱与同线密度或不同线密度的正常纱进行适当配比和排列，使牛仔织物表面呈现出无规律纵向分散雨丝状或横向波纹状，有明显的麻质感和凹凸立体感，布面或粗犷或朦胧，将牛仔布的休闲、质朴发挥得淋漓尽致，深受个性时尚消费群的喜爱，见图 2-28。

图 2-28　竹节牛仔布

（一）竹节纱的定义

竹节纱是在单纱长度方向上出现节粗、节细的形状，节粗处形似竹子的结节，如图 2-29 所示。

（二）竹节纱的特征参数

竹节纱的公称线密度一般以基纱线密度冠名，而竹节处的线密度要比基纱线密度大。所以竹节纱的特征参数通常包括以下几项：

基纱线密度：即 1 000 m 长度的重量克数。

节粗（竹节粗度）：竹节线密度与基纱线密度之比，一般在

图 2-29　竹节纱

1.5～6。

节长(竹节长度)：每个竹节段所占的长度。

节距(竹节间距)：相邻两个竹节段之间的距离，即相邻两个竹节段之间的基纱长度。

循环个数：不等距竹节纱一个循环中粗节的个数，可分为单循环与双循环两种。单循环是指在生产过程中，节长和节距中的一个不发生变化而另一个发生变化，双循环则是指两个都发生变化。

不同厂家生产的竹节纱风格有所不同，具有自己的特色及代表性品种。

(三) 竹节纱主要参数与布面风格的关系

由于竹节纱的特殊结构，竹节牛仔布面风格与上述几项参数密切相关，其各种各样的组合决定了它在布面上特殊的风格。

(1) 由于竹节纱的竹节部分较粗，纺纱加捻时，抗扭力矩大，所以竹节段捻度较小，纤维较松散，使竹节纱染色时粗段与细段对染料的吸收不一致，根据竹节长短不同会在竹节牛仔布面形成雨点或雨丝的风格。

(2) 利用竹节纱竹节部分的长短不同、粗细不同、节距不同、原料不同，可开发出丰富多彩、风格各异的竹节牛仔布品种，以满足各类消费者的不同需要。

(四) 竹节纱的分类

按竹节规律分为：无规律竹节纱和有规律竹节纱。

按竹节长度分为：长竹节纱、中竹节纱和短竹节纱。

按竹节粗度分为：粗竹纱、中竹纱、细竹纱。

(五) 竹节纱的生产

纺制竹节纱的设备可用专用设备，但目前国内大多采用改造后的环锭细纱机和转杯纺纱机纺制。即在普通环锭细纱机或转杯纺纱机上增设一套变速机构纺制竹节纱。

竹节纱的纺纱原理是瞬间改变纺纱机的输出速度(如环锭细纱机的前罗拉速度以及转杯纺纱机的引纱罗拉速度)或改变纺纱机的喂入速度(如环锭细纱机的中、后罗拉速度以及转杯纺纱机的喂给罗拉速度)，即改变纺纱机的牵伸倍数或者改变单位时间内的喂入纤维量，从而达到形成竹节的目的。

以上两种变速原理相比，利用前罗拉输出速度变化生产竹节纱时灵敏度高，适用于较密的竹节，无论是竹节的长短还是粗细均有较好的控制能力。但由于前罗拉速度变化会引起产量的变化，而且前罗拉速度时快时慢，而锭速是恒定的，所以还会出现捻度变化、强力不匀等问题，对纱线质量有一定的影响。而利用中、后罗拉喂入速度变化生产竹节纱时，由于前罗拉速度不变，所以对产量和捻度没有任何影响，所以虽然安装费用较大，但仍是当前竹节纱改造的主要方案。

在环锭细纱机和转杯纺纱机上加工竹节纱的控制装置普遍采用以下三种形式：

1. 机械式

例如采用不完全齿轮变牵伸，优点是费用低。缺点是噪音大，设备寿命短，维护费用大，竹节工艺参数变换不方便。随着电子技术的发展，这种方式已被淘汰。

2. 机电结合式

大多采用 PLC 可编程控制器和电磁离合器接合的形式。该类设备利用原动力，不需增加动力源，不需破坏原机的机器结构，结构简单、安装费用低，但噪音大、设备寿命短、维护费用高,且竹节参数控制和精度较差,很难满足高品质纱线的质量要求。

3. 数字式

取消电磁离合器,采用 PLC、工控机为核心的控制装置与变频器、伺服电动机、步进电动机相结合的形式。整个系统采用数字控制,该类设备控制精度和生产效率大大提高,可按样品和客户要求编好固定程序输入编程器中进行生产,精度高,工艺调节方便快捷。

(六) 竹节纱工艺

竹节纱由于其特定的粗细不匀,造成成纱的强力、捻度不匀率比常规纱大,因此生产难度更大。因此工艺条件至关重要,需注意以下几点:

1. 竹节粗度

在竹节纱的纺纱过程中,粗度是较难掌握的工艺参数。通常用切断称重法来校验竹节的粗度,即切取相同长度的竹节部分和节距部分,分别称重,竹节重量与节距重量之比即为粗度。竹节粗度是决定竹节牛仔织物风格的一个重点因素,设计前必须了解牛仔织物所追求的风格是粗犷还是朦胧,日常管理中对生产过的竹节牛仔布品种进行成品样与水洗样的收集,多对比、多积累,以便能实现更为精准的把握。一般未经水洗竹节凸起明显的,竹节粗度在 2.0 倍及以上;未经水洗竹节能看见但凸起不明显的,竹节粗度在 1.6~1.9 倍;水洗后方能看见竹节效果,竹节粗度在 1.4~1.5 倍。用作经纱的竹节不宜太粗,否则通过织布机的经停片、综丝、钢筘等机件时,易受阻滞而引起断头。纬向竹节的粗度应设计得比经向偏大一些,在 2.0 倍以上时才能看见有竹节效果。

2. 竹节纱的线密度

由于竹节纱具有粗节与细节,且粗细节连接处又有过渡区,因此在确定竹节纱的线密度时,应根据竹节长度、节距大小和竹节段粗细,换算成纱线百米定量,然后计算出线密度。由于竹节部分和节距部分有一粗细过渡态,特别是转杯竹节纱过渡态又较长,因此计算重量与实际重量之间会有一定的差异,实际生产中应根据大面积定量进行微调。

3. 竹节长度

(1) 环锭竹节纱的竹节长度

在前罗拉变速情况下,竹节长度取决于前罗拉的线速度 v_f(mm/s)和顺时降速的时间 t_1(s)之乘积;在后罗拉变速情况下,竹节长度取决于后罗拉的线速度 v_b(mm/s)和顺时升速的时间 t_2(s)之乘积,一般计算误差较小。

(2) 转杯竹节纱的竹节长度

在改变喂给罗拉速度的情况下分为两种情况,设 L 为喂给罗拉高速情况下引纱罗拉输出纱线的长度,D 为转杯直径,S 为竹节长度。

当 $L > \pi D$,即在喂给罗拉升速的时间内引纱罗拉输出的纱线长度大于纺杯的周长时,竹节长度 $S = 2\pi D + a$(其中 $a = L - \pi D$),为纺杯周长的两倍以上;

当 $L < \pi D$,即在喂给罗拉升速的时间内引纱罗拉输出的纱线长度小于纺杯的周长时,竹节长度 $S = \pi D + b$(其中 $b = L$),介于纺杯的一倍周长与两倍周长之间。

设计竹节长度时,如果有来样,竹节的长度可以从布样直接量取。由于无规律竹节纱的竹节长度通常都有一个范围,应多量取几个,了解其主体长度,另外,还要考虑到织缩率和预缩率的影响并予以调整。如果无来样,要设计竹节织物,则短竹节长度应在 5 cm 以下,长竹节织物竹节长度应在 8～20 cm 左右,应根据客户需求打样确认。

4. 竹节纱捻系数

由于竹节纱捻度分布的不均匀性,在基纱处会形成强捻,在竹节处捻度又比设计捻度小,造成纱线蓬松,强力偏低。所以竹节纱的捻系数应比一般纱线的捻系数偏大 5%～10%,以提高竹节纱强力,保证后道工序的加工。但也不宜过大,否则细节处脆断增多。

5. 竹节密度

原纱上竹节不宜过于密集,否则竹节与节距粗细差异大且变化频繁,生产质量难以保证,另外,原纱竹节过密则牛仔布面竹节不分散、不自然,经向色条明显,影响整体效果。竹节纱与基纱的配置比例直接决定布面竹节的密度,来样大时可拆纱分别计数后算出其比例;来样小时,可点数一定面积内竹节的个数,根据竹节规格及布样密度推算后自行设计,一般竹节应占织物的 8%～15%。

三、功能纱线

(一)汉麻混纺纱线

汉麻是我国自主培植的一种麻类纤维,具有许多优良性能。汉麻的单纤维是所有麻类纤维中最细、手感最柔软的品种。用汉麻制成的服饰穿着柔软舒适,无粗硬感和刺痛感。汉麻纤维还具有良好的毛细效应和吸湿透气性,其排湿量是棉花的 3 倍,能使人体汗液快速排出,提高穿着凉爽感,故更适用于春夏季牛仔面料的开发应用。

纬纱采用冰氧吧功能性涤纶、精梳长绒棉与汉麻 3 种纤维混纺生产的 32.7 tex 弹力包芯纱,芯丝采用 44.4 dtex 氨纶丝,混纺比为 50/30/20,具有凉爽、抗菌、抑菌和良好的防紫外线效果,穿着柔软舒适,达到了汉麻混纺牛仔布高品质与高附加值的预期。

(二)Viloft/天竹/棉混纺纱线

Viloft 纤维是英国 ACORDIS 公司采用木材经溶剂法工艺生产的再生纤维素纤维,拥有独特的扁平截面,具有柔软舒适特性;天竹纤维具有干湿态断裂强度较高、吸湿透气性好及抗菌防霉等性能;棉花采用新疆 3 级细绒棉,主体长度为 29.9 mm,马克隆值为 4.3,成熟系数为1.75,短绒率为 11%。采用 3 种纤维原料制成线密度为 46 tex 的 Viloft/天竹/棉(35/35/30)混纺纱,织物采用 2/1 右斜纹组织,经纬密度为 409 根/10 cm×248 根/10 cm,克重为 201 g/m²,属于轻薄型牛仔面料。

(三)芦荟黏胶/棉/Coolplus 混纺纱线

纱线包含混纺比为 48/32/20 的棉、芦荟黏胶纤维和 Coolplus 纤维,借助芦荟纤维的抗菌以及 Coolplus 纤维的吸湿排汗功能,改善传统牛仔面料的透气性、导湿性和抗菌性。芦荟纤维是将芦荟原液在纤维素纤维纺丝时加入纤维内,属于一种芦荟改性黏胶纤维,含有氨基酸、维生素、糖类和蒽醌类等多种活性成分,对金黄色葡萄球菌和白色念珠菌的抑菌率高达96.6%,纤维的湿强和干强都比较高,具有较好的放湿性和吸湿性,在纺纱织造过程中,不易引起静电的积聚,也不易起毛起球,用其加工的织物穿着特别舒适。芦荟黏胶纤维与棉、Coolplus 混纺可赋予织物良好的柔软、蓬松性和导湿性,解决了纯棉制品的易皱和抗菌性不佳等问题,提高了织物的服用性能。

(四)30%珍珠纤维和 70%棉混纺纱

近几年,我国纺织行业研制成功一种新型功能性纤维——立肯诺珍珠纤维。该纤维手感滑爽舒适,吸湿透气,可纺性好,与人体肌肤有亲和性,且具有发射远红外和防紫外线功能。

采用30%珍珠纤维和70%棉混纺纱,同时适当提高纱线捻度;织物选用3/1斜纹组织进行交织等。采取以上技术措施,产品具有以下特点:

1. 有利于充分发挥珍珠纤维的优异性能

选用3/1斜纹组织,这种组织的特点是可使织物反面纬纱的浮长较长,制成服装后,人体皮肤同面料里层接触相对较多的是纬纱。而纬纱中所含的珍珠纤维材料与皮肤的亲和力较好,加上纱线本身又较光滑,从而有效地改善了传统牛仔面料反面的粗糙感,提高了贴身穿着的舒适度。珍珠纤维材料能够发射远红外线,而这种远红外保健功能只有在织物与皮肤紧密接触时才能更有效地发挥作用。

2. 有利于控制面料的生产成本

由于牛仔面料的纬纱采用棉/珍珠纤维混纺纱,与全部使用棉纱相比生产成本有所增加,增加的幅度与珍珠纤维的混入量有直接关系。珍珠纤维混纺比为30%时的性价比最高。这样,不仅有利于充分发挥珍珠纤维材料的优异性能,而且能够有效地控制生产成本。

3. 有利于保持牛仔面料产品的特有风格

让含有珍珠纤维的纬纱主要显露在织物的反面,这样就使珍珠纤维材料对面料外观风格产生的影响降至最低,从而较好地保持了牛仔面料特有的风格和质感。

(五)二醋酸/椰炭改性涤纶/羊毛弹力包芯纱

该种纱线采用氨纶包芯纱,其中氨纶线密度为18 tex,包芯纱线密度为33.3 tex,外包纤维为二醋酸/椰炭改性涤纶/羊毛,混纺比为30/40/30。

二醋酯纤维具有良好的手感、光泽,服用舒适度高。

椰炭改性涤纶纤维是在较高温度下将废弃的咖啡渣进行煅烧,随后将其研磨成纳米粉体颗粒,在涤纶纺丝过程中将其加入,形成具有蓄热保暖、吸附异味和远红外发射性能的功能性纤维。

将二醋酸纤维、椰炭纤维和羊毛混纺,制成的纱线手感柔软,保暖性能好,采用氨纶包芯纱结构的纱线具有良好的弹性,可提高牛仔布的服用舒适度。

综上所述,我们不难发现,一方面牛仔用纱线功能因纤维原料的不同而不同,所用纤维种类繁多,除广泛采用的棉纤维外,还因为麻、丝、黏胶、涤纶、天丝、氨纶等多种纤维以及功能纤维的运用而大大丰富了纱线品种于牛仔布的使用性能。另一方面,牛仔用纱线因纺纱方法的不同,使得同样的纤维制成的纱线性能和生产工艺更加多样化,有转杯纺纱线、环锭纺纱线、新型环锭纺如紧密纺、赛络纺等纱线;还有在转杯纺纱机或环锭纺纱机上利用特殊机构生产的弹力纱、竹节纱等等。由此,牛仔布生产时对纱线的选择范围进一步扩大,为提高牛仔布的产品质量和经济效益创造了更好的条件。

思考题

1. 牛仔布生产对纱线质量有哪些要求？
2. 转杯纺纱技术与环锭纺纱技术相比有哪些特点？
3. 说明环锭纺纱机的生产工艺流程。
4. 说明转杯纺纱机的生产工艺流程。
5. 转杯纱的性能与环锭纱相比有什么不同？
6. 说明紧密纱及其牛仔织物的性能特点。
7. 说明赛络纱、包芯纱、竹节纱的成纱机理。

03 模块三
牛仔布经纬纱准备

教学导航 ∨

知识目标	1. 了解牛仔布经纬纱准备工序的目的和工作原理； 2. 熟练掌握牛仔布经纬纱准备各工序的工艺流程、机器设备的操作、注意事项等； 3. 能合理选取牛仔布的整经生产工艺； 4. 了解整经张力和整经速度对牛仔布生产的影响。
知识难点	牛仔布经纬纱准备各工序的工艺流程、机器设备的操作、注意事项。
推荐教学方式	案例切入、任务驱动、线上线下混合、引导讨论答疑。
建议学时	4 学时
推荐学习方法	1. 教材、教学课件、工作任务单； 2. 网络教学资源、视频教学资料。
技能目标	1. 能说出牛仔布准备工序的工艺流程和目的； 2. 能熟悉相关设备的操作。
素质目标	1. 培养学生分析问题、解决问题的能力； 2. 培养学生自主学习的能力； 3. 培养学生实事求是、工匠精神、团队合作、创新精神、知行合一等素质，促进学生全面发展。

思维导图 ∨

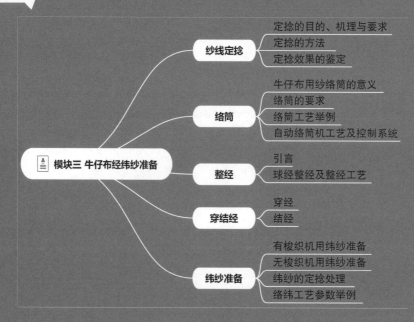

　　牛仔布的经纱准备包括纱线定捻、络筒、整经、经纱靛蓝染色和上浆、穿(结)经等工序。经纱准备的任务主要有两方面：一是检查纱线质量及清除杂质、纱疵，如粗细节、弱捻等；二是获得全片经纱张力和排列都比较均匀的经轴。经纱靛蓝染色和上浆在第四章有详细的介绍。本模块主要介绍牛仔布经纱准备中的纱线定捻、络筒、整经及穿结经等工序，而牛仔布的纬纱准备工艺较简单，与织机种类有关。

单元 3.1　纱 线 定 捻

一、定捻的目的、机理与要求

　　牛仔布采用捻度较大的转杯纱作经纬纱时，要通过定捻来稳定纱线捻度，提高纱线回潮率，增加相邻纱圈之间的摩擦作用力，防止纱线退绕时的扭结，使整经、染浆工序能顺利进行并减少织造时的脱纬、纬缩及起圈等现象，提高织物织造性能及质量。

　　通常用给湿与加热手段稳定纱线捻度，这与热湿对纤维结构和纱线捻度的影响有关。热湿作用下，纤维性质会发生变化，水的润滑性使纤维分子间的结合松弛，加速因加捻产生的内应力下降。同时，热能又使分子氢键活泼，捻度产生的内应力使纤维向新的平衡状态过渡，离开热湿环境，分子结构形状被固定，捻度在新的位置稳定下来，达到定捻的目的。

　　纱线吸湿后，回潮率提高、柔软度提高、体积增加。当相对湿度从 45% 提高到 100% 时，棉纱体积可增加 14% 左右。体积的增加使纱圈间的摩擦力及相互作用力加大，减少织造时的脱纬和起圈现象。但过高的回潮率，会降低纱线的物理力学性能，使纱线退绕困难。棉纱合理的回潮率为 8%～9%。

二、定捻的方法

1. 纱线自然定捻

　　纱线自然定捻是指纱线在常温、常湿的自然环境中存放一段时间，以稳定纱线捻度的定捻方式。

　　由于纺织纤维的流变性，纱线在放置过程中，纤维内部的大分子相互滑移错位，各个大分子本身逐渐自动扭曲，纤维的内应力逐渐减小，呈现松弛状态。同时，纤维之间也产生少量的滑移错位，结果使纱线内应力局部消除，纤维的变形形态及纱线结构得到稳定，从而使纱线捻度达到稳定。

　　自然定捻工序短，且不需要特殊的处理设备，节省费用，方法简单，纱线的物理力学性能保持不变，亦不会产生汽蒸处理时可能造成的回潮率过大、过小或水污渍和筒管变形等弊病。缺点是定捻效果不稳定，纱线存放时间较长(一般 24 h 以上)，需要纱的周转量大和储存占地面积大，适宜于低捻度的纯棉纱线。

2. 纱线给湿定捻

　　纱线给湿定捻是指纱线在较高回潮率的环境中存放一段时间，以稳定纱线捻度。

　　纱线给湿定捻有堆存喷湿法、浸水法、机械给湿法。给湿定捻法在生产中应用较广，不同纱线的定捻工艺、定捻效果有所不同。

3. 汽蒸热湿定捻法

　　在热和湿共同作用下，纬纱定捻效率大大提高。对于捻度较大的纱线，宜采用给湿、加热的方法稳定纱线捻度。用专用的热定捻锅对纱线进行定捻处理,具有处理时温度高、所需时间短、效率高、存放占地面积小、经纬纱周转快等特点。通常处理时间在 20～30 min。最早被用于化纤及混纺产品做定形定捻的是传统的蒸纱锅。将纱线放在一个密闭容器中,由外界加入饱和蒸汽,称之为热湿定形。随着真空技术发展,将真空泵置于蒸纱锅上,形成了松式定形和热湿定形的结合。

(1) 传统的蒸纱锅有以下几个缺点,制约了其应用:

① 外界加入饱和蒸汽,容器中的饱和压力难以控制恒定,加工过程中的批次差异较大,容易形成黄白纱;

② 对纱管的要求较高,纸管几乎不能使用,否则会使靠近纸管的纱线污染;

③ 设备结构简单,蒸汽在容器中对纱线的处理不均匀,造成层差和表面污染;

④ 配置不合理,能源消耗高。

(2) 新型汽蒸机由机内自身产生蒸汽处理纱线,弥补了传统蒸纱锅的不足。

① 在汽蒸机内部设置蒸汽发生装置,真空状态下,根据工艺要求产生饱和蒸汽,这种蒸汽称之为低压间接饱和蒸汽,低压间接饱和蒸汽适用于纸管汽蒸,不会使纸管过度受潮变形,污染产品;

② 运用可编程控制器,对各种工艺参数进行精确的过程控制,避免出现批次差异,特别是可编程控制器可对饱和温度实现精准控制,防止过热蒸汽出现,避免了黄白纱现象的发生;

③ 设置了顶部引流板,防止对产品的表面污染;对间接蒸汽的流动过程进行了引导控制,避免了层差和区域差异。

(3) 新型真空汽蒸机工艺参数设置注意点:

① 纯棉纱线一定要用低温工艺进行处理;

② 汽蒸处理的时间配置(关键是恒温时间)要结合纱线的支数、捻系数、成纱回潮率等合理设计;

③ 精梳纱线和普梳纱线的真空压力要区别对待;

④ 汽蒸机要定期排污冲洗,防止加热水箱中水的氯根含量超标;

⑤ 黏胶纤维和黏胶混纺纱线,汽蒸的回潮率要结合纱线断裂强度适度控制,否则回潮率升高,会使纱线的强力下降;

⑥ 包芯纱汽蒸工艺设计,要考虑筒管的强度。

典型的蒸纱工艺步骤如下:

$$真空 \longrightarrow 预热加湿 \longrightarrow 保温 \longrightarrow 恒温 \longrightarrow 真空降温 \longrightarrow 结束$$

三、定捻效果的鉴定

定捻效果主要看捻度稳定情况及内外层纱线的稳定程度是否一致。

测定定捻效果常用的有两种方法。

1. 定捻效率法

两手执长 50 cm 的纱,一端固定,一端缓慢平行移近另一端,当纱线开始扭结时,记下两端的距离。定捻效率 p 可由下式计算:

$$p = \left(1 - \frac{S_1}{S_2}\right) \times 100\%$$

式中：S_1——纱线开始扭结时的长度；S_2——纱线实验长度（50 cm）。

定捻效率一般为 40%～50%，便能满足生产的工艺要求。

2. 目测法

两手捏住 1 m 长纱线的两端，缓慢移至两手距离为 20 cm 左右时，看下垂纱线的扭结程度，扭结程度一般应不超过 3～5 转。这种检验方法简单易行，能粗略地鉴别定捻效果。

单元 3.2　络　筒

络筒工序是在络筒机上进行的。它将细纱管纱加以接续，在此过程中，使纱线获得适当的、均匀一致的张力；并按规定的要求，检查和清除纱线上的粗细节等纱疵、杂质和尘屑，清疵过程中形成小而坚牢的结头；卷绕成密度均匀、成形良好、便于退解的筒子。

一、牛仔布用纱络筒的意义

1. 改变卷装形式

若纺纱厂来的转杯纱为圆柱形筒子，则要络成适合整经或无梭织造需要的圆锥形筒子，便于高速退绕。

2. 清除纱疵，提高纱线外在质量

在络筒工序中利用清纱装置对纱线外在质量进行检查，并清除原纱上对织物产量和质量有影响的有害疵点和杂质，例如粗节、细节、弱捻、竹节及飞花等，以降低后工序生产中的断头和提高织物质量。

3. 改善纱线张力，均匀卷绕密度，提高后道工序效率

根据整经工艺实行定长络筒，整批换筒，提高整经过程中单纱张力的均匀性，使染色、上浆工序顺利进行。

4. 减少筒脚纱

如果做到定长和留头正确，可大大减少经纬纱筒脚的浪费。

二、络筒的要求

为了提高牛仔布质量，适应高速织机织造，络筒应具备以下几点要求：

1. 筒子卷装坚固、稳定，成形良好

筒子卷绕应坚固结实，成形良好，有适当的卷绕密度，便于贮存和运输。筒子形状和结构应便于下道工序纱线的退绕。

3-0 微课：
牛仔布的络
筒工艺流程

2. 卷绕张力适当均匀

卷绕过程中应保持一定的纱线张力，以保证筒子成形良好。一般认为，在保证筒子卷绕密度、成形良好及断头自停装置能正确工作的前提下，应尽量采用较小的卷绕张力，最大限度地保留纱线的强度和弹性。

3-1 卷绕—
虚拟仿真

3. 尽可能清除纱线上的有害纱疵

既保证清除纱线上的有害疵点，又尽量减少接头次数，避免产生新的结头疵点。

4. 尽可能增加卷装容量并满足定长要求

在卷绕成形机构允许的前提下增加卷装容量,提高后道工序的生产效率,绕纱长度符合定长要求,减少浪费。

三、络筒工艺举例

表 3-1、表 3-2 分别为 1332MD 型和自动络筒机的主要工艺。

表 3-1　1332MD 型络筒机主要工艺参数

项　　目	单　　位	线密度/tex(英支)		
		97(6) 84(7)	58(10) 48(12)	36(16)
机　　型		1332MD 型		
络纱速度	m/min	600		
张力圈重量	g	60	40	34
满筒长度	m	整经满轴长度×3~4 倍+1 000		
电子清纱器		光电式或电容式		
结头形式		空气捻接		

表 3-2　自动络筒机主要工艺参数

项　　目	单　　位	线密度/tex (英支)
		84(7)
机　　型		村田 No.7R-11
络纱速度	m/min	1 000
加　　压	Pa	1.5
满筒长度	m	30 000
清纱器		间隙式
结头形式		空气捻接

四、自动络筒机工艺及控制系统

传统络筒设备大都要人工接头,质量不稳定,劳动强度及消耗人工巨大。自动络筒机替代传统络筒机是现代化生产的必然趋势,也是生产企业实行有效质量控制的标志。现代化下工序的发展和要求对自动络筒机提出了更高的要求,主要体现在以下几个方面。

1. 筒纱张力均匀,密度均匀且可控

自动络筒机张力控制系统有气圈跟踪式、间隙式张力检测式和连续在线式张力检测式等。气圈跟踪式的原理是通过检测纱线在细纱管上的位置来控制气圈,从而使络纱时张力不会上升。间隙式张力检测式是采用非稳态方式采集张力,采集值除张力本身之外,还受到纱线细度等其他因素的影响,因而精度不高。连续在线式张力检测式是精度最高的控制方式,其特点是检测和调节是同一稳态参数,精度达到 1 cN,能做到"所见即所得"。

2. 筒纱大卷装要求及其他特殊卷装要求

影响筒装尺寸大小的重要因素之一是重叠区对直径限制。当筒子和槽筒的转速达到整数比的临界直径处,就会形成重叠区。重叠区造成了退绕的速度限制,如筒纱直接用于染色,又会影响染色的均匀度。在细号纱线络纱时,这种情况尤其严重。卷装越大,临界直径处平行条带的重叠情况越严重。目前,主流防叠系统采用电子防叠,采用槽筒驱动交变加减速方式,人为形成槽筒和筒纱之间的滑移。但由于筒纱和槽筒之间的压力是固定不变的,所以滑移量有限,且不能有效控制。

大卷装无重叠区是采用一套特殊的自动调节摇架压力驱动机构。该机构受电脑计算结果的指令,能自动在筒纱卷绕到临界直径处调节摇架压力,所以能完全有效地形成足够的滑移以消除重叠现象,使卷绕直径不再受重叠现象限制。

另外,对于弹力纱的络筒,筒纱在大直径高弹力情况下,由于外层纱线对内层产生挤压,最终在筒纱两端面会形成凸出的端面,产生成形缺陷。卷装直径越大,凸出情况越严重。现代化先进络筒机能把自动张力控制和自动摇架压力控制有机地通过电脑结合起来,业内称之为VARIOPACK 基本原理。用这种方式,弹力纱筒纱和普通纱筒纱可做到成形一样。

3. 筒纱长度精度的要求

自动络筒机都有纱线自动计长装置。普遍方式是记录槽筒转数换算成周长来完成定长功能,但精度只在 2% 左右。理想的方式是直接测量纱线在纱路中运行的距离。一种叫ECOPACK 的方式采用光学非接触方式在纱路中扫描并记录运动纱线外廓,分析比较运行时测得的信号,将信号计算转化为当前纱线长度,和设定值比较后作出相应动作。采用这种ECOPACK 的高精度长度测量方式后,各个筒纱卷装的纱线长度误差值可控制在 0.5% 之内。在下道工序,如整经中,可使同一批纱几乎同时绕尽,有效减少纱线未绕完而再需重绕的浪费。ECOPACK 特别适用于生产高质量高档纱线,如细号精梳棉纱、精纺毛纱、紧密纺纱线和要求高精度纱线计长的后道工序的加工,如整经、倍捻等。

4. 结头方式

随着新型纺织纤维材料及工艺的发展,纱线种类繁多,需要各种不同的捻接装置。如弹力丝包芯纱、亚麻纱、紧密纺纱线,各类动物蛋白纤维纱线等。

结头方式主要有机械打结器、机械搓捻器及空气捻接器。机械打结器主要用于长丝类;机械搓捻器能产生非常好的结头外观,但由于结头中未形成单纤维抱合,结头稳定性及在下道工序中耐交变应力性能并不理想,同时由于设备投入成本及运行成本非常高,其应用受到限制;空气捻接方式是主流捻接方式。空气捻接器有以下种类:

(1)喷湿捻接器 采用雾化喷水装置,使捻接时压缩空气中形成丰富的水雾,能增加接头处的转动惯量和纤维抱和力,对粗支纱或股线的捻接能达到非常好的效果。目前最先进的已采用电子式剂量控制方式,能快速有效地针对不同号数纱线设定及控制水雾含量。

(2)弹力捻接器 适合于弹力包芯纱的捻接。特点是采用空捻方式使弹力丝包芯纱和普通纱一样保持纤维之间的抱合。结头处保持弹力丝在中间,强力和外观质量好,结头能耐交变应力而不发生接头缺陷。弹力捻接器也可与喷湿捻接装置结合使用。

(3)热捻接器 主要用于动物蛋白纤维的纱线捻接,如羊毛、绢及其混纺纱线。热捻接器是将捻接空气温度调节到适应于捻接纱线性质的温度,充分利用了纤维的热塑性。在捻接区纱线接头结构稳定,接头强力增加,外观改善。

5. 络筒工序实现低能耗

自动络筒机全面实现单锭控制,根据所加工纱线种类和质量的不同,其能耗波动很大。自动络筒设备全部采用变频电机,中央电脑设定控制。在实际工艺中,为保证在最恶劣的情况下不超过最低工艺要求极限,络筒机上各参数设定值一般较高,如产生工作负压主吸风电机,其功率可能占整机功耗的一半。如不采取有效控制,较高的转速设定会导致整机消耗非常大。

现代化络筒机在采用变频电机的基础上,另采用全自动电脑负压监控装置,能根据耗气量大小自动调节吸风电机转速,如没有或仅较少锭位动作,则吸风电机低速运行,这时可降低风机功耗50%以上。如在某较短时段有很多锭位同时动作,其负压传感器会及时采集当时负压值,通过电脑控制,会迅速增加变频电机转速,以保证负压准确维持在设定值上,使纱头捕捉迅速。该时段过后系统会自动回到低转速状态。由于上述原理,能使工作负压设定在较接近极限工艺要求的位置处,其对应的电机平均转速可有效降低,达到节能目的。按络筒机中负压风机所占相的功耗比,此项设计可使整机平均功耗最多降低20%。

6. 络筒工艺实现低回丝消耗

传统自动络筒机中大都没有纱线位置控制,在捕捉纱头的过程中都靠时间设定。在捕到纱头之后,多余的设定时间会使更多长度的纱线继续吸入,反之,如设定时间太短,则捕头成功率会降低。为最大限度优化纱线捻接控制,减少回丝量,现代自动络筒机使用了纱头传感器控制技术。

这种设计在络筒机捕纱器中装有纱头感应传感装置,当纱头被吸入吸臂,到达光电感应装置时,它才会发信号通知继续下一动作,同时关闭风门以节约能耗,否则捕纱器会保持前一动作,直至纱头被捕为止。捻接时,一旦纱头被捕捉到,传感器能立即发信号进行捻接动作,捕纱臂不再有重复动作,以减少接头时间和纱线浪费。一般每次接头纱线长度可控制在50~60 cm,可大大节约回丝。同样原理,如在清纱器切纱后,在准确测定纱头位置后,就可完全吸走被检出疵纱的长度,保证筒纱中无疵纱。

单元 3.3　整　经

一、简介

靛蓝牛仔布的经纱织前加工常用绳状染色和片纱染色两类工艺技术路线。绳状染色技术路线为:球经整经→靛蓝绳状染色→条带轴经整经(又称"重经")→浆纱→穿经。片纱染色技术路线为:轴经整经→染浆联合→穿经。这两种工艺路线在牛仔布行业均有使用。绳状染色所需的经纱球(束球)由球经整经提供;片纱染色所用的半制品为经轴,由常用的轴经整经机生产。现在已有一些牛仔布厂开始使用高速整经机,工艺流程见图3-1。

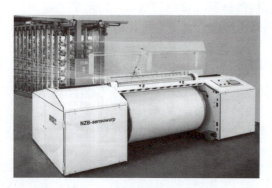

图3-1　轴经整经工艺流程

绳状染色效果好,但其工艺流程较长,通常用于高档牛仔布的生产。生产球经整经机的公司主要有美国的格威公司、莫理森公司、巴伯·考尔曼（Barber Colman）公司、理德查维（REED CHATWOOD）公司及日本小松原（KOMATSUBARA）铁工厂。图 3-2 所示为球经整经生产工艺流程。

图 3-2　球经整经工艺流程

不论何种整经方式，尽管在半制品的外形上有很大的不同，但其主要目的都是使纱片或绳束的张力均匀、排列均匀和卷绕均匀，并将一定数量的筒子纱，以均匀一致的张力，按规定的长度，均匀紧密地卷绕于经轴或特制的球轴上，为下道染色和上浆加工做准备。

（一）牛仔布用轴经整经机及其发展

目前国内牛仔布生产厂家使用的轴经整经机主要是 1452A 型或 GA121 型分批整经机，这些整经机用于染浆联合生产线已能满足质量要求。美国及欧洲国家主要使用高速整经机，如西点整经机（West Point）及巴伯·考尔曼公司的整经机等。

1452A 型分批整经机的工艺流程如图 3-3 所示。经纱从放置在筒子架 1 上的圆锥形筒子 2 引出，经过张力器 3、导纱瓷眼 4 及断头自停钩 5 进入一对玻璃导棒 6、6′，伸缩筘 7 后形成排列均匀、幅宽合适的片状经纱，在经导纱辊 8 卷绕在经轴 9 上。经轴 9 通过经轴臂 11 依靠重锤 12 与滚筒 10 之间紧密结合。滚筒 10 由电动机驱动回转并通过摩擦，使经轴回转卷绕经纱。图 3-4 中 1452A 型整经机上经轴与滚筒之间的加压关系。

3-2 分批（轴经）整经—虚拟仿真

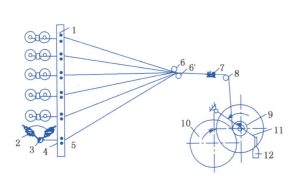

图 3-3　1452A 型整经工艺流程

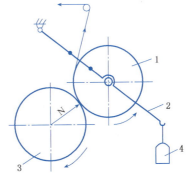

图 3-4　悬臂式重锤加压

由图 3-4 可看出，经轴 1 由悬臂 2 和滚筒 3 支持，悬臂末端挂有重锤 4，该装置依靠经轴自重和重锤的作用来加压。当经轴容量增加时，为了保持滚筒与经轴之间的压力不变，在整个整经过程中就要不断减少重锤的重量，而重锤重量的减少不是无级变化的，因而压力曲线呈图3-5 所示的锯齿形状，从而导致加压不匀，经轴卷绕密度变化较大。当经轴为小轴时，因压力过小易产生跳轴现象，不能满足经纱张力、排列、卷绕"三均匀"的要求。

　　为了提高经轴的卷绕均匀度,对 1452A 型整经机经轴加压机构进行改造,采用平行加压措施,其加压机构如图 3-6 所示。水平式重锤加压装置中,经轴 1 的轴头 2 装在轴承座 3 上,轴承座 3 与滑动座 4 相连,滑动座 4 可在水平滑轨 5 的两端由支托脚 6 和托架 7 支撑。滑动座 4 与齿杆 8 相连,齿杆 8 与齿轮 9 啮合。齿轮 9 的轴上同时有一绳轮 10,其上吊有重锤 11。重锤通过齿轮、齿杆及滑动座使经轴与滚筒之间在水平方向产生压力,这个压力基本上不受经轴自重的影响,随着卷绕半径的增加,经轴可沿水平方向滑动。水平式重锤加压机构压力稳定,经轴跳动小,且操作简单、方便。图 3-6 中,12 为滚筒。

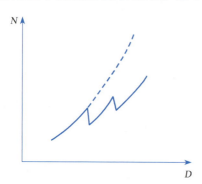

图 3-5　正压力 N 与经轴直径 D 的变化曲线　　　　图 3-6　水平式重锤加压机构

(二)筒子架

　　筒子架与卷取车头部分组成了分批整经机。整经机筒子架有多种形式,生产中应根据不同的工艺条件选择合适的形式。表 3-3 所示为常见筒子架特征。

表 3-3　常见筒子架特征

筒子架形式	优　点	缺　点
固定式筒子架	占地面积小	换筒时间长、效率低
活动筒子架	换筒方便	至少需要 1 组预备活动筒子架,占地面积大
回转式筒子架	适应性广	无明显缺点
V 型筒子架	高速整经	张力不均匀
复式筒子架	运转效率高	占地面积大

　　筒子架有多种形式:单式矩形筒子架、V 型筒子架、组合车筒子架、H 型筒子架等,如图 3-7~图 3-10 所示,前两种为 GA121 型高速整经机上使用的筒子架。

图 3-7　单式矩形筒子架　　　　　　　　图 3-8　小 V 型翻转筒子架

图 3-9　TCR-H 筒子架

图 3-10　TCR-HT 筒子架

（三）张力装置

由于牛仔布生产工艺的特殊性，张力装置在整经工序中起着至关重要的作用。表 3-4 所示为几种张力装置的特征。图 3-11 所示为单张力盘式张力装置。图 3-12 所示为无瓷柱积极回转双张力盘式张力装置。图 3-13 所示为列柱式张力装置，该装置多用于高速整经机上。

表 3-4　张力装置型式与特征

张力装置形式	性　能	备　注
单张力盘式张力装置	结构简单，国产半高速整经机上广泛采用	不适宜高速
无瓷柱积极回转双张力盘式张力装置	适宜高速，纱线张力均匀	可对纱线张力进行统一和自动调节
列柱式张力装置	张力调节方便	不利于单根调节纱线张力
门式张力装置（纱线夹持器）	能保证高、低速整经时纱线张力恒定	新型整经机采用
电子式张力装置	能单根、集体调节经纱张力，保持纱线张力恒定	新型整经机采用
超张力剪断装置	当张力超过预定值时，自动切断纱线	新型整经机采用

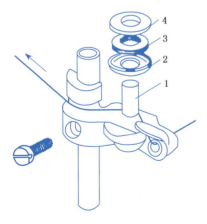

图 3-11　单张力盘式张力装置
1—瓷柱　2—张力盘　3—绒毡　4—张力锤

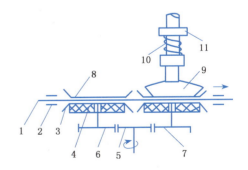

图 3-12　无瓷柱积极回转双张力盘式张力装置
1—经纱　2—导纱眼　3—底盘　4—吸振垫圈
5，6，7—驱动齿轮　8—上张力盘　9—加压元件
10—弹簧　11—定位件

（四）整经工艺

由于牛仔布生产工艺的特殊性，对其整经工艺应特别重视。

1. 整经张力

牛仔布经纱在染色时，因其流程长，经过的导纱辊多，控制能力差，经纱运行时大多数时间处于湿态情况下，当纱片（或绳状）中单纱张力稍有差异时，经纱就会相互重叠和游移、并绞等。当游移重叠的经纱通过各导纱辊时，将出现反复交变的包装张力差异，引起意外伸长而造成张力严重不匀，而张力的严重不匀又会加剧经纱的相互游移、并绞，使染色无法继续进行。鉴于此，牛仔布经纱整经时宜采用较大的单纱张力，这可通过多道曲折式的张力加压机构来实现。单纱动态张力宜设置在原纱张力的 4% 左右。采用较大单纱张力的机理如下：

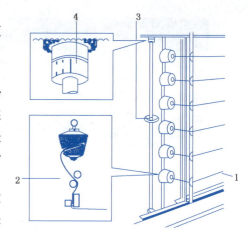

图 3-13　列柱式张力装置
1—经纱　2—导纱棒　3—手轮　4—刻度盘

（1）单纱张力越大，经纱间可能产生张力不匀率的几率越小，有利于片纱中单纱张力的均匀。

（2）单纱张力越大，经纱在整经工序上产生较大的伸长，染色时经纱间的相对伸长差异就越小，整经时伸长率宜掌握在 1% 左右。

（3）较大的单纱张力，可防止紧急刹车时由于惯性运动，纱线继续从筒子上退绕而发生纱线扭结和相互粘连引起的断头现象，尤其是捻度大的转杯纱。

（4）轴经整经机上经轴两侧的边纱（每边 1～2 根）张力，要加大 20% 左右，以保证连续染色时，它能有效地控制纱片两侧边部纱线的平行运行，防止边绞头的产生，在上浆后有利于分绞。

2. 均匀整经张力的措施

均匀整经张力的措施有许多种，如调整筒子与导纱瓷眼的相对位置、分段分层合理配置张力垫圈重量、合理设计后筘的穿法及适当增大筒子架至整经机头的距离等。

表 3-5 所示是某产品在 1452A-180 型整经机上整经时的张力圈配置情况。

表 3-5　整经机上张力配置

项　目		张　力　区　域					
		前　区 1～5 排	中一区 6～10 排	中二区 11～15 排	中三区 16～20 排	后　区 21 排后	边纱
重量(g)	上层(1～2)	26	24	22	20	18	22
	中层(3～7)	28	26	24	22	20	24
	下层(8～9)	26	24	22	20	18	22

3. 整经速度

牛仔布经纱整经过程中，为了减少断头、提高经轴质量，不宜采用过高的整经速度。轴经整经机速度在 150～200 m/min 为宜。其理由为：

（1）整经速度过高，如果断头时刹车装置不能有效的制动距离内刹车，断头容易在停车前卷入轴内（轴经整经机）或球内（球经整经机），产生倒断头或绞头，染色上浆时产生严重的张力不匀或由断头引起的绕导辊现象增加,造成染色不匀。

（2）整经速度高时,筒子退绕会产生直径较大的气圈,当采用粗特纱时,气圈的影响更为明显。由于筒子架上锭座间距受设计条件的影响,气圈过大时会相碰,使断头增加。

（3）牛仔布纱线粗、质量大,若速度过高,在刹车时,纱线易扭结,当下次开车时,会引起张力不匀、断头增加,甚至扭结进入卷绕轴,给后加工带来严重危害。

4. 整经工艺举例

表3-6所示为某些产品整经主要工艺参数。

表3-6　某些产品整经主要工艺参数

项　目		单位	品　种　编　号							
			1	2	3	4	5	6	7	8
产品主要规格	布幅	cm	152.4	114.3	152.4	114.3	152.4	114.3	152.4	114.3
	总经数	根	4 200	3 510	4 680	3 510	4 680	3 510	4 680	3 510
	经纱线密度	Tt(英支)	84(7)		58(10)		48(12)		36(16)	
	成品面密度	g/m²	457.7		356.0		271.2		203.4	
整经线速度		m/min	170		180		180		180	
整经筒子数		只	350	262/263	390	292/293	390	292/293	390	292/293
满轴长度		m	9 000	11 000	11 500	15 000	14 000	18 500	18 500	24 500
经轴盘片直径		mm	710							
每缸经轴数		个	12							
张力圈设置	上下层 1~10排	g	36		28		28		24	
	11~20排		34.5		26		26		22	
	21~30排		32		24		24		20	
	中层 1~10排	g	38.5		30		30		23	
	11~20排		36		28		28		22	
	21~30排		34.5		26		26		21	
	边纱 每边各两根	g	46		36		36		27.5	

（五）新型分批整经机的应用

为了提高质量及生产率,配合引进剑杆织机、片梭织机、喷气织机等高速的要求,新型分批整经机已被广泛采用。

新型高速分批整经机与1452A及1452G型分批整经机的最大差异,在于新型高速分批整经机是利用电动机直接传动经轴。国产新型高速分批整经机有SGA201型及GA121型,中国台湾生产的有大雅高速分批整经机;国外新型高速分批整经机,如施拉夫霍斯特(Schlafhost)MZD型、本宁格(Benninger)ZC-L型、日本金丸、德国哈科吧(Hacoba)及卡尔·迈耶(Karl Mayer)、美国西点及理德查维等在中国一些牛仔布厂也有使用。

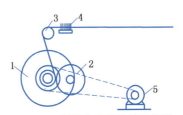

图3-14　新型高速分批整经机的工艺简图

图3-14是新型高速分批整经机的工艺简图。变速电动机

5 直接传动经轴 1,将纱线卷绕在经轴上。加压辊 2 的作用是为了保证经轴的圆整。

在整经过程中,加压辊始终以一定的压力紧压在经轴上,在刹车时则与经轴自动分离,以免与经轴产生相对滑移而磨损纱线。图 3-14 中,3 为导纱辊,4 为伸缩筘。

1. 新型高速分批整经机的主要特点

(1)经轴由变速电动机直接传动:与 1452A 型及 1452A(G)型等分批整经机相比,新型分批整经机取消了大滚筒,因而高速运转时经轴的跳动减少。

由于采用了变速电动机直接传动经轴,经轴表面的线速度保持恒定。

(2)具有高性能的制动系统:现代新型分批整经机均采用液压制动系统(如本宁格整经机、哈科巴整经机)或气压制动系统(如美国西点 821 型及巴伯·科尔曼 GP 型)。从使用效果看,这两种制动系统都能在停车距离内使整经机停车,而且能保证经轴、加压辊及导纱辊同步制动,有效防止了断头卷入经轴。

(3)采用水平加压:采用水平加压,加压辊作用在经轴上的压力与经轴直径、重量的变化无关,能满足从小轴到大轴压力不变。

(4)伸缩筘横动和摆动装置:采用该装置,可保证纱线排列均匀。伸缩筘的横动动程在 0～40 mm。伸缩筘还可上下前后摆动,避免了纱线对筘的定点磨损。

2. 整经机上机工艺参数举例

上机工艺参数举例如表 3-7 所示。

表 3-7　整经机上机工艺参数

项　目		单　位	品　种　编　号					
			1	2	3	4	5	6
产品主要规格	布幅	cm	152.4	152.4	152.4	152.4	152.4	152.4
	总经数	根	3 600	4 284	4 680	4 680	4 680	6 496
	纱线线密度	tex(英支)	106(5.5)	84(7)	58(10)	48(12)	36(16)	18×2(32/2)
	成品面密度	g/m²	491.6	457.7	398.4	271.2	203.4	339.1
整经线速度		m/min	300～500	300～500	300～500	300～500	300～500	300～500
整经筒子数		只	300	357	390	390	390	464
满轴长度		m	12 000	13 500	17 500	21 000	28 000	24 000
经轴盘片直径		mm	800	800	800	800	800	800
卷绕密度		g/cm³	0.53	0.53	0.55	0.55	0.56	0.56
每缸经轴数		个	12	12	12	12	12	14
经纱动态张力		cN/根	30～35	25～30	20～25	20～25	15～20	15～20
加压滚筒压力	G1321	MPa	0.55	0.5	0.4	0.4	0.3	0.35
	大雅	MPa	0.5	0.45	0.35	0.35	0.3	0.35
	本宁格	MPa	0.45	0.4	0.35	0.35	0.3	0.35

二、球经整经及整经工艺

一般牛仔布是靛蓝染色经纱和未染色纬纱交织而成。经纱以平行片状(浆纱)或绳状被染色,其中绳状染色需经过多个整经准备工序,其中一项准备工序是在球经整经机上将纱线集成束状。美国研制的 West Point 781 型球经整经机、德国卡尔·迈耶(Karl Mayer)并列型整经机运用普遍。

（一）West Point 781 型球经整经机

现对美国研制的 West Point 781 型球经整经机（Ball Warper）的功用、主要技术特征、设备组成、工艺流程及其主要机构（双圆盘式张力器以及经球成形，经球加压、气路系统等装置）的机理逐一加以分析。

球经整经机系由筒子架、分绞架、聚纱测长张力架和作坚实经球的主机等四部分组成。工艺流程见图 3-15 所示。

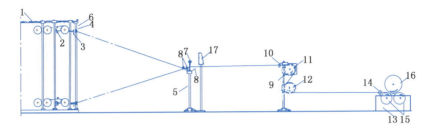

图 3-15　West Point 781 型球经整经工艺流程

1—筒子架　2—双圆盘张力器　3—断头自停装置落片　4—导纱接瓷触板　5—分绞架　6—分绞棒　7—分绞筘
8—托纱导辊　9—张力架　10—聚纱钩　11—测长盘　12—张力盘　13—主机　14—导条器　15—滚筒　16—经球

纱线由 H 型复式连续整经筒子架 1 引出，经可调型有芯柱的双圆盘张力器 2、接触式断头自停装置落片 3，自导纱接瓷触板式 4 引离筒子架到分绞架 5。分绞架上经一对活动分绞棒 6、固定分绞筘 7 和托纱导辊 8，经聚纱测长张力架 9 上的聚纱钩 10，把纱片集束为狭条后，经测长盘 11 和张力盘 12，引向主机 13。其上集束导条器 14 把狭条再集束成更窄的条带，并引导它作横向往复运动，在一对滚筒 15 的摩擦驱动下绕成经球 16。

（1）分绞装置：分绞装置的功用系每隔一定长度（500 m）将纱片分上下两层，纳入绞线后，使经纱有条不紊地依次排列，以确保在条带轴经整经工序中，当抽取绞线后仍能维持经纱这种准确的排序，以免绞头的产生。分绞时，只要提降活动分绞棒，配合固定分绞筘，即完成分绞任务。

（2）聚纱测长张力装置：聚纱测长张力装置除使纱片经聚纱钩的聚合作用形成狭条外，纱条绕过测长盘和张力盘后可获得稳定的张力。在稳定张力下，测长盘对纱条进行测长。测长盘每转为 1 m，由它发信号到电子测长自停器 17。该器一方面储存并显示整经长度；另一方面起到经球卷绕满长自停和分段放绞满长自停的功能。

为使测长准确，防止纱条松弛和纱线意外磨损，利用气压制动，并要求实现测长盘、张力盘与经球卷绕滚筒三者同步制停。如图 3-16 所示，张力圆盘 2 装在转盘 3 上，转盘可在张力器座 4 的圆槽内绕小轴 5 转动。纱线自平形筒子引出进入有机玻璃 6 上的入口导纱孔 7，依次绕过张力圆盘 1 和 2 后，穿越出口导纱孔 8 引向前方。采用双圆盘张力器的纱线张力远比单盘式均匀。这是由于两只上张力盘同时因受冲击脱离纱线的概率大大低于单盘式，从而促使张力波动有效减小。张力该器调节方便，只要克服位于小轴下方压簧（图 3-16）阻力，提起转盘使其底部凸状物置于底座 6 个圆孔中的任一圆孔内，由此改变纱线与芯柱的包角，即能调节整经张

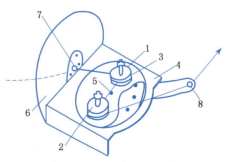

图 3-16　双圆盘式张力器

力值。

球经整经机的任务是将300～450根筒子纱聚集成束状纱条并卷绕于特制的木辊上,形成经球,备供靛蓝染色工程用。主要技术特征如表3-8所示。

表3-8 West Point 781型球经整经机主要技术特征

项 目		规 格
筒子架	形式	连续整经H型架
	容量(层×行)×2(只)	448(8×28×2)
	张力器形式	可调型双圆盘式
	断头自停装置形式	落片电器接触式(设分层显示灯)
	风扇直径(mm)×只数	固定摇头式 φ 400×10
经球	圆柱形筒子(直径×宽度)(mm)	260×140
	木辊直径(mm)	220
	直径(mm)×宽度(mm)×纱长(m)×重量(kg)	1 000× 1 067×12 500×364
	条束宽度(mm)	20
	单纱张力(mN/根)	200～250[90 tex(6.5^S)棉纱]
	制动方式	气动(用于滚筒、测长张力盘、下张力盘)
	经球加压方式与加压压力(kPa)	气动,280
	整经速度(m/min)	135～180
	产量[m/(台·天)]	145 800
	机器效率(%)	60
	机长(m)	31.7

(二) Karl Mayer T-60 球经整经设备

由 Karl Mayer T-60 球经整经喂入的纱线呈绳状。整经机从筒子架上引出纱线,然后集束并绕在轴架上,如图3-17所示。

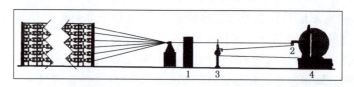

图3-17 Karl Mayer T-60 球经整经机
1—分绞筘 2—转向罗拉 3—机前转向罗拉 4—球经整经机

整经工序第一步是分绞,目的是产生并区分各层纱线,这种分绞装置包括分经筘和导纱棒。导纱棒能从上向下移动,按要求分开纱线。接着纱线以片纱形式喂入并绕过转向罗拉,它的优点是可快速检测并控制纱线断头。如果整经机停止运转,罗拉由外部的圆盘制动器制动,纱线卷绕也被同步制止。转向罗拉可计数纱线卷绕长度。整经长度通过计算运转圈数而测得,一旦达到设定的整经长度机器便自动停转,也可插入分绞棒使机器暂停。

然后纱线以绳状通过机前转向罗拉。此罗拉装有气动圆盘制动器,也保证了纱线传送时的有效制动,最后绳状纱条被卷绕到球经整经机上。往复动程装置会积极引导纱层使其均匀分布。链传动装置由高强材料制成,轻质且无需润滑。

整个卷绕过程球经轴都处于变化的、可设置的压力控制之下。为此,两个气动滚筒将球经轴压向驱动罗拉,达最大压力 8 000 N,卷绕宽度为 1 220 mm,最大卷绕直径是 1 524 mm。压力系统中还配有由气动滚筒控制的半自动落轴和上轴装置,以利于球经轴的上轴和落轴。该机器另一特点是筒子架和分层装置之间有片纱吸入装置(图 3-18)。

图 3-18　片纱吸入装置

(三)长链整经机

由于绳状纱条不能浆纱,纱条必须在 Karl Mayer 长链整经机上再次松开成片纱(图 3-19)。绳状纱条加以一定的张力从条筒中引出。清除各种疵点如结头后,经纱平行地均匀分布在整经轴上。

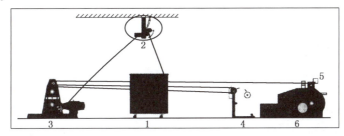

图 3-19　长链整经机

1—条筒　2—反向储纱器　3—张力架　4—张力调节器　5—导向罗拉　6—长链整经轴

经纱首先通过一个储存器,储存器安装在天花板上以节省空间。它置于张力架对面,利用传送罗拉 5 将所储经纱送回条筒 1。偏转罗拉上的传感器也可以检测结头及大纱疵,检测出纱疵时机器自动停止。接着,经纱通过张力架 3。张力架由两个驱动罗拉和一个电动机组成,电动机可转换成发电机,可为倒轴机供电,因此极大地降低了能耗。这种张力架不仅经济而且高效。自动排列可引导经纱条自然均匀地分布在罗拉上,消除所谓的螺旋浆效应,有利于经纱的松开。

张力架上的方形导辊也有助于纱束的松开。张力架的其他机构包括低速罗拉上的气动圆盘制动器(停机时保持纱线张力)及经纱预加张力用摇纱管。此装置安装于张力架前,通过旋转改变其接触面。张力架和倒轴机之间张力调节组合装置(图 3-20)能够实时控制整个整经过程中的张力。这部分装置包括一个由压缩空气带动的滚筒,它的位置随纱线通过罗拉时的压力而改变。滚筒位置的改变还要通过测量回转圈数计算整经长度。每转一圈,转换器就计数一次。准确测定整经长度对达到设定整经长度

图 3-20　张力调节组合装置

或移动分绞棒时机器自停很重要。如果经轴停止运转,气动圆盘制动器也同时制动导向罗拉。整经轴两侧的液压气动控制制动器快速而又及时制动经轴(图 3-21)。

图3-21 制动系统

最后一步是落轴。经轴由一个半自动装置卸载,并由操作界面上的操作按钮控制。其他可供选择的机构包括一个单纱络筒机(形成小卷装筒子以应对织造时的断纱)和一个条筒转换装置(可在任意方向上旋转条筒以消除经纱束的扭转)。纱线抖动器有助于纱束松开,加压罗拉装置的使用可增加整经产能,改善经纱均匀性,提高质量20%~25%,还可以提高整经张力。

最后将经轴安放在经轴退绕架上并传送到浆纱工序。经纱以片纱形成上浆,然后卷绕到织轴上。

(四) 球经整经工艺

整经机上机工艺参数举例见表3-9。

表3-9 整经机上机工艺参数

项 目		单 位	品 种 编 号					
			1	2	3	4	5	6
产品主要规格	布幅	cm	152.4	152.4	152.4	152.4	152.4	152.4
	总经数	根	3 600	4 284	4 680	4 680	4 680	6 496
	纱线线密度	tex(英支)	106(5.5)	84(7)	58(10)	48(12)	36(16)	18×2(32/2)
	成品面密度	g/m²	491.6	457.7	398.4	271.2	203.4	339.1
整经速度		m/min	150~180	150~180	150~180	150~180	150~180	150~180
单纱张力		mN/根	220~260	210~250	200~230	190~210	185~200	170~195
经球加压方式与加压压力,气动		kPa	295	280	270	270	260	260

3-4 虚拟仿真-自动穿经机结构

单元 3.4 穿 结 经

一、穿经

穿经的目的在于按织物的工艺要求将经纱依次穿入停经片、综丝和钢筘中,使经纱在织造时按所设计的织物组织提升和降落。和一般织物一样,牛仔布的穿经方法主要有手工穿经、半自动穿经和自动穿经。

手工穿经的劳动强度大,生产效率低,每人每小时最多可穿1 000~1 500根,但穿经灵活,可适用于任何组织,故目前在色织、丝织及毛织行业中仍广泛应用。半自动穿经也称三自动穿经,是由半机械式的三自动穿经机和手工操作相结合完成穿经工作的。在穿经机架上安装自动分纱器、自动吸停经片器和自动插筘器,在一定程度上可以替代部分手工操作,具有自动分纱、自动吸停经片和自动插筘三种自动功能,由此可以减轻工人的劳动强度,提高生产效率,每人每小时可穿1 500~2 500根纱线。目前半自动穿经在生产中应用较广,但是由于经纱穿过停经片和综丝眼仍然需要人工来完成,所以手工操作仍较繁重。全自动穿经机可以完成穿经的所有动作,但因故障多,维修困难,效率也不很高,所以在国内未推广。

表 3-10 国外穿经机技术特征对比

项目	美国 SH	瑞士 USTER Delta	丹麦 PLMPB	苏联 TTA 250	瑞士 FMV-31
综丝根数	28	28	28	19	16
停经片列数	6	6	6	6	6
纱线品种	棉、混纺	棉、混纺	棉、混纺	棉、混纺	棉、混纺
穿引速度(根/min)	100	35	85～180	1 500	5 100
幅宽(cm)	120～300	400	218	390	250

二、结经

当新的织物品种开始生产时必须将经纱重新穿入织机上的一些专件与器材,如综丝、停经片、钢筘等。结经机的作用是原织物品种继续生产而老经轴用完要更换新轴时,要把新旧经纱结起来。

3-5 视频—结经

穿结经工序一直被认为比较简单,有关这方面的文献也比较少。事实上,穿结经工序质量的好坏直接影响织造工程能否顺利进行及成品的质量,所以对穿结经设备的选择,应和对待其他经纱准备设备一样的重视,这样才能发挥整体作用。

结经机与分绞机已使用得比较广泛,如瑞士乌斯特 TPM201PC 型结经机,日本藤堂 KN-10-110 型、KN-10-75 型结经机及 TC-3 型、TC-7-10 型分绞机,德国 PU-EL、PV-FA 型结经机。日本藤堂 BE2-V/153 型穿筘架、NL-135S 型穿综架也有使用。图 3-22 所示为丰田自动结经机机头,图 3-23 所示为国产 FH01 型结经机机头。

图 3-22 丰田自动结经机机头　　图 3-23 飞红牌 FH01 型无绞自动结经机

(一)常用结经机的技术特征

国内外常用结经机的技术特征见表 3-11 和表 3-12。

表 3-11 常用结经机的技术特征

项目	WL2001 型自动结经机	飞红牌 FH01 型无绞自动结经机
工作幅宽	1.1～2.3 m	1.8 m、2.3 m、2.5 m、3 m 可选
每分钟打结数	200～350 个	100～300 个
分纱方式	挑纱针分纱	无绞选纱
打结方式	管式打结法	刀式打结

续　表

项目	WL2001 型自动结经机	飞红牌 FH01 型无绞自动结经机
结头纱尾长度(mm)	20	5
适用纱线细度(英支)	10～80	10～80

表 3-12　国内外结经机技术特征对比

项目	德国 PU-EL、PV-FA	瑞士 UMMS	日本 TODO	国产 GA471
工作幅宽(cm)	120～560	140	190	143～190
适应纱线细度(英支)	1.7～80 单纱或股线	2～90	6～80	7～83
打结速度(个/min)	60～600	60～600	150～600	150～300

3-6 视频-全自动穿综机

目前穿综机和穿筘机有多种形式,性能和操作规程也会有所不同,瑞士、德国生产的设备较为先进。如使用德国 Knotex Plus 半自动穿综系统可快速、舒适、可靠将经纱穿入各种标准的停经片及综框。

德国 Knotex Plus RS1H 型穿筘机可以很容易将经纱穿入任何形式的钢筘。该机的设计原理和电子控制部分确保昂贵的钢筘不受损伤。

(二)结经机的使用注意事项

结经机在使用时应注意以下几方面:

(1)选择性能良好的结经机:结经机的性能主要表现在纱线种类适应范围;纱线线密度适应范围;结经速度;双经监控装置(机械式、电子式或机械电子联合式);操作方便性。

(2)结经前的准备:结经前织机尽量停在平综状态,减少经纱张力;尽量减少停车时间,发挥设备效率,减少稀密路疵点;了机经纱长度预留合适。结经机本身有一定宽度,了机经纱预留太短,无法夹纱梳理,无法结经,过长则造成回丝浪费。

(3)结经架高度的确定:结经架高度与织物品种有关。一般情况下,结经架高度与织机后梁高度保持在同一水平较为理想,这样便于梳理和经纱排列均匀。

(4)合理采用分绞功能:对于总经根数较多的品种,可以考虑采用分绞机或结经机上的分绞功能,这样可排除双经及绞头。现代结经机(如瑞士 Staubi 公司生产的 Topmatic 结经机)上设计了一种独特的夹纱系统,该夹纱系统能在夹持经纱的同时,使经纱在经纱片中处于张紧状态,以均匀张力被夹持,而没有绞头产生。结经机上装的电子双纱监测器,可以测量经纱被分开时所产生的分离力,由此可确定被分离的是单纱还是双纱,避免了结经过程中双纱的存在。

(5)经纱的梳理:对于不采用分绞机或结经机上的分绞功能时,结经时经纱的梳理尤为重要。梳理时,可采用对新织轴少梳、了机经纱多梳的工艺。采用梳理,便于结经,另一方面便于结经完后过头顺利。

(6)分纱针的选择:结经时,分纱针选择正确与否,直接影响结经效果。分纱针号数的大小可从分纱针表中查到。分纱针号数过大,易造成双经;号数过小,易造成空纱停机。图 3-24 为分纱针选择合理与否时的示意图。

.

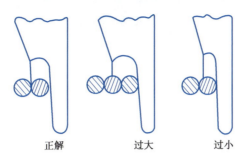

正解　　　　　过大　　　　　过小

图 3-24　分纱针的选择

（7）过头：经纱结好后，应使综眼水平。在开动织机的同时，用综刷梳理结头处，让结头纱呈水平状向机后倒伏，以使经纱顺利通过停经片、综丝眼及钢筘。

单元 3.5　纬纱准备

现在织造牛仔布的织机主要为无梭织机（如剑杆织机、片梭织机及喷气织机），1515 型自动换梭织机及 GA616-180 重型自动织机也还有使用。对于不同种类的织机，其纬纱准备工艺也有所不同。

一、有梭织机用纬纱准备

有梭织机用纬纱是经络纬工序在卷纬机上做成间接纬纱供织机使用。常用卷纬机有 G191 型自动换管式、SG193 型纺锭式及 G205 型碗式三种。牛仔布用纱特粗，由于梭腔尺寸的限制，每只管纱上容量有限，如果不增加卷绕密度，势必要频繁换梭，从而使布机坏机停台率增加，下机质量降低。SG193 型纺锭式卷纬机难以适应粗特纱和较大卷绕密度的需要，所以生产中一般不采用；G205 型碗式卷纬机结构简单，卷绕紧密，经济实用，尽管已属淘汰机型，但目前还有使用；G191 型自动换管式卷纬机可获得较大的卷绕密度和较多容量，符合牛仔布生产要求，所以被大量使用。

二、无梭织机用纬纱准备

无梭织机通常使用筒子纱作纬纱，从而大大延长了纬纱的使用时间。为了进一步减少换筒时间，有些工厂选用更大卷装容量的转杯纱直接供应；还有些工厂不但注意了卷装容量（筒子直径可达 250 mm，卷装重量达 5.4 kg），还注意了操作时将筒子的纱尾留在外面，以便将正在使用的筒子尾纱与备用筒子纱的纱头相接，避免了换筒造成的停车。

三、纬纱的定捻处理

有梭织机用纬纱与无梭织机用筒子纱，为了避免引纬时产生纱线扭结、断纬等情况，在使用前都要经过定捻处理，其定捻机理、方法与经纱定捻相同。

四、络纬工艺参数举例

表 3-13 所示为某些产品络纬工艺主要参数。

表 3-13　络纬工艺参数举例

项　目	单　位	卷纬机型及纱线线密度/tex(英支)					
		G205 型			G191 型		
		97/84 (6/7)	58/48 (10/12)	36 (16)	97/84 (6/7)	58/48 (10/12)	36 (6)
络纬速度	m/min	145	145	145	210	210	210
导纱速度	次/min	62	62	62	176	176	176
导纱动程	mm	43	43	43	45	45	45
清纱片隔距	mm	0.5	0.45	0.35	0.5	0.45	0.35
加压重量	g	70	50	30	68	45	28
容纱量	m	325/380	460/550	735	275/325	390/470	625
纬管长度	mm	180	180	180	180	180	180
满管直径	mm	30	30	30	30	30	30

思考题

1. 纱线定捻的机理是什么？
2. 络筒的目的是什么？
3. 整经的目的是什么？
4. 牛仔布整经的方式有哪几种？
5. 牛仔布生产对整经张力和整经速度有何要求？为什么？
6. 结经的目的是什么？有哪些方式？
7. 纬纱准备的目的是什么？

04 模块四
牛仔布经纱染色和上浆

教学导航 ∨

知识目标	1. 了解靛蓝染料的结构特点和染色原理,熟悉靛蓝染料的染色性能; 2. 了解硫化染料的结构特点和染色原理,熟悉硫化染料的染色性能,并可分析其与靛蓝染料染色的异同点; 3. 了解牛仔布经纱染色设备,熟悉牛仔布经纱染色工艺; 4. 了解牛仔染色的最新技术及其加工原理; 5. 能识别牛仔布染色疵点,分析染疵形成原因,并熟悉预防措施; 6. 熟悉浆料性能,能合理设定牛仔布经纱上浆工艺。
知识难点	靛蓝染料的结构特点和染色原理、染色性能。
推荐教学方式	采用案例切入、任务驱动式教学,引导讨论答疑。
建议学时	6 学时
推荐学习方法	1. 教材、教学课件、工作任务单; 2. 以学习任务为引领,通过线上资源掌握相关的理论知识,结合课堂实践,完成对牛仔布染色和上浆工序基本理论知识和技能的掌握。
技能目标	1. 能说出靛蓝染料的染色原理和染色性能; 2. 能分析球经染浆生产线与染浆联合生产线的优缺点; 3. 能辨识牛仔布经纱染色的常见疵点; 4. 能分析常见浆料的性能特点,能合理设计牛仔布的经纱上浆工艺,能分析浆纱疵点产生的原因。
素质目标	1. 培养学生分析问题、解决问题的能力; 2. 培养学生自主学习的能力; 3. 培养学生严谨求实的科研精神; 4. 体会科技人员的社会责任和担当; 5. 树立环保和可持续发展理念。

思维导图 ∨

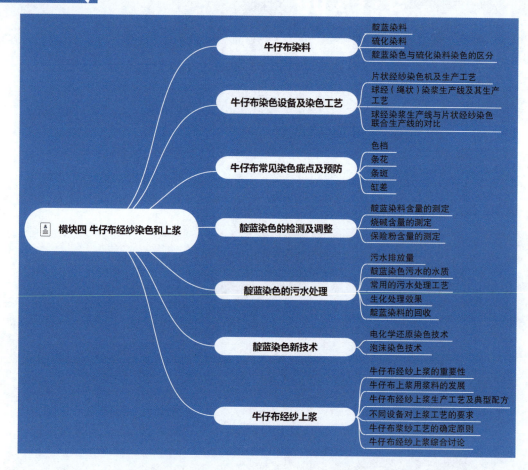

单元 4.1 牛仔布染料

牛仔布染色用染料有靛蓝染料、硫化染料,甚至还有活性染料,但常用的还是靛蓝染料和硫化染料。

知识拓展
——靛蓝染料

一、靛蓝染料

靛蓝染料也称靛青,英文名称为印地科(Indigo),是人类最早使用的天然还原染料。19世纪末人工合成了靛蓝后,工业用靛蓝染料完全用化学合成方法生产。

靛蓝的分子式为 $C_{16}H_{10}O_2N_2$,相对分子质量 262,结构式(蓝 1 号,73000)为:

(一) 靛蓝染料性状

(1) 靛蓝不溶于水和酒精,溶于热苯胺或浓醋酸溶液,在浓硫酸中呈黄光绿色,稀释后呈蓝色沉淀。靛蓝遇浓硝酸转红光黄色形成靛红。利用这一特性,可用酸检法来测试牛仔布样是否为100%的靛蓝染色。

(2) 靛蓝还原后的碱性隐色体呈澄清的金黄色,其隐色酸为不溶于水的白色物,因此可用目视来监测靛蓝染料的还原程度。

(3) 靛蓝加热至170 ℃,成紫红色气体,出现升华现象而不分解。

(4) 靛蓝在密封容器中干馏,分解为苯胺。

靛蓝染料的商品外形一般有粉状、浆状(水剂)和颗粒状(湿剂)三种,其中粉状的使用最多。

(二) 靛蓝染料的染色特征

知识拓展——染料小课堂

靛蓝染料是还原染料的一种,它本身不溶于水,对纤维没有亲和力,不能直接用来染色,必须在碱性溶液中经过还原生成碱性隐色体后才能上染纤维。

1. 还原性能

靛蓝易还原,在少量还原剂存在条件下也能还原。其氧化—还原电位为−760 mV,即染料必须达到或超过这一电位值时,才有可能转变成隐色体而溶于染液中。

染液的还原能力取决于碱性液中保险粉的浓度。当保险粉浓度为0.11 mol/L、NaOH浓度为0.5 mol/L时,在60 ℃的温度下靛蓝染液电位可达到−1 137 mV,这比任何一个还原染料的电位值都高,一般还原染料达不到这一数值。

染色过程中保险粉不断消耗而使染液电位值下降,当降到染料电位值以下时,染料就不能再被正常还原,因此染色过程中要不断补充保险粉和NaOH,但有时即使补充了保险粉和NaOH,也不能使析出的染料在短时间内再被还原,这与还原速率有关。

2. 还原速率

还原速率与氧化—还原电位没有直接关系,通常用半还原时间来表示还原速率。半还原时间是指染料还原到平衡浓度一半时所需的时间。

靛蓝的还原速率很慢,其化学结构对还原速率有很大影响。此外,染料颗粒的细度、还原剂、碱浓度以及温度对还原速率也有影响。染料颗粒越细、保险粉和烧碱浓度越高、还原温度升高,都可使半还原时间缩短。例如,温度升高20 ℃、保险粉浓度增加4倍,都可使还原加快3倍。因此实际生产中常采用干缸还原法来提高还原速率,使用时再冲稀。

3. 染色速率

靛蓝的染色速率与一般还原染料相比较慢,常会出现染色不足现象,上染率仅为10%,即染色浓度为10%,上色才1%。因此靛蓝常采用多次浸轧氧化的方法染色。

4. 亲和力

靛蓝的亲和力较低,亲和力常数仅为3.5,一般染料为30~200。

5. 染色温度

靛蓝的染色温度属低温型,25 ℃时上染率最高,超过40 ℃上染率下降。

6. 氧化性及可皂煮性

靛蓝隐色体的氧化较容易,一般用空气氧化,在隐色体状态,几分钟便可转变为染料,且靛蓝隐色体氧化后染料呈晶体态,所以靛蓝染色可不经皂煮。

7. 靛蓝染色缺点

(1)靛蓝染色物色泽不够鲜艳,尤其是染深色时更为突出。

(2)染料隐色体与纤维的亲和力较低,不易染得深浓的色泽;同时移染性能差,用于纱线染色大多不能透芯,呈环染状。

(3)靛蓝属于颇为娇嫩的染料,染色过程中染液成分、染色温度和时间等工艺条件稍有变化,都会影响染物的色泽、色光,尤其是对染液的 pH 值和温度的变化更敏感,不易获得均匀一致的染色效果。

(4)靛蓝染色物的湿摩擦牢度较差,仅能达到 1 级牢度。

靛蓝染色的上述缺点可转化为牛仔布染色的特点。如利用靛蓝染色不透芯和湿摩擦牢度差的特点,牛仔成衣采用轻石磨洗或其他药剂、助剂处理,可均匀或局部剥色而显露出一定程度的白芯,形成蓝里透白等特殊外观效应。靛蓝染色的色泽不够鲜艳,但随着成衣水洗和穿着次数增加,色光会逐渐艳亮。因此牛仔装有越洗越鲜艳,愈旧愈俊逸的特点。

(三)靛蓝染色原理

靛蓝染色有四个过程,即染料的还原、隐色体上染、隐色体氧化、染后处理。

$$染料 \xrightarrow{还原} 隐色体钠盐 \xrightarrow{氧化} 原来的还原染料$$

1. 靛蓝染料的还原

每个靛蓝分子中有两个羰基($>C=O$),靛蓝在还原剂所产生的氢离子作用下,羰基被还原成羟基生成羟基化合物($\geqslant C-OH$),即靛蓝的隐色酸。它和靛蓝一样不溶于水,不能上色,如果染槽中碱和保险粉量不足,pH 值低,则隐色酸比例会上升。隐色酸与溶液中的碱作用生成隐色体钠盐($\geqslant C-ONa$)或钙盐($\geqslant C-O-Ca-O-C\leqslant$)而溶解。隐色体钠盐改变了染料原有的颜色,故称为隐色体。具体还原过程的反应式如下(以隐色体钠盐为例):

隐色体状态中有单钠盐和双钠盐两种形态。牛仔布在染色过程中染槽中单钠盐所占的比例越高则上染率越高,色牢度越好,色泽越鲜艳。如果烧碱和保险粉过量,染槽中双钠盐比例升高,会导致上染率下降,色牢度降低,色泽灰暗。

(1) 靛蓝的还原方法:牛仔布工厂大生产中靛蓝还原常采用保险粉法。保险粉法以保险粉为还原剂、烧碱为碱剂,具有还原速度快、连续染色效率高、靛蓝染料损失小等优点。但是保险粉性质活泼、稳定性差、有刺激性气味,在空气中易吸湿结块而分解发热、有效含量下降,严重时会发生自燃的危险,实际用量要大大超过理论需要量,使用时要注意。保险粉学名叫连二亚硫酸钠,其产生氢离子的过程可用下列反应式表示:

$$Na_2S_2O_4 + 2H_2O \longrightarrow 2NaHSO_3 + 2[H]$$

保险粉　　　　水　　　亚硫酸氢钠　氢离子

烧碱还同时用来中和保险粉分解所产生的亚硫酸氢钠,其化学反应式如下:

$$2NaHSO_3 + 2NaOH \longrightarrow 2Na_2SO_3 + 2H_2O$$

亚硫酸氢钠　　　烧碱　　　亚硫酸钠　　水

(2) 靛蓝的还原性能

① 靛蓝的还原—氧化电位:靛蓝的还原是一个可逆的反应过程,即染浴是一个还原—氧化过程。靛蓝隐色体的电位,是指靛蓝转变成隐色体钠盐时的电位值,其值为 -760 mV。因此,要使靛蓝还原成隐色体并保持其稳定性,染液的实际电位值必须大于靛蓝的还原电位值。运用这一理论,测控染液的电位值,使其保持在 -760 mV 以上,就能保证染液的稳定性。

② 靛蓝的预还原(或称作干缸):靛蓝在溶液中的还原性能与保险粉、烧碱在溶液中的浓度以及溶液的温度有关。一般在较高的浓度和温度情况下,还原才比较充分,预还原液的电位值可达 -900 mV 以上。但在染色生产中,由于染料隐色体与棉纤维的亲和力较低,移染性较差,因此,一般采用低浓、常温、多道浸轧氧化工艺来完成;然而其染槽内的浓度、温度都不利于染料还原,所以,靛蓝染色必须采用预还原,将靛蓝在一定浓度的保险粉、烧碱溶液中充分还原,再稀释后进入染槽使用。

靛蓝的干缸还原电位一般掌握在 $-900 \sim -1\,000$ mV、温度 $50 \sim 55$ ℃,并保持半小时,即可达到完全还原的程度。靛蓝的还原必须充分,否则在进入染槽以后,即使再加入保险粉和烧碱也不能使其充分还原。

2. 靛蓝隐色体的上染

靛蓝隐色体的上染过程:首先隐色体吸附在纤维表面,然后向内部扩散,染料分子中的羰基与纤维分子中的羟基形成氢键而固着在纤维上。

靛蓝隐色体对棉纤维的亲和力低,上染困难,如果采用提高染液浓度和温度的方法来促使上染,不仅会使纱线色光泛红、色泽鲜艳度变差、出现色光色泽不稳定现象,同时还会造成大量浮色,降低耐磨牢度等。所以在工厂实际生产中牛仔布的经纱染色,一般都采用低浓、常温(或低温)、多次浸轧氧化的连续染色方法,即每浸轧染液一次,需经氧化后再作第二次浸轧染色,依此类推,经过 6～8 次方能达到所需的染色深度。

靛蓝隐色体的扩散性能较差,在染色中染液对纱线的渗透能力弱,因此需在染液中加入适量的渗透剂,帮助增进渗透性能。即使如此,靛蓝的纱线染色大多呈现环染状,不会透芯,而环染程度较深入的,耐磨洗牢度好,反之则效果相反。

3. 靛蓝隐色体的氧化

靛蓝隐色体被棉纤维吸收,并向纤维内部扩散,但当纱线离开染液后,因碱性减弱,隐色体钠盐即水解成隐色酸,当与空气中的氧气接触时,即可氧化成不溶性的靛蓝,恢复其原有的蓝色固着在纤维上。其过程可用下列反应式表示:

隐色体钠盐　　　　　水　　　　　　　　　　隐色酸　　　　　烧碱

隐色酸　　　　　　　氧　　　　　　　　　　靛蓝　　　　　　水

靛蓝隐色酸的氧化作用较容易,一般都采用空气氧化方法。

4. 水洗后处理

水洗后处理的目的是去除染色纱线上的色茸、盐分、杂质,提高染色纱线的色牢度、光滑程度和色光的稳定。牛仔布经纱靛蓝染色为简化工艺,通常都不用皂煮,因为靛蓝染色后染料在纱线上已呈结晶状态,且皂煮前后色光变化不大,因此只要有充分的水洗条件,即可达到后处理的要求。

(四) pH 值对染色的影响

单钠离子型靛蓝隐色体与双钠离子型靛蓝隐色体是棉纤维吸收的主要形式。经过测试,染浴中靛蓝染料的各种还原状态所占百分比与 pH 值有关。在 pH 值为 7.5 时,基本上都是还原状态的非离子型酸性隐色体。随着 pH 值增大,单钠离子型的靛蓝隐色体不断增加。当 pH 值为 11 时,单钠离子型靛蓝隐色体最多,开始出现双钠离子型靛蓝隐色体。当 pH 值再增加,双钠离子型靛蓝隐色体继续增加,单钠离子型靛蓝隐色体不断减少。当 pH 值达到 13.5 时,基本上就都是双钠离子型靛蓝隐色体。单钠离子型靛蓝隐色体在纤维表面具有良好的亲和力和较高的染色上染率,但会降低染料在纱芯的渗透,使纱线表面的得色量大大增加。双钠离子型靛蓝隐色体对纤维亲和力较低,因此纱线表面得色率较低,但在纱芯有较大的染料渗透。从得色量、色牢度、色泽等方面考虑,单钠离子型靛蓝隐色体更重要。因此,为使染槽中产生更多的单钠离子型靛蓝隐色体,应该把 pH 值调至 10.5～11.5,最理想的状态是调至 10.7～11.3。

二、硫化染料

硫化染料是牛仔布除了靛蓝之外用得最多的染料。目前市场上常见的黑色、灰色、棕色及许多彩色的牛仔布,大多采用硫化染料染色。

（一）染料特点

硫化染料是以芳烃的胺类或酚类化合物为原料、经与多硫化钠或硫磺共溶而得的一类含硫染料。硫化染料具有以下特点：

（1）分子结构中不含水溶性基团，不能直接溶解于水；

（2）分子结构中含有过硫键，还原后可溶于碱水；

（3）色谱不全，黑、棕、蓝色居多，色泽浓而不艳；

（4）耐洗色牢度较高，耐漂牢度较低，易贮存脆损；

（5）制造方便，价格低廉。

（二）染色过程

硫化染料分子结构中含有过硫键，不能直接溶于水，染料本身对纤维没有亲和力，但能被硫化碱还原生成钠盐隐色体而溶解在水溶液中。隐色体一般为黄色、黄绿色或暗绿色，在碱性溶液中对纤维素纤维有亲和力，但亲和力一般较低。

隐色体上染纤维后，经氧化，染料重新转变为不溶状态而固着在纤维上。在染色过程中，硫化碱既是还原剂又是碱剂。其染色过程可以描述为：染料还原溶解→隐色体上染→氧化固色→染色后处理。

1. 染料还原溶解

硫化染料用硫化钠还原溶解，染料分子中的二硫键和多硫键还原成硫醇基，在碱性溶液中生成隐色体钠盐而溶解。硫化钠的用量一般为染料量的 $50\%\sim250\%$，硫化染料较还原染料易还原，但还原速率较慢而还原温度较高，一般在 $90\,^\circ\!C$ 以上。硫化钠又称硫化碱，俗名臭碱，工业用硫化碱的有效成分一般为 50% 左右，外观为黄褐色固体。它是一种还原剂，又是一种较强的碱剂，性质稳定。硫化钠的还原能力比保险粉低，碱性低于烧碱大于纯碱，对皮肤有较强的腐蚀性。硫化钠暴露在空气中会吸收水、CO_2、O_2 等，使有效成分下降而逐渐失效，所以它不宜久置，贮存时要加盖密封，如长期不用而重新使用时要分析其成分。

硫化染料溶解时，先在水中加入 $2\sim5$ g/L 渗透剂，加 $1\sim2$ g/L 的纯碱，加入染料充分搅拌，使染料完全润湿，再加入硫化碱，加热煮沸 $30\sim60$ min。渗透剂有助于染料的润湿和溶解、降低水的表面张力，同时具有乳化扩散消泡作用，对染色也有好处，纯碱则起到一定的软化水作用。还原化学反应式如下：

$$Na_2S + H_2O \longrightarrow NaHS + NaOH$$

$$2NaHS + 3H_2O \longrightarrow Na_2S_2O_2 + 8H$$

或 $\qquad\qquad\qquad 2NaHS \longrightarrow Na_2S + S + 2H$

染槽中必须有足够的硫化碱，以保证硫化染料充分还原。如果染槽中硫化碱含量太少，染料还原不完全、染色不匀、浮色过多，既浪费染料又影响纱的染色质量。一般染浴中硫化碱余量不少于 4 g/L，但染液中硫化碱的含量过高，会使纱线色光发红，纱线易发生脆损。

2. 隐色体上染

硫化染料染色时一般采用较高的染色温度，原因如下：

（1）可以降低硫化染料隐色体的聚集，提高染料的吸附和扩散速率，获得良好的匀染性；

（2）可以加速硫化钠的水解，增强还原能力，提高还原速率。

硫化染料的上染率很低,为了提高上染率,可以在染液中加入元明粉。

3. 氧化固色

硫化染料经染色轧干后再氧化进行水洗,染浆联合机染出的色纱一般不进行皂煮。有的硫化染料染色后经充分水洗就能发色,而有的硫化染料不经氧化剂处理就不能发出正常的色光,必须经氧化剂处理才能使整缸颜色达到一致。硫化染料的氧化采用透风氧化,也可采用过硼酸钠、双氧水溶液氧化。为防止过氧化造成红筋红斑现象,可在含有葡萄糖的水中洗涤后氧化。

4. 染色后处理

很多硫化染料的染色织物在储存过程中会产生纤维强度降解的脆布现象。这是由于硫化染料染色的纱线或布匹在温度较高、湿度较大、存放时间较长的情况下,染料中的活性硫吸收水转化成硫酸,使棉纤维水解,强力下降,发生脆损。其中以硫化黑最为突出,故一般硫化黑染料染色后要进行防脆处理,防脆处理可用防脆剂,如醋酸钠、磷酸三钠或尿素等。

牛仔布的硫化染色也在浆染联合机上进行,一般染 2～3 道就可以满足需要。硫化染料也常和靛蓝配合着一起染色,以提高牛仔布的色彩层次,提高产品附加值。

三、靛蓝染色与硫化染料染色的区分

牛仔布所使用的染料比较单一,一般以靛蓝为主色,硫化染料及其他染料为辅助。但近年来,牛仔布使用的颜色品种变化较大,多达几十种,如浅蓝、普蓝、特深蓝、黑、蓝加黑、黑加蓝、蓝加蓝、硫化灰、蓝加绿等。准确分析布样的颜色及染料品种是制定染色工艺的关键。鉴别布样是靛蓝染料染色还是硫化染料染色,可用下述方法:

靛蓝染料遇浓硝酸颜色由绿变黄泛红光;遇漂水颜色变浅、变艳,但不会变色。硫化染料遇浓硝酸不泛黄光;遇漂水则颜色完全褪去(有雾状颜色从布上脱落)或变色严重,呈浅灰、浅褐色。

(1) 对纯靛蓝染色的简单鉴别:在布样上滴一滴浓硝酸,10 s 后颜色由绿变黄泛红光,就可以确定为纯靛蓝。

(2) 硫化蓝的简单鉴别:首先在布样上滴一滴浓硝酸,10 s 后不泛黄却呈灰紫色,可初步断定是硫化蓝;再放入温度为 50～60 ℃、浓度为 10 mL/L 的次氯酸钠(漂水)溶液中漂 5 min,若颜色全部褪掉或变为灰色,即可确定为硫化蓝。

(3) 硫化黑的简单鉴别:硫化黑染色的布样布面颜色很黑,在布样上滴浓硝酸,布样呈黑色;再放入浓度为 10 mL/L、温度为 50～60 ℃ 的次氯酸钠溶液漂 5 min,若有黄褐色、像雾状的颜色从布上掉下来,则布样上有硫化黑。取出布样,洗净,布样变成褐色或灰色。

(4) 蓝加黑的简单鉴别:蓝加黑布样布面会泛蓝或泛灰。滴上浓硝酸布样呈咖啡色或红棕色,可初步判断为蓝加黑;再放入浓度为 10 mL/L、温度为 50～60 ℃ 的次氯酸钠溶液浸泡,若有黄褐色、像雾状的颜色从布上掉下来,则布上有硫化黑,5 min 后取出布样,洗净,布样上留有蓝色,则是靛蓝。

单元 4.2　牛仔布经纱染色设备及生产工艺

牛仔布的经纱染色常用的设备有染浆联合机与球经染浆生产线。两种生产线的浆染效果

各有利弊。

一、染浆联合机及生产工艺

染浆联合机由轴经连续染色机和浆纱机两部分组成。一般来说,染色部分的速度必须保持恒定,浆纱速度可以适当调整和改变,在染色与浆纱之间通过储纱架连接,从而实现染色和上浆的连续性生产。染浆联合机的任务是经轴平行染色与色纱上浆制成浆轴,供后道织机生产使用。由于纱线染色时的状态呈片状行进,因此染浆联合机又称片状染色生产线,它是目前牛仔布染色中常用的设备,整机长约为55 m。它具有工序短、投资省等优点,因此被广泛采用。

浆染联合机染色的工艺流程:

经轴(10~14 只)→前处理(1~2 道)→染色氧化(重复 6~8 道)→染后处理(2~3 道)→预烘→上浆→烘干→落轴

(一)染浆联合机类型

染浆联合机根据采用染槽的数量不同,分为轴经多染槽染浆联合机和轴经单染槽环形染浆联合机两种。

1. 轴经多染槽染浆联合机

图 4-1 所示为轴经多染槽染浆联合机。其工作过程为从经轴 1(10~14 只)上退绕出来的纱片通过后拖引辊或导纱辊 2 进入 1~2 道的前处理槽(润湿槽)3,使纱线充分润湿以后再进入染色部分 4(上为氧化架,下为染色槽)进行染色,由第一道染色槽内染色和氧化后再进入第二道染色和氧化,依此类推,需要经过 6~8 道的浸轧染色和氧化作用才能完成染色任务,然后色纱经后处理水洗槽 5 进行 2~3 道清洗,纱片进入储纱架 6,再经预烘筒 7 烘干,最后到达浆纱机部分 8 制成色纱织轴,完成染色浆纱的全部任务。

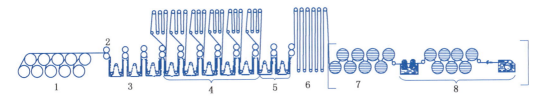

图 4-1　染浆联合机

2. 轴经单染槽环形染浆联合机

图 4-2 所示为轴经单染槽环形染浆联合机。它与一般染浆联合机不同之处主要在于只用一只染色槽来完成靛蓝染色加工,即当经纱通过润湿槽 2,经第一次染色后,从染色槽 3 上部一对轧辊 A 引出,经环形路线绕过整个经轴架 1 进行氧化,并从轴架下部引出再次进入染色槽 3 作第二次浸轧染色,如此反复循环 6~8 次完成多道浸轧氧化的染色工艺,最后经过染色槽 3 上部分纱导辊 B 进入水洗后处理槽 4、储纱架 5、浆纱预烘筒 6 和上浆部分 7,完成染色上浆的全部任务。由于该机仅用一只染色槽就能完成一般染浆机需要 6~8 槽浸轧氧化的染色加工工艺,因此具有机台占地面积小、投资费用较低、染化用料节约、染浴易于控制等优点。同时,由于氧化采用环形方式,纱片与导纱辊的最大包围角不超过 90°,与多槽染色氧化 180° 的包围角相比,不但纱线不易产生意外伸长而引起张力不匀,而且缠绕导纱辊的可能性大为减

少,有利于提高产品质量。缺点是一旦运转中途发生缠绕导纱辊或染色槽中出现断头时,操作工处理起来十分困难,因此该设备对原纱的强度和整经的质量要求较高。此外,该设备由于染色过程中有多层纱线一起浸轧染液,因此有近似球经染色纱的质量特点,而比球经染色生产线的总投资要低很多。

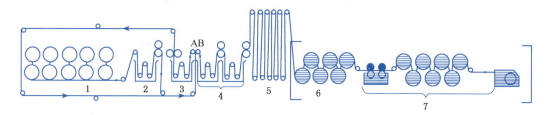

图 4-2　轴经单染槽环形染浆联合机

(二)染浆联合机的主要结构

浆染联合机除了经轴架、浆纱机车头部分、染色和上浆的上挤压辊以及机架等部件为铸铁或普通钢材外,其他部件主要由不锈钢材料制成,其目的是防止各种染化料的腐蚀及方便清洁、提高牛仔产品的质量和延长设备的使用寿命。片状经纱染色机主要由经轴架、前处理槽、染色槽和氧化架、水洗后处理槽、储纱架、浆纱预烘筒、上浆部分、传统结构等部分组成。

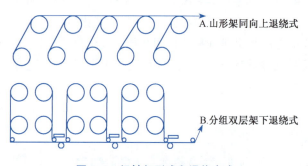

图 4-3　经轴架形式和退绕方式

1. 经轴架

经轴架有山形架同向上退绕式(或同向下退绕式)和分组双层架下退绕式两种轴架形式及两种退绕方式。轴经连续染色上浆的工艺流程长,纱线经过的导纱辊数量多,受多次交变弯曲应力的作用,容易引起部分纱线的意外伸长而出现松弛现象。如果各轴之间纱片张力不匀,运转中会出现部分纱线间的重叠游移,更加剧了意外伸长,从而导致部分纱线松弛飘移,甚至引起缠绕导纱辊,造成大量断头,使织轴倒断头增多,质量下降,严重时被迫停车.造成色档损失。采用上述两种形式的轴架和退绕方式都能使各轴之间的退绕张力差异减低到最小程度,不同的是 B 型比 A 型操作方便,操作工能进入两组经轴的中间通道,检查并处理经轴上发生的倒断头(图 4-3)。

2. 前处理槽

前处理槽亦称润湿槽,纱线通过润湿处理,去除棉纤维中的杂质,提高毛细效应,增加渗透、吸收性能,利于染色顺利进行。前处理槽一般有 1~2 个,如果是两个槽,则第一槽为助剂润湿处理槽,第二槽为水洗槽。如果是单槽,则无水洗槽设备。前处理槽内装有 5~7 根导纱辊和数根间接蒸汽加热管,以增加纱线的处理时间和温度,提高处理效果。槽中设有一对 3~4 t 的轧辊,可控制轧液率,降低助剂消耗和满足工艺的需要。

3. 染色槽和氧化架

靛蓝染色采用常温、常压、多次浸轧氧化工艺,因此有 6~8 组染色槽和氧化架。每只染色槽容积在 1 000~1 500 L 左右,槽中有 5~7 根浸染导纱辊和一对 3~4 t 的轧辊。染色槽中一般不装蒸汽管。各槽之间设有染液循环系统，通过循环泵使染液得到均匀的补充和混合。氧化架每组由 4～6 对导纱辊组成，纱片在每组氧化架上的运行长度在 30～40 m 之间。最后一道染色槽的氧化架导纱辊数（或纱片运行长度）较其他几组的多 50％左右，以确保染色纱线在最后一组氧化架上得到充分的氧化发色后，再进入水洗后处理槽，有利于提高染料的利用率，增加染色牢度，减少污染产生。每组氧化架上一般设有 1～2 对湿分绞辊（或活动式分绞棒），其作用是使染色纱片相邻色纱清晰分层，平行运行，防止相互间重叠纠缠，影响染色质量。分绞辊的使用对数（棒根数）应根据纱片实际运行情况进行选择。

染色槽、氧化架道数及导纱辊的数量由机组设计生产能力，即染色速度和染色深度的需要来决定。

4. 水洗槽

水洗槽的作用是除去纱线表面的浮色、杂质以及色纱中沉积的碱质和盐分等，从而提高染色牢度和鲜艳度，改善纱线匀净和光滑程度。水洗槽有 2～3 只，槽内设有导纱辊和加温蒸汽管，可提高水洗效果，配有一对 3～4 t 的轧辊。最末一道水洗槽的轧辊压力适当增大，以获得较低的轧余率，提高后面烘筒的干燥效率。槽中的加温蒸汽管，有利于水洗效果的提高。

5. 储纱架

轴经染色是连续生产的，不允许中途停车，否则染槽中的经纱会产生严重的色差横档疵点。而日常生产中浆纱工序的上落轴或处理断头等操作不可避免会造成停车，为保证染色工序的正常进行，要将染好的色纱用储纱架临时储存起来，等浆纱上落轴或断头处理完毕重新开车时，适当调整浆纱速度，将储存的纱线量用完后，再恢复到正常速度，即与染色速度同步进行。

储纱架可设置在染后水洗槽和浆纱预烘筒之间，也有设在浆纱前预烘筒和浆槽之间的，还可设置在浆纱机烘筒和车头卷绕之间。三种位置的区别：第一种是将浆纱前预烘筒和浆纱机部分组成一个传动单元，染色是独立的一个传动系统；第二种是将预烘筒与染色部分组成一个传动单元，浆纱是独立的一个传动系统；第三种是全机除机头卷绕系统外，染色浆纱部分组成一个整体的传动单元，可实现染色、上浆部分都不停车，而卷绕部分单独停车，由此完成上落轴操作。

6. 浆纱预烘筒

预烘目的是烘干潮湿的色纱以提高上浆质量。烘筒配置数量根据机组设计能力即最高速度来定，通常为 8～12 只。为了提高烘筒的干燥效能，可将最末一道水洗槽的轧辊压力适当增大，以降低色纱带液量。

7. 上浆部分

上浆部分采用了较大轧浆力的上浆工艺，以解决色纱上浆较困难的问题，从而获得较好的浆液渗透和被覆性能，并提高烘燥效率，有利于节约能源。卷绕机构传动部分有双向转动性能，即备有正反两个方向卷绕的转换机构，以适应双织轴无梭织机的需要。

8. 机器传动结构

片状经纱染色机可分为染色和上浆两个传动单元。染色部分的主传动为手控调速电动机，速度一经设定，一般就不随便变动，以保证染色质量的稳定。而上浆部分的传动大多采用手控和自动相结合的调速传动系统，以便上落轴停车后加速运行，用去停车时储纱架临时储存的纱量，并在存纱用完后自动进入与染色速度同步运行的状态。

（三）染浆联合（片状经纱）生产线染色配方及工艺

为便于说明，将靛蓝染色液分为三部分：工作液是指正常生产时染槽中的染液，要求成分稳定一致；补充液是因染色过程中被纱线带走了部分染液，为保证染槽中工作液成分的稳定，通过机组的染料循环系统来补充的染液；靛蓝母液是靛蓝染料充分与烧碱、保险粉一起发生化学反应形成可溶性的隐色体，按工艺计算用于稀释而准备的染液，此染液必须经过充分的还原，也称干缸还原液。染液的配方通常指靛蓝母液配方和染色槽染液（或染浴）配方。染色配方合理与否，直接影响染色后色泽的均匀一致、色牢度及色纱质量，同时对染化料的用量、染色成本及污染程度也有较大影响。

1. 靛蓝干缸还原液（母液）配方及其调制

（1）靛蓝干缸还原液（母液）

靛蓝干缸还原液（母液）的化料，采用大容量定积化料方法，即根据配方浓度和定积，分别计算出染料、烧碱和保险粉、助剂等的规定用量。先在化料桶内加入规定容积 70% 左右的水，然后开动搅拌器，一次性加入烧碱、渗透剂和靛蓝染料等，持续搅拌 1 h 以上。待染料、烧碱和助剂等充分溶解扩散后，控制染液温度在 40 ℃ 左右，然后不断搅拌并将保险粉缓慢加入，同时调整和控制溶液的总体积和液温，使温度保持在 50 ℃，待染料完全还原后，停止搅拌。最后需要对还原液中主要组合的染化料成分进行测定，确认靛蓝染料、保险粉、烧碱等的实际含量，并根据所测数据和工艺标准进行比较。靛蓝干缸还原液（母液）的使用时间，通常最好不要超过10 h。片状经纱染色槽染液配方见表 4-1。

表 4-1　片状经纱染色槽染液配方

染化料名称及含量	配方重量/kg	浓度/(g/L)	配比/(g/L)
靛蓝染料（94%）	100	79.3	1
保险粉（85%）	163	117.9	1.45
烧碱（96%）	5	79.3	0.99
渗透剂	5		

2. 染液（工作液、底液）配方及调制

清水开缸方法，一种是在所有染色槽中加清水至规定液量的 80% 左右，开启循环泵，然后加入保险粉 1.5~2 g/L 和烧碱 0.7~1 g/L，持续循环 1 h 以上，用于去除自来水中的氯和酸性物质；另一种是加入事先溶解好的食盐 25 g/L 和渗透剂 2 g/L；第三种是按染液总液量和清水开缸设计的靛蓝浓度要求计算出需要加入的靛蓝母液的量，并补充适量水至规定的体积，持续循环 1 h 以上，使加入的靛蓝隐色体在所有的染色槽中充分扩散均匀。最后，需反复多次地对染液组分浓度进行测试和调整，务必使其完全达到表 4-2 工艺要求范围，方可开车生产。

表 4-2　片状经纱染色槽染液配方

组合成分	清水开缸/(g/L)	续染液/(g/L)
靛蓝染料	1.6~1.8	1.1~1.3
烧碱	1.5~1.7	1.2~1.4
保险粉	1.8~2.0	1.5~1.7
渗透剂	2.0	2.0
食盐	25	

清水开缸时,由于染液中尚未产生足够量的硫酸钠电解质,因此靛蓝染料的上染率较低,加入中性电解质和适当增加开缸染料浓度就是为了促使上染达到所需的染色深度。运转生产经过大致 10 h 后,染液中已产生足够量的电解质,其组分浓度会自行逐步降至续缸的工艺标准水平。

3. 染色后水洗槽工艺

水洗所使用的水质硬度较低,有助于提高浮色的去除效果;水温以 40~45 ℃ 为宜,最后一道带液率应尽可能地低一些,有利于提高预烘干燥效率和节约能源。

4. 染液补给量的计算和补给方法

① 补给量(习称母液流量):为了使染浴中染料浓度保持在规定的工艺要求范围内,以保证染色均匀一致,补充到染色槽里还原母液中染料的量应等于染色纱线带走的染料量,这个量与每分钟染色的纱线重量及设计纱线染色深度有关。补给量计算公式如下:

$$Q = \frac{W \times \eta}{I}$$

式中: Q ——母液补给速率(L/min); W ——单位时间染色纱线干重(g/min); I ——母液中靛蓝染料浓度(g/L); η ——设计染色深度(%)。

又

$$W = \frac{M \times \mathrm{Tt} \times v}{1\,000 \times (1 + G)}$$

式中: M ——染色纱线总经根数;Tt——染色纱线线密度(tex); v ——染色速度(m/min); G ——纱线公定回潮率(%)。

② 计算实例

设 Tt=83.3 tex, M=4 284 根, v=18.5 m/min, η=2.5%, I=80 g/L,则母液的补给速率计算如下:

$$W = \frac{4\,284 \times 83.3 \times 18.5}{1\,000 \times (1 + 8.5\%)} = 6\,084.7\,(\mathrm{g/min})$$

$$Q = \frac{6\,084.7 \times 2.5\%}{80} = 1.901\,(\mathrm{L/min})$$

需要注意的是,由于化料中染料的实际成分、母液总液量、还原程度等因素变化,往往实际染料浓度不可能完全符合设计标准,此时应根据实测靛蓝染料浓度计算流量。

③ 补给方法:为了确保染色纱线的色泽均匀一致,工厂需选用精确的补给计量装置,如流量计或计量泵等,并通过实际测试,进行控制和调节。

5. 染浴液面的稳定和组分浓度平衡控制和计算

① 染槽液面的稳定:控制好染槽液面的高低,减少上下波动,是保证染色质量的一个关键。在实际生产中,还原母液按照设计计算的流量补充进染槽后,虽然染料的补充与消耗能得到平衡,但不等于整个染液体积也能平衡。这是由于染色中,靛蓝染色的色纱在空气的氧化过程中,其水分的蒸发量在不同生产环境中有所不同,会直接引起染槽内染液体积的变化。根据牛仔布厂的生产经验,随着牛仔加工车间温湿度和风速等因素的变化,一般

在氧化架上每次纱线氧化时的水发蒸发率约占染色纱线重量的5%。因此，片状经纱染色中染槽液面的控制，应尽量做到靛蓝母液的补充量等于染色纱线的蒸发消耗量，以保持染槽内染液总体积的不变。

②染槽染液组分浓度的平衡：在保证染料浓度、染液液位基本稳定的情况下，染液中的还原剂、碱剂的浓度也要相对平衡，即要求母液补充进入染槽中的还原剂、碱剂的量要与染色过程中消耗量基本相当，才能保证纱线染色质量的稳定。

二、球经(绳状)染浆生产线及其生产工艺

球经染色是将数百根经纱集束成绳状，制成经纱球，再用12~36只绳状纱球，同时在绳状染色机上进行染色；然后将染色经纱进行再次整经，做成经轴；最后在轴经浆纱机上并轴、上浆，制成浆轴供织造使用。球经染浆生产线的工艺流程为：

经纱筒子→球经整经(制成纱球)→球经染色→重新整经(制成经轴)→色纱并轴上浆(制成织轴)

(一)球经整经机

1. 主要技术特征

球经整经机是将数百根经纱牵引整理，集束成一条绳束，然后卷绕在特制的芯轴上做成一个纱球，供染色使用。球经整经是球经染色的准备工序，其质量好坏尤其是数百根经纱的张力是否均匀一致，会直接影响染色生产质量的好坏和重新整经能否顺利进行。其结构如图4-4所示。

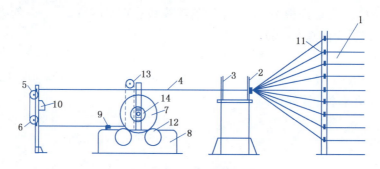

图4-4　理德查维公司的球经整经机结构

1—筒子架　2—定幅箱　3—分绞箱　4—经纱　5—导纱辊　6—测长辊　7—纱球　8—纱球卷绕装置
9—集纱口　10—计长计　11—断头自停装置　12—纱球传动辊　13—纱球加压装置　14—纱球芯轴木辊

纱线4由筒子架1引出，穿过断头自停装置11到达定幅箱2，穿过定幅箱箱齿后到分绞箱3，再通过转向导纱辊5和测长辊6，进入车头集纱口9，再由纱球卷绕装置8绕成纱球7。筒子架一般可容纳筒子400~500只，形式有单架集体换筒式和复架分批换筒式两种。前者需要停车换筒，筒脚多、机械效率较低，但纱线张力较均匀；后者可以不停车分批换筒，停台时间少、机械效率高，但因筒子直径大小不一，退绕张力差异较大。

由于牛仔布大多为粗特纱，整经时需要张力较大，筒子架上张力加压形式，一般采用多道曲折张力圈加压或电子自动加压。断头自停装置形式为电器接触式或红外光探测式。

2. 生产工艺参数(表4-3)

表4-3 球经整经机的主要生产工艺

工艺项目	单位	工 艺 要 求		
经纱线密度	tex(英支)	84(7)	58(10),48(12)	36(16)
筒子数	只	340~420	390~480	390~480
整经长度	m	10 000~15 000	15 000~20 000	24 000~32 000
整经线速度	m/min	250~300	250~300	250~300
经纱球重量	kg	300~450	300~450	300~450
卷绕密度	g/cm³	0.55~0.60	0.55~0.60	0.55~0.60
分绞线间隔长度	m	300~500	300~500	300~500
单纱动态张力	mN	294~343	245~294	196~245
	kf	30~35	25~30	20~25
车间相对湿度	%	55~60	55~60	55~60

(二)球经(绳状)染色机

1. 工艺流程

球经染色机是将经纱球上引出的纱条,呈绳状通过浸轧和氧化处理加工成色纱,通过落纱机构,将绳状色纱有规律地排列在储纱桶中,供重新整经工序使用。球经染色机的生产能力根据每缸染色时纱球喂入条数的多少而决定。喂入条数有 10、12、18、24、36 等。

图4-5是球经染色机示意图。纱条由球架1上的纱球3引出,穿过球架上方的导纱圈2,由后拖引轧辊4送入染前润湿槽5。通过槽内导纱辊7进入润湿槽拖引轧辊,使纱条进入水洗槽6,经水洗槽轧辊使纱条继续前进,到达第一个染槽8,由染槽出来的纱条经过轧辊到氧化架9,通过氧化架导纱辊10,纱条继续前进进入第二个染槽,依次经过6~8个染槽和氧化架后进入染后水洗槽11,再经过柔软剂处理槽12到达烘筒13,色纱被烘干后,通过落纱机构14,绳状色纱有规律地排列在储纱桶15内,完成染色任务。

工艺流程为:经纱球→润湿处理(1道)→温水洗涤(1~2道)→浸轧染色氧化(重复6~10道)→温水洗涤(2~3道)→上柔软剂(1~2道)→烘干→落纱并卷装于储纱桶。

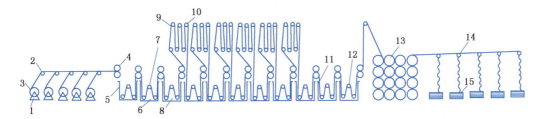

图4-5 球经染色机主要机构

2. 球经染色机主要部件介绍

① 球架:一般由槽钢构成,每个球架上放置 2 只纱球,其中一只为备用球以便连续生产。每个球架上设有 1~2 组重锤加压装置,用于调节纱球的退绕张力,减小各纱球间的伸长差异,有利于提高生产质量和节约原纱。

② 润湿槽和水洗槽:润湿槽通常只设一只,水洗槽设置 2~3 只。槽内除导纱辊外都设有间接蒸汽加热管,由可调式温度自控装置控制。

③ 染槽和氧化架:染槽的容积根据染色机的设计能力而定。为了减少染槽中染液保险粉的消耗,染槽常制成槽口面积小、深度大、槽宽与机幅配合的狭条形长方体,以减少染液与空气的接触面,有利于染液隐色体的稳定。氧化架是由数对不锈钢导纱辊组成的。

④ 染液的循环和补给输送系统:在各染槽之间设有染液的循环系统,以及还原母液和保险粉补充液的补给计量输送装置。

⑤ 染色后水洗槽和柔软剂处理槽:染后水洗槽一般设 2~3 只,柔软剂处理槽设 1~2 只,槽内设置与染前处理槽相同。后处理的目的是洗清色纱表面的浮色、盐分、杂质等,使纱线柔软光滑,在重新整经时易于分开。

⑥ 烘筒:每组都设有可调式蒸汽压力自动控制装置。

⑦ 落纱机构:将每根纱条有规则地卷装于储纱桶内,以便重新整经工序的顺利进行。

3. 主要生产工艺

染色条件:以 12 条经纱、8 道浸轧染色氧化染色设备为例,染色速度为 30 m/min,染色温度为 25 ℃±3 ℃,染浴表面积为每槽 1.2 m^2。生产时根据不同经纱品种、不同颜色进行母液和工作液配制。

(1) 润湿处理配方及工艺(表 4-4)

表 4-4 经纱润湿处理槽配方及工艺

	品 名	单 位	浓 度
处理槽和供液桶配方	渗透剂	g/L	2.5
	烧碱	g/L	1.5
处理温度		℃	85±2
浸渍时间		s	30±2
轧辊压力	拖引	kN	24.5~29.4
	轧液	kN	29.4~39.2
轧余率		%	75~80

(2) 染前水洗处理工艺(表 4-5)

表 4-5 经纱染前水洗处理工艺

项 目	单位	工艺要求
水洗温度	℃	40~45
水洗道数	道	1~2
水洗时间	s	30±5
轧辊压力	kN	头道 29.4~39.2
	kN	主道 58.8~88.2
末道轧余率	%	65~75

(3) 染色配方

① 母液配方(表 4-6):

表 4-6　绳状染色机不同颜色深度母液配方工艺

经纱细度		总经根数	单位时间浆纱干重（g/min）	染色深度（%）	母液组分浓度(g/L)（以 100% 含量计算）			配比(以 100% 含量计算)		
tex	英支				靛蓝	保险粉	烧碱	靛蓝	保险粉	烧碱
83	7	4 284	9 867	1.0	36	57	38.7	1	1.58	1.08
				1.5	54	71	50.8	1	1.32	0.94
				1.8	65	79.5	58	1	1.22	0.89
				2.0	72	85.5	63	1	1.19	0.88
				2.2	80	92.6	68.7	1	1.16	0.86
				2.5	90	100	75.5	1	1.11	0.84
				2.7	97	105.5	80.2	1	1.09	0.83
				3.0	108	115	88	1	1.06	0.82
				4.0	120	123.5	95.7	1	1.03	0.80
106	5.5	3 630	10 639	2.3	85	95	71.6	1	1.12	0.84
				2.5	90	100	75.5	1	1.11	0.84
58	10	4 640	7 480	2.3	85	97	72.5	1	1.14	0.85
				2.5	90	102	76.5	1	1.13	0.85
36	16	4 760	4 790	2.5	90	105.5	78.2	1	1.17	0.87
				2.7	97	111	83	1	1.14	0.86

② 工作液配方（表 4-7）：

表 4-7　绳状染色机工作液配方工艺

颜色序号	染色深度（%）	染浴组分浓度范围(以 100% 含量计算)(g/L)		
		靛蓝染料	保险粉	烧碱
1	1.0	0.3～0.5	1.0～1.2	0.8～1.0
2	1.5	0.5～0.7	1.1～1.3	0.9～1.1
3	2.0	0.75～0.95	1.3～1.5	1.0～1.2
4	2.5	1.1～1.3	1.5～1.7	1.2～1.4
5	3.0	1.4～1.6	1.7～1.9	1.3～1.5
6	3.5	1.7～1.9	1.9～2.1	1.5～1.7
7	4.0	2.0～2.2	2.1～2.3	1.7～1.9

③ 保险粉、烧碱液的补充：球经染色速度高，经纱条带入染槽的空气量多，纱线对染液的搅动作用和轧液跌落量多，染液面接触空气的几率大，这些都会消耗较多的保险粉和相应的烧碱量。为了保持染液组分浓度的稳定，保证保险粉、烧碱足量够用，同时调节和保持色纱色光的稳定一致，保险粉、烧碱要额外追加补充，这是球经染色剂与染浆联合机工艺中最大的不同之处，也是球经染色质量好于染浆机的一个重要原因。

（4）染色工艺

① 还原母液的化料方法同染浆联合机；

② 保险粉、烧碱补充液的化料方法是：在化料桶内加入定积量的 70%～80% 的水，开动搅拌器加入按工艺计算好的烧碱用量，充分搅拌溶解，然后边搅拌边将保险粉徐徐加入，继续搅拌，并使其充分溶解，此时溶解温度会上升至 50 ℃ 左右（放热反应），然后经过滤，送入备有冷却装置的供应桶中，冷却至室温（最佳为 5 ℃ 左右，但须备有冷冻设施），以利减少保险粉的消耗；

③ 球经染色工艺见表 4-8，以 83.3 tex、总经根数 4 284、设计染色深度 2.5% 品种为例。

表 4-8　球经染色生产工艺

项　目	单　位	工 艺 要 求
染色速度	m/min	30
染色温度	℃	25±2
浸染时间	s	8 道，每道 16 左右
氧化时间	min	8 道，每道 1.3 左右
轧辊压力	kN(kgf)	44.1(45 000)
轧余率	%	75～80
设计染色深度	%	2.5

（5）染后处理工艺：除了后处理充分水洗外，球经染色还增加了柔软剂处理的工艺，使纱束烘干后不散乱易于分纱，利于后道重新整经工序的顺利进行。

① 后处理水洗工艺（表 4-9）：

表 4-9　球经染色后处理水洗工艺

项　目	单　位	工 艺 要 求
水洗温度	℃	40～45
水洗道数		2～3
水洗时间	s/道	30
轧辊压力	kN	39～44
轧余率	%	75～80
洗后色纱 pH 值		7～8

② 柔软剂处理工艺（表 4-10）：

表 4-10　球经染色柔软剂处理工艺

柔软剂配方			
品名	单位	处理槽	供应桶
柔软剂	g/L	10～15	100～150

柔软处理工艺		
项　目	单　位	工 艺 要 求
处理温度	℃	65±5
轧辊压力	kN	49～59
轧液率	%	75 左右

（6）烘燥工艺：以三组烘筒，每组 12 只，共计 36 只烘筒设备为例。烘燥工艺见表 4-11。

表 4-11 烘燥工艺

项 目	单 位	工艺要求
第一组烘筒汽压	MPa	0.25～0.3
第二组烘筒汽压	MPa	0.20～0.25
第三组烘筒汽压	MPa	0.1～0.15
烘出色纱回潮率	％	8～9

（三）重新整经机（分经机）

重新整经机的作用是将已染好色的绳状纱条，重新分成单根的平行经纱片，卷绕成色纱经轴，供轴经上浆工序使用。它是球经染色生产线的关键设备之一，主要由张力器、振动器、储纱装置、定幅筘和测长辊等装置组成。经纱张力的调整是通过调整控制涡流制动器的电位器，来改变张力辊筒的回转阻力，从而调整重新整经过程中的经纱张力。

重新整经机一般不设断头自停装置，当出现断头，断纱卷入经轴内，寻找断头必须通过倒车处理，退绕出的经纱则临时储存在储纱装置上。储纱装置由两组多根导纱辊组成，一组固定，另一组借气动装置升降，当重经发生断头时，需要倒转经轴寻头，导纱辊上升临时储存纱线；断头处理完毕，储存的纱线重新卷绕到经轴上。因此储纱架能有效减少或避免经轴卷绕中的倒断头和绞头等病疵，保证经轴卷绕质量。定幅筘由弹性筘组成，筘齿有一定的弹性，有利于纱线顺利分开及减少断头。测长辊连接有测长装置，可测定经轴卷绕长度，控制纱条上分绞线到达前及满轴时自动停车，避免绞线撞筘发生大量断头。重新整经机的速度一般为 150～200 m/min，生产效率一般在 50％～70％之间。

三、球经染浆生产线与染浆联合生产线的对比

1. 球经染浆生产线的优点

与染浆联合生产线对比分析，球经染浆生产线具有如下优点：

（1）染色的线速度高，产量高。球经染色的速度最高可达 36 m/min，较染浆联合机速度高 50％（一般染浆联合机的速度不会超过 25 m/min），尤其是在 24 束或 36 束绳状染色机上，染一缸纱的产量是联合机的 2～3 倍。

（2）染色质量好，球经染色彻底解决了两边与中央的色差、条花等染疵，纱线的透染性好，匀染程度高，染色牢度好，质量稳定。这是因为束状纱线染色时，轧辊轧点处由数百根经纱集束在一起，纱线相互重叠挤压，且纱束形成一定厚度，如图 4-6 所示。因此，即使橡胶轧辊发生弯曲变形，也不会像染浆联机那样产生横向挤压不匀的情况，因而减少了轧辊两边的经纱与轧辊中央的经纱产生色差的可能性。而由于数百根经纱相互重

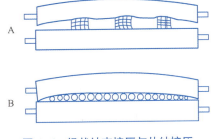

图 4-6 绳状纱束挤压与片纱挤压

叠挤压在一起，染色中的纱束受到轧辊挤压时，每根纱线几乎受到周围各个方向的挤压力，纱线的透染程度和匀染度得到提高。绳状纱线染色后，尚需经重新整经制成经轴，再由十多个经轴并合上浆制成织轴。因此，即使染色时各条经纱束间可能产生轻微色差，但经过重新整经合

并后,染纱色差可大大改善。

（3）布机效率高,下机质量好。绳状染色生产线的染色工序与上浆工序分开进行,其经纱上浆是在一台单独浆纱机上进行的,它不受染色条件限制,有比较充裕的时间进行上落轴、排筘齿、处理各种倒断头等操作,同时染色也不受浆纱的影响与牵制。因此,只要严格控制重新整经工序的操作质量,就能大大提高浆轴质量,从而提高布机生产质量水平。同时由于色纱轴的回潮率低,纱片的行程距离短,有利于浆液的渗透与浆纱伸长的控制,因而可获得较染浆联合机质量好的浆轴。

2. 球经染色生产线的缺点

球经染色虽然有上述优点,但也有一些弊端:

（1）主要是劳动用工多,球经染色生产线工序多,因此用工量较大。

（2）占地面积大,厂房结构设计要求高,投资费用大。其设备及厂房投资是染浆联合生产线的8～10倍。

（3）操作要求高,由于球经染色生产线运转速度较高,可多缸连续生产。尤其是对于各球轴的伸长控制要求较严,应尽可能控制各轴间的伸长差异到最小程度。否则,由于片段的轻微色差,在各纱束经过重新整经和并合上浆后,因伸长差异使片段轻微色差位置错开,会引起布面数十米至上百米雨状条花疵点。因此,球经染色工艺对操作工要求较高。

此外,该生产线产品周期比较长,染色后还要再分纱整经,这一工序问题较多,产量最低。由于这些缺点,一定程度上限制了它的使用。但由于球经染色的纱线染色质量高,所织造的成品质量好,生产效率高,其产品在国际市场上有较高的声誉和较强的竞争能力,尤其适应重型牛仔布的生产,因此近年来不少牛仔布生产工厂由于市场竞争的需要,已开始用球经染色生产线来替代部分染浆联合生产线,以提高产品的竞争能力。

单元 4.3　牛仔布经纱染色常见疵点及预防

牛仔布经纱染色常见疵点主要有色档、条花、色斑、缸差、耐洗色牢度差等。

一、色档

色档是指纬向段间存在色差,呈现直条形的色泽不匀,也称横档印。球经染色断头绕导辊概率小,染色和上浆分开进行,色档疵点少,故色档疵点多发生在染浆联合机的染色中。其原因主要是染色过程中途停车,停留在染槽染液中的纱片段上吸色过多,产生色档。一般停车时间超过30 s即会造成布面色档疵点。

1. 造成停车的主要原因

（1）染色过程中发生断头、绕导辊,值车工未能及时发现,造成严重的更大量的断头缠纱现象,被迫停车处理。

（2）停电或机械故障造成停车。

（3）因染化料、浆料含杂高或棉纱短绒多,或化料、调浆操作不良,引起染液补给管道堵塞而被迫停车。

（4）染浆联合机染色、上浆在同一台机器上进行，两者相互影响，如穿分绞棒、上落轴操作失误等，都会引起染色单元的自动停车。

2. 防治色档的方法

（1）减少断头、绕导辊，做好机台特别是导辊的清洁工作，保持导辊表面光洁，同时做好巡回检查，发现断头卷绕导辊及时处理。

（2）减少停电及机械故障。加强与供电部门的联系，尽可能避开计划停电时间；加强对机器的预防检修和加油润滑工作，保证机器经常处于完好状态。

（3）提高染化料质量，减少原棉短绒率，做好染化料、浆料的进厂检验工作，认真执行化料、调浆操作工艺。调制好的染料、浆料应经过滤后再投入使用，并要定期做好输液、输浆管道系统的清洁工作。

（4）努力提高值车工的操作技术水平。

（5）已造成停车色档部位的经纱段可弃去不用。

二、条花

条花是指染色织物经向呈现的深浅色条痕。

1. 产生原因

（1）经纱片染染色机

① 经纱片张力过大，纱片产生严重的重叠甚至是起柳条现象，这样全幅纱片染色时，受到的挤压力不一致，引起带液率不一致，易产生染色条花疵点。

② 色纱未烘干、上浆质量无法保证、织造过程中局部起毛造成较严重的条花疵点。

③ 经轴退绕时各轴之间制动力差异过大，造成各轴之间张力差异过大，亦会引起全幅纱线局部重叠甚至出现柳条现象。

④ 设备状态不良，特别是染色和氧化导纱辊弯曲、转动不灵活，亦会引起纱片的重叠和起柳条情况，而产生染色条花疵点。

⑤ 染色后水洗处理中，喷淋水直接射向全幅纱片，由于靛蓝染色湿摩擦牢度差，喷射水流不匀也会引起条花疵点。

（2）球经染色机

① 球经染色机上的停车色档，经重新整经后，由于各球纱伸长不一致，色档位置必然相互错开，引起条花疵点。

② 各球纱的伸长差异过大，尤其是在多缸连续生产的情况下，伸长差异往往可达到上百米，如果染色控制不当，产生片段色泽差异时也会如上述同样原因产生条花疵点。

③ 重经操作不当，例如当发生大量断头时采取完全弃去该分绞线段长的经纱，使用下一分绞线开始进行对接，这样染色时的片段轻微色差，也会形成几十米乃至上百米的条花疵点。

（3）两种设备共同原因

① 配棉成分不同或捻度不同的经纱混用，配棉色泽、成熟度差异过大，染色不均匀。

② 棉纱条干不匀、重量不匀，捻度不匀，导致染色上染率差异形成条花。

③ 经纱张力不匀，排列疏密不匀，纱片重叠，导致氧化还原程度不一，形成条花。

④ 染色时轧辊挤压力过小。

⑤ 浆纱后上蜡工艺中使用的乳化蜡质量低劣,造成涂蜡不匀,易产生服装清洗后呈现的条花疵点。

2. 防治方法

(1) 织造厂对进厂原纱必须进行验收登记,不同生产厂、不同批号或生产日期差距过大以及明显的色泽差异、捻度系数不同等情况的原纱,必须分开堆放,分清使用,防止混用引起吸色程度不同的条花。

(2) 合理制订染色工艺配方,严格执行还原母液的化料操作工艺,确保染料隐色体的稳定。

(3) 浆纱定幅筘筘齿中经纱的排列必须均匀一致,每个筘齿中经纱的根数极差不超过 25%。

(4) 球经染色停车色档及片段色差引起的条花疵点预防方法,可参考片经染色停车色档疵点的预防措施及稳定染色质量的注意事项。

(5) 浆染机上色纱的烘出回潮率必须尽可能低,最大回潮率不超过 10%,才能保证上浆率。

(6) 浆染机上所有导辊必须转动灵活,表面洁净光滑,无偏心和弯曲现象,能有效防止纱片产生局部重叠现象,有利于烘燥程度和上浆质量均匀一致。

(7) 尽可能采用较小经纱张力进行染色生产,可防止全幅纱片收幅过多产生局部经纱重叠。

(8) 后处理水洗喷淋水喷射位置不要对准纱片直射,应略偏向轧辊上方,可防止水流摩擦影响色泽差异。

三、色斑

色斑多分散出现,一般无规律。

1. 产生主要原因

(1) 原纱配棉过程中异性杂纤维混入造成上染不一,布面上出现发白的斑点。

(2) 原纱捻度不匀造成上染不匀。

(3) 整经张力设定过大造成纱线松弛时自捻成"辫子结",染色时"辫子"没有打开,无法均匀染色,在重新整经的时候由于张力的作用,"辫子结"被拉开形成白点。

(4) 染料化料不匀、染液不纯、色粒积聚。

(5) 白纱沾有油污渍。

2. 防治方法

(1) 提高原纱配棉质量。

(2) 控制整经张力,整经停机时间适当延长,稳定开车速度。

(3) 确保化料均匀、染液纯净。

(4) 防止原纱油污渍发生。

四、缸差

1. 产生原因

(1) 前一缸染色后存在少量残液,残液中存在各种染料,因各染料的上染率不同,因此在连缸染色过程中因补加染料次数较多,产生较大误差,导致缸差。

(2) 染色时间及温度的影响:时间长容易上色,上色会深些;上染百分率在染色能达到工艺平衡的条件下,随着温度的下降而提高。因此染色控制的时间长短、染色温度会影响上染率,造成缸差。

（3）碱剂的影响:碱剂使用量会影响染料与纤维结合。

（4）轧余率的影响:设备轧余率不一致会影响染料上染的数量,因此要保证轧余率一致。

（5）皂洗的影响:靛蓝染料染色时除个别不需进行皂洗外,一般在后处理时必须加强洗涤,否则会影响染色物的水洗牢度和摩擦牢度,造成颜色不一。

（6）染料批次厂家不同(即没有用同一批染色用料)造成缸差。

（7）纱线前处理的差异:由于操作上的偏差造成纱线前处理质量的差异,引起缸差。

2. 防治方法

染前进行测试,保持原材料性能一致。

（1）加强监控染整用水硬度。

（2）染料必须待充分溶解后方可进行染色。

（3）严格按工艺操作,严格控制轧余率、时间、温度、碱剂和其他相关助剂等的加入,染色母液与补充液要保持规定量。

（4）固色后必须充分水洗、皂洗,去除浮色,以获得正常色光和牢度。

单元 4.4　靛蓝染色的检测及调整

一、靛蓝染料含量的测定

(一)检测原理

靛蓝染料遇到高锰酸钾时会被氧化成靛红。其原理如下:

(二)仪器和试剂

试管、三角烧瓶、容量瓶、烧杯、移液管、酸式滴定管、硫酸、高锰酸钾标准溶液。

(三)检测流程

称取 0.5 g 商品化靛蓝染料于 100 mL 的试管中,加入 20 mL 纯度为 98% 的浓硫酸,然后将试管置于 80~90 ℃ 的水浴中处理 2 h。反应结束后,待溶液冷却到室温后定容至 500 mL 的容量瓶中。然后取 50 mL 的上述溶液于 500 mL 的锥形瓶中,用蒸馏水稀释至 200 mL,最后用 0.019 6 mol/L 的高锰酸钾标准溶液滴定,锥形瓶中溶液由蓝色变为紫色,再转为绿色,当溶液最终由绿色变为黄色时,即为滴定终点。靛蓝含量的计算公式如下:

$$靛蓝含量 = \frac{0.001\,5 \times K \times V}{G \times \dfrac{50}{100}} \times 100\%$$

其中:K——高锰酸钾标准溶液的浓度(mol/L);V——高锰酸钾标准溶液消耗体系(mL);G——称量的商品化染料的量(g);0.001 5——1 mL 高锰酸钾标准溶液相当于靛蓝的克数。

二、烧碱含量的测定

(一) 检测原理

工业烧碱的主要成分是氢氧化钠,除此以外还含有一定量的碳酸钠。在混合碱的溶液中先加入酚酞指示剂,用盐酸标准溶液滴定至溶液由红色刚好变为无色。此时,氢氧化钠被完全滴定,而碳酸钠被滴定生成碳酸氢钠,即碳酸钠被中和了一半。然后再加入甲基橙指示剂,继续用盐酸标准溶液滴定至溶液由黄色变为橙色,即为第二次的滴定终点。

(二) 检测流程

从 250 mL 的浓度为 6~8 g/L 的烧碱溶液中,用 25 mL 移液管移取于锥形瓶中,加入 50 mL 无二氧化碳的蒸馏水,加入 2 滴酚酞指示剂,用盐酸标准溶液进行滴定至溶液由红色转变为无色,即为第一滴定终点。然后,再向锥形瓶中加入 2 滴甲基橙,继续用盐酸标准溶液进行滴定至溶液由黄色变为橙色,即为第二滴定终点。氢氧化钠和碳酸钠的含量计算公示如下:

$$氢氧化钠的含量 = \frac{c \times (V_1 - V_2) \times M_1}{m \times \frac{25}{250}} \times 100\%$$

$$碳酸钠的含量 = \frac{2 \times c \times V_2 \times M_2}{m \times \frac{25}{250}} \times 100\%$$

其中:c——盐酸标准溶液的浓度(mol/L);m——混合碱的质量(g);V_1——第一滴定终点盐酸标准溶液的消耗量(mL);V_2——第二滴定终点盐酸标准溶液的消耗量(mL);M_1——氢氧化钠的摩尔质量(g/mol);M_1——碳酸钠的摩尔质量(g/mol)。

三、保险粉含量的测定

(一) 检测原理

由于保险粉性质比较活泼,在空气和水中易分解,影响测定的准确性。可先将保险粉与甲醛溶液混合,使甲醛与保险粉转化成较稳定的雕白粉。然后在酸性条件下用碘标准溶液进行滴定,以可溶性淀粉作为指示剂。当上述溶液由无色变为蓝色,即达到滴定终点。

(二) 检测流程

准确称取工业保险粉 2 g 于烧杯中,然后加入质量分数为 4% 的中性甲醛溶液 100 mL,待保险粉完全溶解后,转移至 500 mL 的容量瓶中并定容。测试时,用移液管移取 20 mL 上述溶液于 250 mL 的锥形瓶中,加入 30% 的醋酸溶液 5 mL。然后加入 2~3 mL 淀粉指示剂,用 0.05 mol/L 的碘标准溶液滴定至溶液变为蓝色,即达到滴定终点。

$$保险粉的含量 = \frac{c \times V \times 174.1 \times \frac{500}{25}}{m \times 2} \times 100\%$$

其中：c——碘标准溶液的浓度（mol/L）；V——耗用碘标准液的量（mL）；m——保险粉试样重量（g）。

单元 4.5 靛蓝染色的污水处理

一、污水排放量

靛蓝染色污水主要来源于经纱染色及后处理水洗。不同染色设备、不同运转条件、不同生产规模，污水的排放量亦不同。根据有关工厂的生产统计，1 t 经纱染色大约需要用水 35～40 t。染浆联合机的日污水排放量在 200～300 t，球经染浆生产线的日排放量则在 250～600 t 之间（随设备运转率、绳状染色经纱条数多少而变化）。

二、靛蓝染色污水的水质

（一）污水水质指标及含义

污水处理的前提条件是正确掌握污水的水质。污水的组成成分较复杂，很难用单一指标来表示其性质。在众多指标中，按污水杂质形态大小分为悬浮物质和溶解性物质两大类，每类按其性质又可分为有机性物质和无机性物质。按消耗水中溶解氧的有机污染物综合间接指标有生物需氧量（BOD_5）、化学需氧量（COD_{cr}）等。

1. BOD_5（Biology Oxygen Demmand）（生物化学需氧量）

指的是水中的微生物可以降解的有机物被降解后消耗的氧的量。但是生物完全降解有机物所需时间较长，为了规范和提高检测效率，国家规定以 5 日生物需氧量为说明水质的标准，也就是说用生物降解水中有机物 5 天所消耗的氧的总量，即为 BOD_5。

2. COD_{cr}（化学需氧量）

用来测定水中有机物含量的一个尺度，强氧化剂氧化水中的有机物所消耗的氧的量。常用氧化剂为重铬酸钾。

3. SS（悬浮固体物质）

将污水中残渣滤渣脱水烘干得到的物质。悬浮固体物质可能造成水道淤塞。

4. pH 值（氢离子活度）

水样中氢离子的浓度，或者酸碱性。

5. 色度

将有色污水用蒸馏水稀释后与参比水样对比，一直稀释到两水样色差一样，此时污水的稀释倍数即为其色度。

（二）靛蓝染色污水分析

牛仔布染色一般用靛蓝染色，少量用硫化、还原等染料，所用的染料品种比较单一，相对于印染厂、色织厂来讲，污水水质比较稳定，变化不太大。根据一些工厂的测试资料统计，大致数据见表 4-12。

表 4-12　牛仔布靛蓝染色污水分析

指标项目	单位	数　值	国家排放标准
BOD$_5$	mg/L	400～700	60
COD$_{cr}$	mg/L	700～1 000	100
色度	倍	300～400	100
悬浮物 SS	mg/L	200～300	150
pH 值		8～9	6～9

三、常用的污水处理工艺

靛蓝染色污水如果用一般的化学沉淀和物理气浮法处理,不仅去除率达不到要求,且二次污染更难处理。因此,一般采用生化处理方法或生化与物化处理两者结合,效果比较理想。生化处理工艺流程如下:

污水→格栅过滤→集水→调节预沉淀池→曝气生化→斜板沉淀→出水→污泥→浓缩池→板框脱水→泥渣焚毁

一般采用调节预沉、曝气生化、斜板沉淀三级串联工艺处理后,已能达到国家规定的排放标准,可降低运转费用。

四、生化处理效果

根据靛蓝染色工厂采用上述三级串联的生化处理工艺测试资料,生化处理效果参考数据见表 4-13。

表 4-13　靛蓝染色污水处理效果表

指标项目	单位	进水	出水	去除率(%)	国家排放标准
BOD$_5$	mg/L	650	8.5	98.7	60
COD$_{cr}$	mg/L	900	70	92.2	100
色度	倍	350	23	93.4	100
SS	mg/L	250	23	90.8	150
pH 值		8.9	8.1	—	6～9

五、靛蓝染料的回收

靛蓝隐色体极易氧化,重新析出靛蓝染料。因此,染色污水中的靛蓝染料可用化学沉淀处理法或超滤技术进行回收。靛蓝染料对棉纤维仅有中等程度的直接上染性,10%的染料不能被纤维吸收,随工业废水排出。一般靛蓝染色废液中染料含量可达到 0.01～0.02 g/L 左右,按照日处理 400 t 计算,每天可回收靛蓝 4～8 kg,不仅能减少污染,降低废水中的 COD 浓度与色度,减少末端污染治理设施的运营费用,也节约了染料,具有较大的社会效益和经济效益。现在国内外利用超滤析薄膜技术回收靛蓝染料的技术已相当成熟,可供工厂选用。

用超滤技术回收靛蓝染料的原理是,从染色车间排放的超低浓度靛蓝废液,在压力下泵到超滤析薄膜,在流动中废液中的水分子接触薄膜表面,通过薄膜的微孔而排出,而靛蓝的大分子被阻挡而留在液体中。水的不断排出使靛蓝浓度逐步提高。在排出 95％ 以上的水分后，靛蓝浓度达到染色所需要求时，停止滤析过程，将浓缩液用泵输送到储存罐内，经处理后即可再回用于染色。

单元 4.6　靛蓝染色新技术

牛仔织物靛蓝染色时，需要使用保险粉等还原剂使靛蓝被还原，才能完成上染过程。该染色工艺相对比较繁琐，染浴稳定性差，比较难控制，而且保险粉分解产生的硫酸盐和亚硫酸盐对环保将产生较大的影响。因此，近年来科研工作者不断研究开发新型的还原染色方法，以降低保险粉用量或代替传统的保险粉还原染色法。

一、电化学还原染色技术

电化学还原染色技术，包括直接电化学还原染色和间接电化学还原染色。一般采用间接电化学还原，若采用直接电化学还原，由于靛蓝染料颗粒不溶于水，染浴中的染料颗粒必须和阴极表面直接接触，才能获得电子而发生还原反应，在技术上目前还不能实现。

间接电化学还原技术以铂（Pt）为阳极以及铜（Cu）为阴极，使用由二价铁离子（Fe）和三乙醇胺（TEA）组成能再生的还原体系。阴极的还原能力通过可溶性可逆氧化还原系统而转移到溶液中，使染料在阴极区被还原，这个可逆的氧化还原系统在阴极不断地再生，因而获得了还原剂的更新。具体原理如图 4-7 所示。

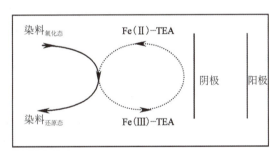

图 4-7　还原体系原理

3 价铁离子配合物从阴极获得电子变成了 2 价铁配合物，2 价铁配合物将不溶于水的氧化态染料还原成可溶于水的还原态染料被纤维吸附并向下午内部扩散，2 价铁配合物在还原靛蓝染料的同时又被氧化成 3 价铁配合物，从而完成一个循环。两极组成的电化学染浴对染料起到还原作用，无电极组成电化学体系染料无法上染纤维。

由于 2 价铁-胺络合物在碱性溶液中具有充分的还原电位，可以获得比保险粉更高的还原速率。可以通过测量还原电位直接了解染料的还原状态，控制还原条件。用电化学染色的织物与保险粉还原染色的相比，在染色温度 60 ℃、还原电位在 −900 mV 或更低时，会获得最小差异的 CIELab 坐标和最高的染浴上染率。

由于还原剂可以通过阴极的还原作用不断地再生，不会失去化学活性，用过滤器去除氧化的染料后，染浴可以循环使用，改善了染色过程的控制和重现性，染色效果和传统方法相似。

与保险粉作为还原剂的常规还原技术相比,电化学还原法化学物质用量少,减少了还原剂分解物对环境的污染,废水处理简单,成本降低。

二、泡沫染色技术

泡沫染色,是以尽可能多的空气来替代染色溶液中的水,通过空气将染色所用的浓溶液或悬浮液膨化为泡沫,然后再经过一定的装置,强制将泡沫均匀扩散到织物表面上,在最低给湿量的条件下,使织物获得均匀分布的染色效果。

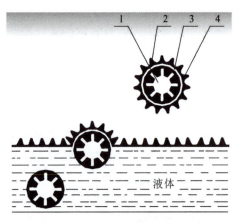

图 4-8　泡沫的形成和结构
1—空气泡　2—表面活性剂分子
3—泡沫层　4—夹层液体

1. 泡沫的产生及作用

泡沫是由大量气体分散在少量液体之中形成的微泡聚集体,并以液体薄膜相互隔离,具有一定几何形状。泡沫的形成过程是:气泡首先在含有表面活性剂的水溶液中,被一层表面活性剂的单分子膜所包覆;当该气泡冲破表面活性剂与空气的界面时,第二层表面活性剂就被包覆着第一层表面活性剂膜,形成一种中间液层的泡沫薄膜层。这种泡沫薄膜层中含有染色织物染整所需的化学品液体,当相邻的气泡聚集在一起时,就形成了泡沫。其形成原理和结构如图 4-8 所示。

2. 泡沫类型

可分为稳定性泡沫、亚稳定性泡沫和不稳定泡沫三种。具体特性和使用要求如下:

(1) 稳定性泡沫:稳定性较好,即使在烘干后也不会破裂,并仍然保持其原有结构,但在织物打卷前必须将其挤压或复合。稳定性泡沫经挤压破裂后,其液层中的聚合物就可附着在织物底层上,并且牢度较好。

(2) 亚稳定性泡沫:泡沫组分在单位施用面积内仍然处于稳定状态,但泡沫施加在织物上时还存在部分泡沫,烘干时所有空气就会破泡而出,而泡沫中化学品留在织物上。亚稳定泡沫相当于涂层增稠剂,施加在织物上后会破裂。在家用纺织品染整加工中,可以利用这一特性,对织物正反面分别施加两种不同的化学助剂,以获得不同的使用性能。

(3) 不稳定性泡沫:泡沫的化学组成使其在形成过程中处于稳定状态,但施加到织物上就会立即破裂,空气随即离去,而留下的是液体,并且黏度与水相当。其中组成为水、化学品和发泡剂。不稳定性泡沫可由搅拌器产生,输送到给液器,然后通过给液器上的缝隙持续、均匀地施加在织物上。

3. 泡沫染色工艺流程

泡沫染色工艺流程为:发泡→施加泡沫→泡沫迅速破裂被织物吸收→烘干→后处理。

将靛蓝/还原染料悬浮体利用泡沫均匀分布在被染织物上,以达到悬浮体匀染的目的。可选用一般表面活性剂作为发泡剂,在发泡的同时还可产生分散作用。将泡沫染色与常规染色比较可发现,前者能赋予织物更好的匀染性。用这两种方法进行悬浮体染色对比发现,织物的摩擦色牢度、汗渍色牢度、水洗色牢度以及日晒色牢度基本相同。

单元 4.7　牛仔布经纱上浆

一、牛仔布经纱上浆的重要性

牛仔布大都是粗支高密织物，多采用速度快、张力大的无梭织机织造，加上经纱已在织前先经染色，故在织造时纱线受磨损伤较大。尤其是近几年，牛仔布产品向高档化、色织化、多品种、小批量的方向发展，更加大了织造的难度。因此要提高布机效率，除了采用适合牛仔布生产的原料外，牛仔布对浆纱的要求也要提高。

牛仔布的经纱一般都较粗，断裂强度很高，因此浆纱增强对织造不是主要的，牛仔布上浆更重要的目的是增大纱线的耐摩擦强度，减少伸长和贴伏毛羽。高速无梭织机对上浆纱的耐磨性要求很高，上浆纱不但要承受织造过程中机械与纱线间、纱线与纱线间的反复摩擦而不断头，同时还要接受摩擦过程中纱线产生二次毛羽的考验。

为适应现代织机高速、高产、高效的要求，牛仔布经纱上浆应有一定的特殊性。上浆用浆料应有的性能如下：

1. 渗透性与被覆性

浆料应具有较好的渗透性与被覆性。适当的渗透可提高纱线的强力，以适应布面大张力织造和开口、打纬反复拉伸的要求。而适当的被覆可使纱线表面形成浆膜贴伏毛羽，能承受钢筘及综丝的摩擦，使布面保持光洁。

2. 浆膜性能

（1）浆膜应有较好的弹性。由于经纱的断裂伸长对牛仔布织造至关重要，而经纱在浆纱前已经过了染色、分纱等多道工序，伸长已有一定损失，故应用浆膜弹性较好的浆料上浆。

（2）形成的浆膜坚韧而柔软。上浆纱既能抵抗织造过程中钢筘及综丝的摩擦、降低经向断头，同时又可减少落浆落物，改善织造车间生产环境。当今牛仔布以追求挺而不硬、柔软而手感丰满为时尚，浆纱用变性淀粉代替普通淀粉、丙烯酸浆料代替 PVA 浆料也成为趋势。

（3）浆膜的透明性好。牛仔布先染色后上浆，浆膜的透明性非常重要。透明性好可使牛仔布看上去色泽鲜艳，染色效果好。由于薯类淀粉的浆膜透明性远比玉米淀粉好，因此牛仔布上浆应使用薯类淀粉。

二、牛仔布经纱上浆用浆料的发展

我国牛仔布经纱上浆用浆料经历了几个发展阶段。早期牛仔布上浆采用以原淀粉为主的半熟浆，这主要是受限于当时用于牛仔布生产的织机还比较落后，对浆纱要求不高，使用的原淀粉主要有小麦淀粉、玉米淀粉、木薯淀粉。20 世纪 80 年代中期，改用香港的浆料配方，仍以原淀粉为主，加入适量丙烯酸胶水。这种浆料同样采用半熟浆供应，淀粉未完全糊化，性能难以充分发挥。后来高速织机的使用对经纱上浆有了新的要求，这一阶段牛仔布经纱上浆用浆料主要大量使用变性淀粉、丙烯酸浆料、PVA、乳化油等组成的各类配方，浆料趋于完善及规范化。

1. 原淀粉

用于牛仔布浆纱的原淀粉主要有玉米淀粉、小麦淀粉和木薯淀粉。玉米淀粉颗粒硬，低温容易凝冻,浆出来的纱手感较硬;小麦淀粉浆液的黏度较玉米淀粉低,黏度热稳定性较好;木薯淀粉浆液透明,但黏度稳定性比玉米淀粉差,浆出来的纱手感粗硬,落浆较多。原淀粉成本较低但质量难控制;另外浆液黏度高难以渗透,导致表面上浆容易轻浆起毛。此外,原淀粉黏度稳定性较差,现已基本不单独使用。

2. 变性淀粉

变性淀粉改变了原淀粉分子结构,使淀粉黏度降低或增高,提高了黏度的稳定性。通过不同的变性工艺在淀粉分子上接上其他基团,改善淀粉的某些性能。变性淀粉主要有氧化、酸化、交联等较低黏度的淀粉,性能表现为黏度低、热黏度稳定性好、浆料与纱线的黏结力大。牛仔布上浆应选用与棉纤维黏结力强、浆膜性能优异的变性淀粉为主浆料,柔软且具有良好吸湿性能的浆胶能有效改善织布车间落浆、落棉的情况。

3. 聚乙烯醇(PVA)

PVA 是浆纱过程中普遍被使用的浆料,其浆膜强度高、黏结力大、耐磨性好。牛仔布在织造过程中受力大,纱线需要很高的耐磨性能,仅采用变性淀粉浆达不到要求,传统上一直依赖 PVA 浆料来提高浆纱的耐磨性能。但 PVA 内聚力强,浆液表面张力大,上浆后分绞困难,再生毛羽多且浆膜粗硬,吸湿性差,织造时浆膜容易剥落。更重要的是,PVA 退浆困难,在自然界中难以降解,对环境污染严重。PVA 主要有 PVA 1799、PVA 1788 及 PVA 205MB 等几种类型。

4. 聚丙烯酸类浆料

聚丙烯酸类浆料,其浆膜强度虽不及 PVA,但对于上浆并非为了增加强力的牛仔布经纱上浆来说,其浆膜强度已足够。聚丙烯酸类浆料水溶性好、易煮、浆液表面张力小,浆膜圆整度好,干区分绞顺利,不像 PVA 干区分绞时有大量浆膜撕裂现象,因此毛羽贴服度好。再则聚丙烯酸类浆膜柔韧,织造时浆膜剥落极少。聚丙烯酸类浆料易于退浆,特别适合牛仔服装水洗、石磨、漂洗等加工工艺,已取代 PVA 在牛仔布经纱上浆中的地位。

5. 组合浆料和环保浆料

单一组分的浆料上浆容易造成浆纱质量缺陷,多组分的浆料配方则组分复杂,调浆程序繁杂、操作不方便,容易因人工配料操作差错引起质量问题,不利于浆纱质量的稳定。由于牛仔布组合浆料和即用浆料可简化调浆操作,有利于稳定浆纱质量,越来越受到工厂的采用和推广。现阶段浆料助剂一是向化学合成方向发展,二是向多功能发展,质量高且配浆组分少。目前市场开发出的组合浆料和环保浆料有 TJ-005 浆料、DM8161 组合浆料、环保水溶性聚酯 HZ-2、纳米浆料等。

重磅牛仔布提倡用优料上薄浆。上浆率一般在 6%～8%,优质的棉纱上浆率 6% 已足够,一般的棉纱控制在 7% 左右。变性淀粉为高浓低黏,一般含固量控制在 9%～10%;聚丙烯酸类浆料的用量为变形淀粉用量的 25%～30%;浆纱的上油率即上油量(折合含油 100%)为浆纱重的 0.6%～1.0%。

三、牛仔布经纱上浆生产工艺及典型配方

由于牛仔布上浆的纱线是经过靛蓝及其他还原染料染色的纱线,而所织造的织物属于粗厚型产品,因此决定了牛仔布经纱上浆生产工艺的特殊性。此外,不同的设备及操作习惯对浆纱工艺也有影响,所以在实际生产操作中一定要以实际试验情况作为依据。

（一）32^S（18 tex）单纱轻薄型牛仔布

织物规格：JC32^S×32^S 纯涤＋150D 涤网络丝，140×90（根/英寸），$\frac{2}{2}$左斜纹，深靛蓝。

由于 32^S 纱线较细，纱线强力较低，靛蓝纱线染色后其物理性能会发生改变，纱线强力进一步降低，强力不匀率增加，纱线弹力下降、手感发涩、脆性变强。同时织物密度较大、紧度较高，织造时纱线间摩擦较大，若纱线毛羽较长则易开口不清，形成"三跳"疵点。浆纱以增大纱线强力为主，同时选较低黏度以提高浆液渗透，贴伏毛羽。

浆料选用 PR-Su 新型环保浆料为主。配方：PR-Su 浆料 15 kg，变性淀粉 62.5 kg，EN 1 kg，YL 1 kg。

上浆工艺为：浆槽温度 95 ℃，调浆体积 780 L，调浆桶浆液黏度 7～8 s，含固量 12%，上浆率 12%，回潮率 9%，压浆力 16 kN。经上浆后，纱线增强率 25%，减伸率 25%，纱线伸长率 0.9%。

（二）10^S（58.3 tex）麻棉混纺纱中厚型牛仔布

织物规格：8^S 麻棉纱＋6^S 麻棉竹节纱×200D 涤纶＋50D 氨纶，78×50（根/英寸），$\frac{2}{1}$右斜纹。

由于麻棉混纺纱线麻纤维较粗，加之麻棉混纺纱的捻度特别大，故其吸浆能力较纯棉差，浆料配方的总含固量宜低于同号数的纯棉品种。而竹节纱的竹节处比较疏松，在竹节部位很容易断纱，普通浆液配方黏度较高，形成的浆膜厚硬，纱分绞时断裂力大，产生断头、拼筘等问题。以往麻棉混纺纱浆液配方重被覆轻渗透，造成表面上浆，纱线分绞时浆膜易断裂造成再生毛羽，织造过程中落浆较多，纱线耐磨性差。

经对麻棉纱上浆工艺的优化选择，使用被覆性变性淀粉和渗透性变性淀粉加 PVA 的浆液配方，运用"两高一低"的工艺路线，取得较好效果。

浆料配方：被覆性变性淀粉浆料 DM818 50 kg，渗透性变性淀粉 DM828 100 kg，PVA 40 kg，聚丙烯酸 25 kg，蜡片 10 kg。

上浆工艺为：浆槽温度 95 ℃，调浆体积 1 800 L，调浆桶浆液黏度 12.5 s，浆槽黏度 9.5 s，含固量 10.5%，上浆率 8%～9%，回潮率 8%～9%，压浆力 16 kN。经上浆后，纱线伸长率低于 2%。

（三）21^S（28 tex）天丝牛仔布

织物规格：21^S×21^S 天丝，110×60 根/英寸，$\frac{2}{2}$左斜纹。

天丝（Tencel）纱线的单纱强力高、延伸性小、毛羽多而长，故上浆应以贴伏毛羽为主，提高强度为辅，使纱线表面形成一层完整的浆膜，贴伏毛羽，同时保持纱线的弹性伸长。天丝纤维在水中具有膨润现象，纱线在染色及上浆过程中长期处于浸润状态，造成纱线间排列密度增大，吸浆空间减少，很难形成完整的浆膜，不能有效贴伏毛羽。

浆料配方：淀粉浆料 40 kg，AS-1 型复合浆料 25 kg，AG 型聚丙烯酸浆料 2 kg，牛油 2 kg，柔软剂 2 kg。

上浆工艺为：浆槽温度 95 ℃，浆槽黏度 9.0 s，含固量 14%，上浆率 10.5%，伸长率不超过 1%，回潮率 6%～7%，压浆辊压力分别为 24.5 kN、29.4 kN；车速 20 m/min。浆后纱线毛羽伏贴，无黏并，易分绞。同时采用较小的张力，控制纱线伸长率尽量不超过 1%。

（四）"两高一低"的上浆工艺

目前,大多数厂家使用的浆纱机为进口高速高压浆纱机和国产染浆联合机两类。高速高压浆纱机的优势在于高压,利于采用"两高一低"的上浆工艺,可降低上浆率和压出回潮率,减轻烘房负荷、节约能量、提高织机效率。据估算,采用高压上浆后浆纱机速度还可提高40%,蒸汽消耗下降30%～50%。国产浆染联合机压浆辊压力属于中等,车速不高,上浆率也要高于高速高压浆纱机。

由于牛仔布织造基本上采用的是喷气、剑杆和片梭织机,不同纱支的牛仔布对上浆工艺的要求见表4-14。

表 4-14　不同纱支的牛仔布对上浆工艺的要求

项　目	144～50 tex 粗纱牛仔布	37～28 tex 中支纱牛仔布	18.5 tex 单纱薄型牛仔布
上浆要求	较低	较高	上浆难度较大
浆料配方	变性淀粉（100%）＋乳化油（4%～6%）,织机要求高的加5%～8%丙烯酸浆料	变性淀粉（100%）＋乳化油（4%～6%）,丙烯酸浆料8%～10%,低强力纱加（5%～8%）PVA	变性淀粉（100%）＋乳化油（6%～8%）,丙烯酸浆料（8%～12%）,PVA（20%～30%）
上浆率（%）	6～9	9～12	10～14

（五）新型环保牛仔经纱上浆

这些年来我国对环境的保护意识不断加强,相关环保法律法规的制定及实施日益完善与加强,少用或不用PVA上浆成为业内一种共识与趋势。

1. 组合浆料的运用

目前,可采用变性淀粉、PVA与聚丙烯酸浆料的混合浆对棉、苎棉混纺纱进行上浆,以减少PVA1799的用量。

为了降低浆膜强度,减少浆纱干分绞时的再生毛羽,加入使浆膜柔软、富有弹性及吸湿性的聚丙烯酸浆料,同时加入适量的蜡片、浆纱乳化油,使浆液黏度稳定,渗透良好。

具体配方如下:ZZD-GM浆料100 kg,PVA1799 15 kg,聚丙烯酸浆料10 kg,蜡片5 kg,乳化油10 kg。

上浆工艺为:浆槽温度95～98 ℃,调浆体积1 300 L,调浆桶浆液黏度11 s,浆槽浆液黏度9 s,第一压浆辊压力0.6 MPa,第二压浆辊压力0.35 MPa,上浆率9%～10%。

2. SP-1 环保浆料的运用

SP-1是一种以高纯度天然淀粉为原料,经深度变性合成的高分子上浆材料。SP-1具有强黏着力,与普通淀粉配合使用,能很好地贴伏毛羽,分纱轻快,浆膜柔韧耐磨,浆纱手感滑爽。

SP-1黏度热稳定性好,与其他浆料有很好的混溶性,水溶性好,退浆容易,具有优异的生物可降解性。SP-1优异的上浆性能,在浆纱配方中可全部或大部分代替PVA。适用于纯棉和涤/棉各类品种。

上浆配方如下:HM391变性淀粉150 kg,SP-1环保浆料25 kg,蜡片5 kg等。

浆纱工艺为:单浆槽,双浸双压,车速25 m/min,调浆体积1 200 L,上浆温度90～92 ℃。纱生产以被覆为主,适当增强,保持一定的伸度,控制好回潮,适当减低黏度,高浓低黏,中压上浆,浆纱恒速控制,减少再生毛羽。

目前,市场开发出多种环保浆料,如TJ-005浆料、DM8161组合浆料、环保水溶性聚酯

HZ-2、纳米浆料等，绿色浆料拥有良好浆纱性能，帮助完成各类牛仔面料的织造，环保且用浆成本适中，有效提高了企业产品的竞争力，值得采用。

四、不同设备对上浆工艺的要求

上浆质量控制重点：控制好上浆率、回潮率和伸长率。

要保证调浆质量，调浆按顺序严格操作，保证焖浆温度及时间，浆锅温度在 92～95 ℃，浆液黏度稳定在工艺范围内，上浆压力配合浆液黏度微调，保证上浆率。上浆率过大易脆断，过小易起毛起球，严重时轻浆无法织造。

回潮率主要控制进浆槽前色纱的回潮率，要求均匀且小，出浆槽后回潮要适中，纯棉为 5%～7%，麻棉为 6%～8%，过大易粘连起毛，过小织布易脆断。

伸长率主要控制好浆纱段张力比例，此外还需进行全机张力的调整，张力过大则不利于浆液的渗透，影响上浆率。

（一）浆纱机对上浆工艺的影响

高速高压浆纱机要求浆料尽可能高浓高黏，适当降低上浆率，有利于保持纱线伸长及纱的柔韧性能。浆染联合机车速为 18～25 m/min，压浆辊压力中等，上浆率要求稍高一些。

束状线的浆纱机车速较高压浆力高，有利于保伸长，上浆可以低一些。

目前大多数厂家广泛使用的浆纱机可分为两类。一类是以欧美机型为主的高速高压浆纱机，这一类型的机器要求浆料尽可能做到高浓低黏，以适应其高速运转。高压有利于浆液渗透、毛羽伏贴、浆膜完整，可以适当降低上浆率，张力一般要求在 15～20 kN，较低的上浆率有利于保持纱的延伸性和柔韧性能。另一类是国内厂家生产的浆染联合机，这种机型一般车速可到 20～25 m/min，压浆辊压力属于中等，上浆率稍高，高压上浆。

（二）织布机对上浆工艺的影响

现在用于牛仔布生产的新型高速织机主要有喷气织机、剑杆织机、片梭织机三种。一般，速度越高对上浆要求越高，喷气织机要求比剑杆织机高，双织轴片梭织机要求的上浆率比喷气织机、剑杆织机高 1%～2%。

（三）调浆的要求

调浆时间和速度对黏度有影响。不能只以黏度为标准，调浆时一定要注意调整含固量与黏度的关系，避免造成轻浆。使用量糖计测含固量时应进行校正。

牛仔布经纱先染色后上浆，要求浆液透明度要好。浆液透明度好，犹如在蓝色纱表面镀塑，可增加色泽的鲜艳度，同时可避免由于上浆不匀而造成的颜色不匀现象。从实践经验中看，根类淀粉（如木薯类）较果类淀粉好。木薯类氧化变性淀粉采用漂白粉、次氯酸钠进行变性处理，淀粉经漂白后洁白晶莹，对靛蓝经纱上浆效果特别好。

另外，煮浆并控制好浆液温度是上浆的重要环节，这个环节控制不好会造成上浆质量的波动。淀粉在 95 ℃以上才能完全糊化，所以煮浆最终温度都应控制在 97 ℃以上。淀粉在糊化过程中一般都有一个糊化黏度峰值，这个黏度峰值有的是正常黏度峰值的几倍，所以浆液煮至 97 ℃以后，要在 95 ℃的温度下焖浆 20～30 min 才供浆使用。变性淀粉具有热黏度稳定的特征，一般在 3～4 h 内热黏度变化极少，这为采用高温上浆提供了可靠保证。

受原淀粉调浆的影响，有些工厂在调变性淀粉浆时仍然采用半熟浆供应，或是调浆时煮浆时间太短,而变性淀粉必须在煮浆到 95 ℃、保温 1 h 后其性能才能充分发挥。此外,一般工厂传统习惯使用量糖计来测浆液的含固量,大多数都没有经过校正,以至各个厂所测结果都有较大误差。因此在使用量糖计测含固量时,应进行校正。

五、牛仔布浆纱工艺的确定原则

(一)牛仔布浆纱工艺的确定原则

1. 主浆料及配比

牛仔布主浆料应采用高浓低黏变性淀粉与丙烯酸浆料混合浆,为了保证织物手感柔软,尽量不使用或少使用 PVA。配比一般为 9∶1～7∶3(丙烯酸浆料含固率为 25%),随着纱特的增加而多用丙烯酸浆料。

2. 辅助浆料

采用变性淀粉的浆料配方只需加入浆纱柔软剂即可,一般不再使用渗透剂等其他辅助浆料。使用的柔软剂不应使浆液黏度变化过大,有的柔软剂同丙烯酸浆一样也会使浆液黏度产生很大的变化,应引起有关技术人员的注意。

3. 高浓低黏

保证足够的渗透性和上浆率。

4. 高速高压

提高效率和质量。

5. 高浓低黏上浆

为保证织物手感柔软,尽可能不使用或少用 PVA,这也符合保护环境的要求。上浆浆液要高浓低黏且稳定,利于染料渗透和被覆。织机对上浆工艺的影响主要与速度有关,通常速度越高,要求的上浆率也越高,但不同机型有一定的区别。浆料配方中,加柔软剂时不应使黏度变化过大。各厂应对照日常应用情况验证浆料的上浆性能,在配方选用上和价格上加以研究,保证上浆质量的同时降低上浆成本。

(二)浆纱疵点产生原因及解决方法

1. 浆纱条花

(1)浆纱油脂用量过多或乳化质量差。

(2)生浆供应速度不均匀,造成浆液温度低、油脂上浮。

(3)调浆温度低,泵向储浆桶时有剩余浆液,致使某一缸油脂过多且乳化不好。

(4)经轴之间退绕张力差异太大。

(5)压纱辊压力小,使织轴经纱表面凹凸不平;后上油太多或油的水溶性差。

2. 并头

(1)浆纱并头、绞线损坏,或没有全按绞线穿绞。

(2)经纱断头处理时漏分纱。

(3)经轴绕纱不平,相邻纱线挤并在一起。

(4)浆纱烘干前各导纱辊上缠纱,将邻纱挤并在一起。

3. 绞头

(1)上浆过程中排纱不良,或频繁搬动浆纱。

（2）割断绕纱后捻头不良，或未捻在相邻经纱上。

（3）落轴时或落轴后浆纱位置移动，排列混乱。

4. 边并绞头

（1）经轴架不平齐或经轴经纱不齐。

（2）经轴边不良，边纱强力太小，造成经纱位移。

（3）经纱在分层氧化后，再合并时经纱不平齐。

（4）压浆辊边纱压浆不充分，致使边浆上浆大分绞困难而造成断头。

（5）伸缩筘与织轴宽度不一致。

5. 倒断头

（1）经轴上有断头。

（2）浆纱机上断头有缠纱。

（3）经轴内有回丝或飞花等杂物附着，使经纱在筘齿处被撞断。

（4）浆纱张力太小，有下垂现象，回转时进入邻近筘齿或嵌入两筘片的接头处而造成断头。

（5）突然关车，经轴上的经纱形成小辫子，至伸缩筘处被撞断。

（6）织轴边盘有毛刺，将边纱刮断。

6. 轻浆起毛

（1）浆液黏度较低，吸浆不足。

（2）浆液存放或使用时间过久，而导致分解过度。

（3）压浆辊使用过久，橡胶表面老化，失去弹性。

（4）浆槽浆液温度不足；经纱浸浆长度不足。

（5）浆液起泡沫。

7. 浆斑

（1）了机后停车时间长，开车前浆槽内的浆皮浆块未清除。

（2）蒸汽过大，浆液溅在已被压浆辊压过的经纱上。

（3）调浆操作不良或浆液未充分搅拌溶解，浆液中含有的凝结小块被压浆辊压在纱上。

8. 油污、铁渍

（1）浆液油脂质量低劣。

（2）调浆桶搅拌主轴齿轮油掉入浆液内。

（3）浆纱机加油时操作疏忽，以致油溅在纱上。

9. 上浆不匀

（1）浆液黏度不稳定，浆槽温度忽高忽低。

（2）浆纱车速忽快忽慢。

（3）压浆辊两端加压不一致。

（4）上浆时色纱烘燥不充分，含水量差异大。

10. 张力不匀

（1）经轴放置不平行或压力不一致。

（2）各导纱辊不平行、不水平。

（3）经轴张力摩擦盘不圆或安装时偏心。

（4）经轴气动张力控制装置失灵。

六、牛仔布经纱上浆综合讨论

（一）对牛仔布浆纱的认识

牛仔布大都是粗特高密织物，采用先染色后浆纱的工艺路线，经纱在上浆前较本色织物受到更大的损伤。因此，牛仔布较本色织物对浆纱有着更高的要求。

1. 增加可织性

牛仔布的经纱一般都较粗，断裂强度很高。因此，浆纱增强率对织造效率的影响没有人们想象的那么大，上浆更重要的目的是增强纱线的摩擦强度、贴附毛羽。高速无梭织机对浆纱耐磨性要求更高。浆纱耐磨性包括以下两层含义，其一是在织造过程中经机械与纱线间、纱线与纱线间反复摩擦后，不容易产生断头；其二是纱线在分纱及摩擦过程中，不容易因损伤而造成更多的毛羽。产生毛羽的多少、长短对织造影响更大。因此，更应注意织造过程中毛羽的贴附性，而使用渗透性较好的浆料，对毛羽的贴附性有明显的改善。

2. 织物手感

人们习惯上认为牛仔布应该是硬挺的，然而好的牛仔布应该是挺而不硬，柔软而手感丰满，消费者在使用过程中才有既舒适又美观的效果。

3. 色泽与色差

牛仔布对染色要求很高。经过上浆后，纱线表面被覆盖了一层薄薄的浆膜。浆膜的透明性好，可使牛仔布色泽鲜艳，增强染色效果。浆膜不透明或透明度不好，都会影响染色效果。均匀的经纱上浆不仅是高效率的保障，而且是色泽均匀的保障。在浆纱过程中，无论横向还是纵向，上浆率都要均匀一致，否则会产生横向或纵向的色差。

（二）对牛仔布浆料的认识

1. 浆料的高浓低黏

浆料高浓低黏是随着高速高压浆纱机的开发而提出的一个概念，其目的是使用较高固体量的浆料，以减少烘干所需的能量，并使车速提高。高浓低黏的浆料还具有流动性好、易于渗透、分绞容易等特点，对较高覆盖系数的高密品种也能达到很好的上浆效果，例如 DM818、DM828 变性淀粉很适合牛仔布品种的上浆。此外，高浓低黏的浆料还有利于上浆均匀、减小色差。

目前，国际上称为高浓低黏的变性淀粉黏度普遍约为 0.05 Pa·s(6％浓度，温度 95 ℃，保温 1.5 h)。改用变性淀粉后浆轴质量明显提高，分绞开口清晰、断头减少。织机效率由原来的 70％提高到 88％，A 级品率也提高到 95％以上，给企业带来显著的经济和社会效益。

2. 丙烯酸类浆料与变性淀粉混合浆的黏度

丙烯酸类浆料浆膜柔软、富有弹性、吸湿性好，可较好地改善浆膜的性能，弥补淀粉及 PVA 的不足。丙烯酸类浆料与变性淀粉混合使用时，具有新的特征：

在较低浓度时，如 6％，混合浆黏度变化很小。在较高浓度时，如 10％，低黏度的变性淀粉与丙烯酸胶水混合，黏度略有增加；高黏度的变性淀粉与丙烯酸胶水混合，黏度会产生突变而急剧增加以至浆料无法使用。

此外,由于不同厂家的产品,其化学结构、单体组分、聚合度等都不尽相同,因此在使用丙烯酸类浆料时一定要特别注意。

3. 牛仔布专用组合浆料

高浓低黏的浆液流动性好,可最大限度地发挥高压浆纱机的性能。但如果组合的实质仅是多组分的物理混合,稳定性得不到充分保证,其使用范围就会受到限制。因此,少组分、甚至单组分的关键是要有高性能的主体浆料。

(三)浆纱的检测与发展

1. 原浆料检测

(1)原淀粉的检测指标有水分、灰分、白度、细度、pH 值、黏度等。对于纺织厂来说,最重要的指标是 pH 值和黏度。pH 值一般应在 5～8,若 pH 值太低,黏度稳定性会更差,且不利于长期存放。黏度值太低,淀粉在浆槽中容易老化凝冻。

(2)聚乙烯醇(PVA)检测主要指标有水分、醇解度、聚合度、pH 值、黏度(4% 浓度,20 ℃,NDJ-79 旋转黏度计)。由于 PVA 的特性指标检测太复杂,一般纺织厂都不检测,但可以通过测水分及黏度来控制质量。

(3)丙烯酸类浆料检测:丙烯酸类浆料由于生产单体成分较为复杂,一般很难检测,因此对此类浆料纺织厂只能简单地进行检测。

2. 浆纱质量性能检测

(1)浆液含固率:浆纱过程中常常需要知道浆液的含固率,纺织厂通常习惯用折光计(量糖仪)来测定。折光计是糖厂用来检测糖液浓度的仪器,其原理是用蔗糖溶液中物质还原糖的折光率的数值来反应出糖液浓度。对于其他的物质,还原糖的折光率是不同的,因此需要校正。而浆料的成分往往较复杂,用折光计测定的结果与实际含固率偏差较大,不同厂家的数据可比性不强。一般用计算法估算浆液含固率较简单、准确、实用。

(2)上浆率测试:上浆率是经纱上浆过程中最重要的指标,也是工艺计算的核心内容之一,上浆率测试数据的及时、准确、全面,对控制生产过程、调整工艺参数与配方以及指导生产具有重大意义。

纺织企业现采用浆轴称重法和退浆法来测试上浆率。由于浆轴称重法求得的是平均上浆率且数据粗略、可靠性差,只能制定轴重的上下限,对超出偏差范围的数据进行反馈以作为工艺控制的参照,退浆法测试数据较准确。

(3)回潮率测试:浆纱所含的水分对浆纱干重之比的百分率称为浆纱回潮率。浆纱回潮率过大,会引起浆膜发黏,浆纱易粘连,织造开口不清,产生"三跳"疵点,影响产品质量;浆纱回潮率过小,浆膜粗糙、脆硬,易产生断头。

浆纱回潮率的测试是将浆纱湿度变化的物理量转换成直接读数的新变量,有电阻法、电容法、微波法、红外线法,也可用称重法测定回潮率。

(4)伸长率测试:经纱在上浆过程中受到张力和伸长控制在适当的范围内,通常纯棉纱和涤棉纱的上浆伸长率控制在 1%～0.5%;黏纤允许较大伸长率,控制在 3.5% 以内。这样可避免纱线在织机上松弛,并能使纱线保持足够的弹性。

常用两种方法检查浆纱伸长率。一种是测定仪法,在浆纱机运转时用伸长率测定仪实际测量;一种是计算法,浆纱机每浆完一缸浆轴,在了机时根据实际长度进行计算,而不以重量折合长度计算。了机时各轴上残余的白回丝因长度不等而不便测量长度,故可称重折合成长度计算。

(四) 浆料的发展

浆料的发展总是随着纺织业的发展而不断发展,如织布机车速的提高、新型纤维的使用和新品种的出现等。同时也随着人们对浆纱技术的理解、新型浆料的产生而更趋成熟。低成本、单组分、节能环保将是今后浆料发展的方向。具体可体现在以下三个方面:

1. 浆纱工艺的应用研究

浆纱过程的在线检测,利用当前电子、计算机等新技术快速准确地提供浆纱机上的参数及浆纱性能数据;对浆纱基本要素进行深入研究而得出浆纱过程中所有环节最佳状态;近期预湿上浆的应用推广也引起了关注。

2. 浆料新技术的研究

利用基因工程的成果从原材料上改善浆料的性能,已在发达国家开始运用,此外还有新型黏合剂的开发及纳米浆料的研究发展。

3. 浆料的环保研究

为适应当前环保的要求,少用或不用 PVA、新型环保浆料的应用、浆料回收技术的应用和浆料污水处理技术的研究都将是今后所要不断探讨的课题。

思考题

1. 靛蓝染料具有哪些染色特征?
2. 靛蓝染料染色的四个步骤是什么?
3. 什么是氧化-还原电位? 靛蓝染料为什么要进行预还原?
4. 靛蓝染色有哪些优缺点?
5. 什么叫半还原时间? 影响靛蓝还原速率的因素有哪些?
6. 写出轴经多槽染浆联合机的工艺流程。
7. 清水开缸时加入食盐的作用是什么?
8. 说出球经染色生产线的优缺点。
9. 牛仔布常用浆料有哪些?
10. 说出牛仔布浆纱工艺的确定原则。
11. 造成浆纱疵点主要有哪些原因?

05 模块五
牛仔布的织造

教学导航 ∨

知识目标	1. 了解牛仔布的风格特征； 2. 设计牛仔布的织造工艺参数； 3. 熟悉牛仔布各类织疵，能分析常见织疵形成的主要原因。
知识难点	牛仔布织造生产的各类织疵，织疵形成的主要原因。
推荐教学方式	案例切入、任务驱动、引导讨论答疑。
建议学时	4 学时
推荐学习方法	1. 教材、教学课件、工作任务单； 2. 网络教学资源、视频教学资料。
技能目标	1. 能分辨牛仔布的风格特征； 2. 能合理设定牛仔布织造工艺参数； 3. 能分析织造工艺参数对牛仔布生产的影响； 4. 能区分牛仔布各类织疵，分析常见织疵形成的主要原因。
素质目标	1. 培养学生分析问题、解决问题的能力； 2. 培养学生自主学习的能力； 3. 培养学生实事求是、工匠精神、创新精神、团队合作等。

思维导图 ∨

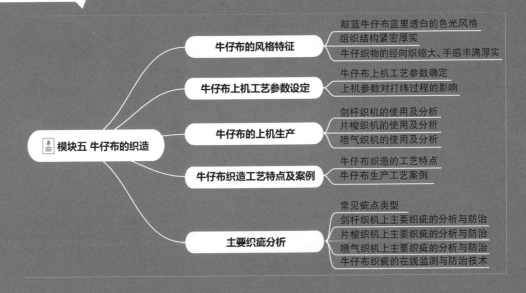

单元 5.1　牛仔布的风格特征

牛仔布是织造难度较高的一种织物,这主要由其风格特征决定。牛仔布的风格特征表现在下列几个方面:

一、靛蓝牛仔布蓝里透白的色光风格

牛仔布所具有的蓝里透白的色光风格,是由于靛蓝染色的经纱与本色纬纱交织,通过特定的组织结构与特定的组织结构参数(如高结构相),在布面上形成由色经与白纬浮点按一定比例分布而达到的效果。影响这种风格特征的因素有以下两种:

(一)织物组织结构参数

如经纬纱线密度、织物密度及组织等的变化,都会使这种色经、白纬浮点构成的比例变化,从而影响牛仔织物布面的风格特征。

常规牛仔布有轻型、中型、重型之分,三种类型的牛仔布使用纱支与经纬密度不同。使用纱支越粗、经纬密度越高的织物,因其织物总紧度高,经、纬浮点差异比例大,白浮点较明显些。大多数牛仔布用靛蓝色经纱与本白纬纱采用三上一下斜纹组织交织而成,正面经纱浮出多,因而正面色深,反面色浅。随着织造技术的进步和创新,已有破斜纹、凸条组织、彩条彩格组织、小提花、大提花等组织的牛仔布和采用不同原料、不同颜色、不同纱特的经、纬纱配合生产的花色牛仔布。

(二)织造条件

牛仔属于较厚实、紧密型织物,织造时需要合理配置经纱上机张力、经位置线及开口时间等工艺参数。一般采用大张力织造以满足牛仔织物强打纬要求;采用较高后梁工艺以增加经纱的上下层张力差异,增加经纱在织物中的屈曲波高,有利于扣紧纬纱和获得丰满厚实的结构;开口时间(综平时间)的迟早应根据打纬时的梭口高度及打纬瞬间织口处经纱张力大小作调整。

二、组织结构紧密厚实

织物的紧密程度对织物身骨、手感、风格影响较大。织物的紧密程度用织物的紧度来表示,织物的紧度有经向紧度 $E_j(\%)$、纬向紧度 $E_w(\%)$ 和织物总紧度 $E(\%)$,其意义是指织物中的经纱或纬纱覆盖面积或经纬纱总的覆盖面积对织物全部面积的比值(%),分别用下式计算:

织物的经向紧度　　　　　　$E_j(\%) = 0.037 P_j \times \sqrt{Tt_j}$

织物的纬向紧度　　　　　　$E_w(\%) = 0.037 P_w \times \sqrt{Tt_w}$

织物的总紧度　　　　　　　$E(\%) = E_j + E_w - \dfrac{E_j \times E_w}{100}$

式中: P_j ——织物的经向密度(根/10 cm); P_w ——织物的纬向密度(根/10 cm); Tt_j ——经纱线密度(tex); Tt_w ——纬纱线密度(tex)。

织物组织相同时,织物紧度越大,织物就越紧密,纬纱越不易打紧,织造时难度就越大。牛

仔布织物的最大特点就是经纬纱粗、紧度大、质地厚实，尤其是中、重型牛仔布。表5-1是几种中、重型牛仔布的织物紧度情况。

表 5-1 几种中、重型牛仔布织物紧度

序号	经纬纱细度	经纬密度	成品面密度		织物紧度（%）			备注
	tex(英支)	根/10 cm(根/英寸)	g/m^2	oz/yd^2	经向	纬向	总紧度	
1	84×97(7×6)	283.5×196.5(72×50)	508.6	15.0	95.56	71.61	98.74	重型
2	84×97(7×6)	283.5×196.5(72×50)	500.1	14.75	92.87	71.61	97.98	
3	84×97(7×6)	271.5×192.5(69×49)	491.6	14.5	91.52	70.15	97.47	
4	84×84(7×7)	283.5×173(72×44)	474.7	14.0	95.56	58.32	98.15	
5	84×84(7×7)	275.5×181(70×46)	457.7	13.5	92.87	61.01	97.22	
6	58×58(10×7)	307×181(78×46)	398.4	11.75	86.51	61.01	94.74	中型
7	58×58(10×10)	307×220(78×56)	356.0	10.5	86.51	61.99	94.87	

从表中可看出，中、重型牛仔织物的总紧度都极高（94%以上），而紧度同样很大的纱卡其织物（$\frac{3}{1}$斜纹组织），其经向紧度也只是在80%以上、纬向紧度在45%以上，总紧度在85%以上。由此可见牛仔织物织造的难度较大。

三、牛仔织物的经向织缩大、结构相高

织物的丰满程度与织物中纱线的弯曲程度有关。纱线弯曲情况可用弯曲波峰表示，而经纬纱的弯曲波峰可用织物中经纬纱线的屈曲波高 h_j 和 h_w 表示。如图 5-1 所示，经、纬纱线的屈曲波高指织物内经、纬纱屈曲的波峰和波谷之间垂直于布面方向的距离。

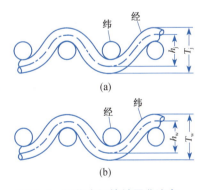

图 5-1 织物中经纬纱屈曲波高

织物的丰满手感体现在布面的厚实，与织物的厚度有关。织物的厚度是指正反两个支持表面之间的距离，用 T 表示。假设织物经纬纱的直径 $d_j=d_w=d$，则织物的厚度在 $2d\sim 3d$ 之间。经纬纱线直径 d 决定了织物的厚度 T。轻薄型织物的经纬纱线细，直径小，织物厚度小；厚重型织物的经纬纱线粗，直径大，织物厚度大，如表 5-2 所示。在纱线直径相同的情况下，织物的厚度 T 与纱线屈曲波高相关。经纬纱的屈曲波高大，织物的厚度大，如图 5-2 所示，(a)中经纱弯曲度大于(b)中经纱弯曲度，(a)中经纱的屈曲波高大，织物厚度 T 也大。牛仔布就是通过增加经纱的屈曲波高来增加织物的厚度，获得丰满厚实的结构。

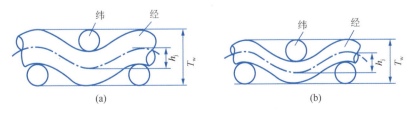

图 5-2 织物中不同经纱屈曲波高

表 5-2　各类织物的厚度　　　　　　　　　　　　　　　　　　　（单位：mm）

织物厚度类型	棉与棉型化学纤维织物	丝与丝型化学纤锥织物	毛与毛型化学纤维精梳织物	毛与毛型化学纤维粗梳织物
轻薄型	<0.24	<0.14	<0.40	<1.10
中厚型	0.24～0.40	0.14～0.28	0.40～0.60	1.10～1.60
厚重型	>0.40	>0.28	>0.60	>1.60

织物中经纱纬纱的交织是相互的,经纬纱弯曲相互影响,图 5-3 为牛仔布的经纬纱的屈曲波高示意图,图中 1—纬纱弯曲小,2—经纱弯曲大,以达到增加经纱的屈曲波高,来获得丰满厚实的结构和布面特有的风格。

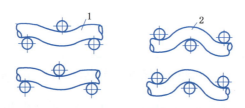

图 5-3　牛仔布织物经纬纱屈曲波高
1—纬纱　2—经纱

经纱的屈曲波高(h_j)大,需要有较大的经纱密度,织物的经向织缩率大,经向断裂伸长大。牛仔布的经向织缩率高达 13%。牛仔布通过增加经纱的屈曲波高来获得丰满厚实的结构和布面特有的风格,为实现这一风格,对织机提出了很高的要求。

单元 5.2　牛仔布上机工艺参数设定

一、牛仔布上机工艺参数确定

(一)开口时间

开口时间是织造牛仔布时的主要工艺参数之一,它直接影响着牛仔布的布面风格。早开口时,打纬时织口处的梭口角大,经纱对纬纱的抱合角大,见图 5-4(a),有利于把纬纱打紧,使牛仔布紧密厚实,布面平整;迟开口时,打纬时织口处梭口角小,见图 5-4(b),经纱对纬纱的抱合角小,不利于构成紧密织物。所以牛仔布在织造时应采用早开口工艺。

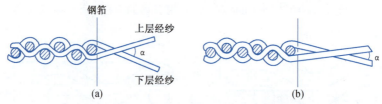

图 5-4　开口时间对织物外观效应影响

采用早开口工艺,打纬后纬纱不易反拨后退,有利于把纬纱打紧,形成牛仔紧密织物的风格。

(二)后梁位置

牛仔布属紧密织物,织造时采用不等张力梭口较合适,此时上下层经纱张力有差异,纬纱较易织入织口,减小打纬阻力。但后梁不能过高,否则上层经纱张力过于松弛,梭口不清,而下层经纱张力过大,引起跳花、跳纱断头等疵点。研究表明,经纱张力峰值应控制在小于经纱平均断裂强度的25%,这样可能有效地降低经纱断头。

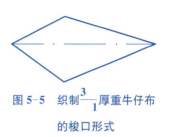

图5-5　织制$\frac{3}{1}$厚重牛仔布的梭口形式

某厂在剑杆织机上织制$\frac{3}{1}$厚重牛仔布时,为了改善打纬条件和提高经面效应,采用了如图5-5所示的梭口形式,结果开口时由于下层经纱张力过大,经纱断头大量上升,使得效率下降。后梁位置的高低还应考虑织物的外观要求。

经位置线宜采用较高后梁工艺,目的是增加经纱的上下层张力差异,增加经纱在织物中的屈曲波高,有利于扣紧纬纱和获得丰满厚实的结构。

(三)经纱上机张力

上机张力是综平时经纱的静态张力,适当的上机张力是开清梭口、打紧纬纱、形成织物的必要条件,对织造过程和织物内外在质量的影响是多方面的。

一般来说,织制斜纹、缎纹类织物时,由于织物的外观要求,应选用较小的上机张力;但牛仔布织物紧密厚实,为开清梭口和打紧纬纱,上机张力应适当加大。大的上机张力在织造时能显著减小打纬区,扣紧纬纱,减少纬纱的反拨和织口游动,较好满足织物较大的经纬密要求。

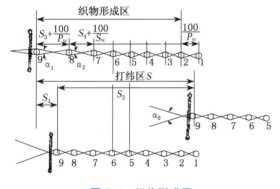

图5-6　织物形成区

二、上机参数对打纬过程的影响

(一)打纬开始时难织的原因

织机上的纬纱不是经过一次打纬就能形成织物的,打纬时新纬纱与前一根纬纱间距远大于$100/P$,这种现象一直要持续到若干根纬纱处,相邻的纬纱间距才等于$100/P$。这一区间被称为织物形成区,见图5-6。

为了获得规定的上机纬密,新纬密度及织物形成区内的纬纱都必须要有相对移动,要产生这种相对移动,筘座必须要克服相当大的阻力。这种阻力包括经纱对纬纱的摩擦阻力和经纱对纬纱的弹性阻力。经纬纱粗、张力大时纱线不易屈曲,这种作用将更加明显。

(二)打纬过程中难织的原因分析

牛仔布经纱的屈曲波高大,纬纱的屈曲波高小,为获得丰满厚实的结构和布面风格,要求新纬纱与织口前的几根纬纱一起做相对移动,加大了织造难度。

经纱上机张力一般采用大张力织造,满足牛仔织物强打纬要求,因为采用大的上机张力织造时,能显著地减少打纬区($S=S_1+S_2$),扣紧纬纱,减少纬纱的反拨及织口游动。

（三）织造中打纬力的分析

为了使打入织品的纬纱能沿经纱作相对移动以获得需要的机上密度，钢筘要克服打纬阻力。实验结果表明：在打纬过程中，斜纹组织的经纱张力明显比缎纹组织大，所以织造时经纱断头率增加。一些较刚硬的纱线不易织入织物，而为了获得牛仔布的外观效果，要求纬纱挺直而不屈曲，这就给织造带来了困难。

牛仔布属于厚重织物，打纬力较大，如果打纬机构刚性不够，就会造成纬纱打不紧，出现织造瑕疵。

对于中薄型牛仔布的打纬，通过增加短筘座脚的数量来满足使用要求，但对于粗支高密牛仔布除了增加筘座脚数量外，还通过增加厚度来提高筘座强度和刚度。

单元 5.3　牛仔布的上机生产

目前生产牛仔布大都采用无梭织机。无梭织机大量采用机电一体化技术，采用多种自动调节、电子控制装置等，能有效减少织造时的疵点，加上无梭织机引纬速度高，大卷装混纬供纬，大大降低了纬向疵点的产生；利用共轭凸轮固定钢筘打纬，保证了打纬力，从而能满足各种类型及档次的牛仔布制织。无梭织机的力学性能、织造性能大大提高，使牛仔布的产品质量更有保证。

用于织造牛仔布的无梭织机有剑杆、片梭、喷气织机，图5-7、图5-8、图5-9所示分别为剑杆引纬、片梭引纬及喷气引纬。

5-1 机织生产流程—虚拟仿真

5-2 剑杆织机—传剑引纬—虚拟仿真

5-3 剑杆织机—定鼓储纬—虚拟仿真

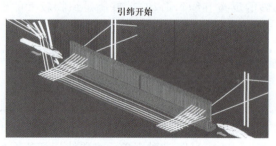

图 5-7　剑杆引纬

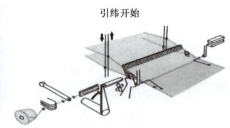

图 5-8　片梭引纬

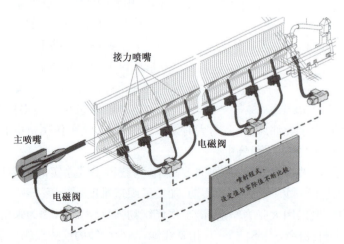

图 5-9　喷气引纬

　　片梭织机的纬纱由片梭夹持进入梭口。由于梭尺寸小，梭口高度可以小，开口运动时间少，从而可获得高的入纬率。剑杆织机的纬纱由右剑头引至梭口中央传递入左剑头，并由左剑头引至左布边完成引纬。喷气织机的纬纱由喷射气流引入梭口。引纬介质（空气）很轻，所以织机的速度可以极高；纬纱从筒子上以确定长度连续退绕后，由主喷嘴首先加速，辅助喷嘴协助使纬纱穿过整个梭口。

（一）剑杆织机的使用及分析

　　剑杆织机的发展速度很快，正朝着阔幅、高速、全自动化程度方向发展。在牛仔布厂使用的剑杆织机主要有：比利时毕加诺（PLICANOL）公司GTM 型，意大利斯密特（SMIT）公司的 TP500 型和索麦（SOMET）公司的 SM93 型，日本丰田（TOYOTA）株式会社的 LT-102 型，中国台湾 KR566 型，瑞士 SULER RUTI 生产的剑杆织机等。

图 5-10　国产新龙剑杆织机外形

　　国产剑杆织机如新龙剑杆织机、KT566 机型、GA系列等，其中 KT566 机型与苏州必佳乐机型是相同的配置，相同的组件供应商，但性价比要高；"经典"机型与比利时必佳乐 Garmma、天马配置相近，而售价远远低于进口织机。图 5-10 是国产新龙剑杆织机外形图。

1. 剑杆织机织牛仔布时的特点

　　（1）采用共轭凸轮打纬机构：图 5-11 是剑杆织机上共轭凸打纬机构示意图。共轭凸轮 2 由主轴 1 带动，并带动转子 3 通过连杆使筘座 4 前后摆动，筘麻 4 上的钢筘 5 完成打纬。筘座打纬时的加速度可以根据要求确定，牛仔布属厚重织物，织造时需较大的打纬力，因此采用共轭凸轮，打纬力可达到 9.8 N/cm 以上。

　　（2）采用电子送经机构：新型电子送经机构中，通过探测经纱张力和经轴直径的变化保持稳定的送经量。图 5-12 为 GTM 型织机上的电子送经机构示意图，从图中可看出，当经纱张力波动时，后梁 2 的托架 1 绕 0 点摆动，带动托架下方的铁片 4、5 摆动。当经纱张力波动量超出范围时，铁片 4 或 5 会遮住传感器 6，使电路导通触发可控硅，送经电动机回转织轴送出经纱。当经纱张力过大超出范围时，铁片 5 遮盖住传感器 7，控制电路导通使织机停车；当经纱张力过小时，铁片 4 盖住传感器 7，织机停车。图中 3 为弹簧，8 为阻尼器。

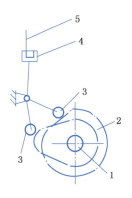

图 5-11　剑杆织机上共轭凸轮打纬机构

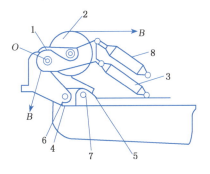

图 5-12　GTM 型织机电子送经机构

牛仔布属高紧度织物，织造时应装上阻尼器8，以满足大张力的要求。电子送经机构可根据织物的特点和要求自动调节经纱张力，能有效避免和减少稀密路疵点。

（3）断经、断纬定位自停：各种剑杆织机上大都设有断经、断纬定位自停装置，当经纱或纬纱断头时，织机能实现定位自停，这一功能对减少稀密路疵点具有明显效果。

2. 剑杆织机工艺参数的配置

表5-3所示是部分牛仔布产品在几种剑杆织机上织造时的工艺配置，表5-4所示是剑杆织机织造氨纶弹力牛仔布时的工艺配置。

表 5-3　剑杆机织造牛仔布的工艺配置

项 目		单位	剑杆织机			
			GTM	LT102-180	TP500	KR566
坯布规格	纱线细度	tex(英支)	84×97(7×6)	84×97(7×6)	84×97(7×6)	49×49(12×12)
	经纬密度	根/10cm	260×173.4	260×173.4	271.8×165.5	299×157.5
	总经数	根	4 164	4 164	4 272	4 830
	成品面密度	g/m²	500.1(14.75)	500(14.75)	491.6(14.75)	271.2(8)
织造工艺	车速	r/min	350	210	350	365
	开口时间	(°)	300	280	165	315
	后梁高度	mm	+8.5	+50	+45	70
	停经架高度	mm	+5	—	+12	80
	剑头交接时间	(°)	180	180	35	—
备注	停经架高度、后梁高度系相对织口为基准的高度开口、剑头交接时间系织机主轴刻盘角度数					

5-4 剑杆织机—机械多臂开口原理—虚拟仿真

双后梁与双侧共轭凸轮打纬可保证布面丰满、手感好、有光泽，特别在重磅牛仔布的织造中更有优势；小开口、短流程、短箭座脚打纬有利于高速织造；打纬力大可保证布面紧密、纹路清晰；超启动马达保证机台半圈之内达到正常转速，能打紧第一纬且减少开车档；定位停车和自动寻纬功能有利于减少纬向疵点和减少开车档。

5-5 剑杆织机—四连杆打纬原理—虚拟仿真

表 5-4　剑杆织机织造氨纶弹力牛仔布的工艺配置

项 目			单 位	
坯布规格	纱线线密度	经纱	tex	R/C58.8 tex
		纬纱		36.4/70D
	经纬密度		根/10 cm	334.6/197
	幅宽		cm	125
	总经数		根	4 183
织造工艺	车速		r/min	335
	开口时间		(°)	地组织300，绞边296
	后梁高度		mm	+21.5
	梭口高度		mm	31
	剑头交接时间		(°)	180
备 注	停经架高度、后梁高度系相对织口为基准的高度开口、剑头交接时间系织机主轴刻盘角度数			

5-6 剑杆织机—蜗轮蜗杆卷取—虚拟仿真

(二)片梭织机的使用及分析

1. 片梭织机的使用情况

牛仔企业使用的片梭织机主要是瑞士苏尔泽·鲁蒂(SULZER RUTI)公司的 P7100 型和 PU130 型,一些企业也采用 P7200、P7300 型片梭织机生产牛仔布。图 5-13 所示为 P7300 型片梭织机,织机幅宽 360 cm,具有踏盘开口装置、双织轴,配有混纬器、经纱张力器。

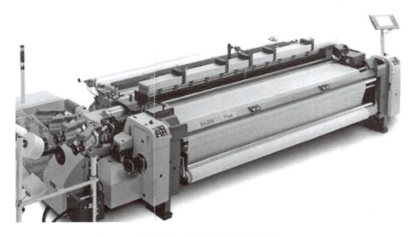

图 5-13　P7300 型片梭织机

2. 片梭织机织造牛仔布时的特点

(1)采用混纬供纬,大大降低了纬向疵点的产生。图 5-14 所示为片梭织机上使用的 MW2 型混纬装置。

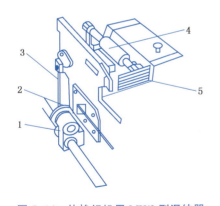

图 5-14　片梭织机用 MW2 型混纬器

1,2—齿轮　3—连杆　4—弹簧缓冲件　5—选色器

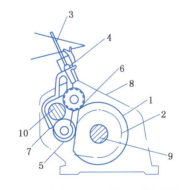

图 5-15　片梭织机上共轭凸轮打纬机构

1,2—共轭齿轮　3—筘　4—筘座　5,6—转子
7—转子臂　8—泊箱　9—主轴(凸轮轴)　10—摇轴

5-7 片梭引纬—虚拟仿真

5-8 共轭凸轮打纬—虚拟仿真

(2)采用共轭凸轮固定钢筘打纬机构,确保打纬力,满足各种类型及档次牛仔布的织制。图 5-15 为 PU 片梭织机共轭凸轮打纬机构示意图。

(3)采用寻断纬机构,避免值车工操作失误而造成的开车稀路疵点。片梭织机上经纱断头后,转动操作手柄可使开口、卷取及送经机构从传动系统中脱开,经操作手柄使综框升降变换,找出并拆除织口中的纬纱,投入新的纬纱后开车。

（4）采用电子控制送经机构，保证从满轴到空轴经纱张力始终保持一致。片梭织机上采用无接触传感器检测经纱张力，经纱张力变化由电动机驱动，通过对开车位置的设定，在接好的经纱或纬纱断头后自动调整经纱的张力，开车横档被控制到最低限度。电子控制送经机构极少需要维护，方便了操作，对保证织物质量有积极作用。

3. 片梭织机机上工艺参数的配置

表5-5所示为某产品在片梭织机上织造时的工艺参数配置。

表5-5　片梭织机织造牛仔布的工艺配置

项　目		单　位	双幅片梭织机 PU130
坯布规格	纱线细度	tex(英支)	84×97(7×6)
	经纬密度	根/10 cm	271.86×165.5
	幅宽	cm	152.4
	总经数	根	4 272
	成品面密度	g/cm² 或 (oz/yd²)	491.6(14.5)
织造工艺	车速	r/min	280
	开口时间	(°)	15
	托布板高度	mm	52
	后梁高度	mm	4
	停经架高度	mm	10
	投梭时间	(°)	120
	投梭动程	(°)	27
备　注	停经架高度、后梁高度系相对织口为基准的高度 投梭时间及投梭动程系织机主轴刻度盘角度数		

图5-16　丰田(TOYOTA)JAT500型喷气织机

（三）喷气织机的使用及分析

目前牛仔布厂使用的喷气织机有比利时Picanol（必佳乐）、日产津田驹 ZA205i-190 型、丰田（TOYOTA）JAT500 型及 SULZER Textile（苏尔寿）生产的喷气织机等。图5-16所示是丰田 JAT500 的喷气织机。

1. 现代喷气织机织造牛仔布时的特点

（1）国产喷气织机的机电一体化水平有所提高，普遍采用了电子送经、电子卷取、电子贮纬、电子剪刀、电子织边、电子纬纱张力器等技术，开发设计了人性化的触摸式人机界面、人工智能电控系统。现代喷气织机上设有一气动装置，在开车的瞬间该气动装置能抬高后梁位置，达到上述目的，织造几纬后后梁会逐渐复位。

（2）喷气织机的喷嘴喷射气流的动作逐渐采用电磁阀控制完成，主喷嘴也已由单喷嘴改为双喷嘴以及多喷嘴，相对于一定的引纬率、织机转速，多喷嘴上电磁阀开闭运动的频率可以相应降低。

（3）开车瞬时织口位置可自动调整。织机停车后，织物与纱线之间的纱布张力差会使织口移动。随着停车时间的延长，织口游动量也越大。开车前如不调整织口的位置，便会产生稀密路疵点。对不同产品，通过实验可找出织口游动量与停车时间的关系，并将其输入计算机键盘，重新开车时织机会反向移动织口，使织口恢复到原来位置。

（4）纬断头自动处理装置：现代织机上配备了纬纱断头自动处理装置，断头后，织机能在短时间内及时自动处理断纬。据统计分析，在喷气织机上断纬通常发生在三个区域：一是断头发生在筒子与储器之间，此种情况约占断纬总数的25％；二是断头发生在储器与主喷嘴之间，此种情况也约占断纬总数25％；三是纬纱出主喷嘴之后的断头，此种情况约占断头总数的50％。对发生在上述三个区域断纬的处理方法已有比较深入的研究，尤以对发生在主喷嘴之后的断头处理方法研究得更为成熟。

断纬处理的几种方法如图5-17所示：

图（a）表示纬纱断头后，喷纬侧的剪刀不剪断纬纱，自动停车后找到活头，主喷嘴喷出一根纬纱（即牵引纱），布边两侧的剪刀剪断纬纱，织机进入正常运转状态；图（b）表示断纬后，喷嘴侧剪刀剪断纬纱，织机自动停车，倒转找到活头，由一只小吸嘴将纱尖吸入，再由吸嘴上面的一对转动着的罗拉将纬纱拉出梭口，织机自动调节织口位置，喷纬正常运转；图（c）的工作原理与图（b）相似，断纬由夹纱钳夹持后送至卷纱罗拉，再引离梭口。

图5-17　喷气织机上断纬自动处理过程

（5）卷取装置：现代喷气织机上的卷取运动与开口运动同步进行，这样的寻纬过程中向前或向后慢速运动时，去掉的纬纱都能自动得到补偿，这样就防止了开车痕的产生。

2. 喷气织机上机工艺参数的配置

表5-6所示为喷气织机在织造牛仔布时工艺的配置。

5-9 喷气引纬—虚拟仿真

表5-6　津田驹喷气织机织造牛仔布的工艺配置

品种	幅宽	cm	147（弹力）	157.5（弹力）	130	169（弹力）	163
	经纱×纬纱 经密×纬密	tex 根/10cm	C84×CSY38 248×157	C74×CSY36.4 252×157	C84×C92 254×169	C92×CSY72.9 232×150	C84×C92 252×165
机型			ZA200-170 W 凸轮，开式储纬	ZA200-170 W 凸轮，开式储纬	ZA200-170 W 凸轮，开式储纬	ZA200-190 W 凸轮，开式储纬	ZA200-170 W 凸轮，开式储纬
开口时间		(°)	285	285	295	278	280
夹纱器开放时间		(°)	100～240	95～240	90～240	70～240	—
主喷供气时间		(°)	100～240	85～210	85～240	60～225	75～175
辅喷嘴偏角		(°)	2	3	4	4	2.5
第一组喷供气时间		(°)	110～190	110～176	90～177	70～120	90～160
第二组喷供气时间		(°)	142～203	150～215	145～258	105～153	120～180
第三组喷供气时间		(°)	171～234	170～245	180～265	135～190	140～200
第四组喷供气时间		(°)	185～265	190～266	206～272	155～255	160～200
第五组喷供气时间		(°)	—	215～283	—	200～300	185～255

续　表

机型		ZA200-170 W 凸轮,开式储纬	ZA200-170 W 凸轮,开式储纬	ZA200-170 W 凸轮,开式储纬	ZA200-190 W 凸轮,开式储纬	ZA200-170 W 凸轮,开式储纬
探纬时间	(°)	—	295	—	—	290
割纬剪刀闭合时间	(°)	15	—	—	—	20
割纬吹气终了时间	(°)	10～55	常时	—	325～10	40
送经弹簧直经	mm	9.0	8.0	8.0	10.0	9.0
主喷设定压力	Pa	$1.7×10^5$	$2.8×10^5$	$1.8×10^5$	$2.2×10^5$	$3.6×10^5$
辅喷设定压力	Pa	$2.9×10^5$	$3.6×10^5$	$4.2×10^5$	$3.2×10^5$	$3.5×10^5$
割纬吹气压力	Pa	$0.4×10^5$	$2.6×10^5$	$1.2×10^5$	$2.2×10^5$	—
开式储纬压力	Pa	$0.9×10^5$	$2.6×10^5$	$1.2×10^5$	$2.2×10^5$	—
最前方时间	(°)	—	—	—	—	95
反冲置压力	Pa	2	2	—	—	$3.0×10^5$
织机转速	r/min	400	505	460	402	400

单元5.4　牛仔布织造工艺特点及案例

牛仔布除具有风格粗犷、穿着舒适的特点外,经过几年的发展,其品种结构发生了很大的变化。近年来的竹节牛仔布、弹力牛仔布、麻棉牛仔布、纬长丝牛仔布等有了很大的发展。

一、牛仔布织造的工艺特点

1. 一般牛仔布织造工艺特点

由于牛仔布与一般纯棉布不同,纱支粗,经纬密度虽小,但织物紧度大,所需上机张力大,打纬力度大,一般采用高后梁、早开口(300°～310°)的织造工艺,而且 $\frac{3}{1}$ 品种比 $\frac{1}{1}$ 平纹后梁能提高的幅度更大,在考虑减少织物布面游纱、降低开车痕迹的前提下,尽可能提高后梁高度,所以在具体制定的织造工艺过程中,后梁高度: $\frac{3}{1}$ 品种高于 $\frac{2}{1}$, $\frac{2}{1}$ 品种高于 $\frac{1}{1}$,特点与传统的工艺设计有所不同,花型高密织物考虑开口清晰度,在上述基础上适当降低后梁高度。在织机开口机构选型也要适当,由于牛仔布上机张力很大,又是强打纬,打纬近织口时,经纱受冲击的负荷较大,从而带来综框负荷特大。一般不宜采用半积极式弹簧回综机构,否则在打纬时综框会随打纬织口前移而向下抖动,这对于开车痕很不利,所以至少要选用积极式共轭凸轮开口机构。

2. 麻棉牛仔布织造工艺特点

麻棉牛仔布由于麻棉纱有断裂强度小,纱细节处易断裂的缺点,一般采用拉长后梭口长度以缓解经纱开口时的冲击伸长以及适当加大后梁摆动量的工艺特点,同时提高车间相对湿度以降低经纱断头率,即让后梭口长度尽可能长,一般以500～550 mm为宜,因过长不易于值车工操作,一般相对湿度控制在80%左右,后梁摇摆10 mm左右。

3. 竹节牛仔布织造工艺特点

目前竹节牛仔布在市场上较为流行,由于一般为色经白纬交织,从坯布上看其竹节的显现是通过经向竹节托起纬纱的纬浮点突显,又因为布机上前页综和后页综之间到织口存在着距离上的差异,因而产生前后综经纱与纬纱交织上的压力差异,前综大、后综小对于竹节点突显效果存在差异。经竹节纱与普通经纱并用时,竹节纱穿于前综竹节效果明显,反之则不明显,即穿于前综的竹节纱更容易突出纬浮点而衬托竹节效果。同样的原理,给竹节纱投纬也讲究,一般情况下,选择前综在下时投引竹节纬纱,交织时通过前综的大交织压力使竹节纬浮点更加显露表面。而实际的竹节效果可根据客户来样有意选择投纬和穿综方法,以满足客户的要求。

4. 弹力牛仔布织造工艺特点

与普通的牛仔布相比,纬向氨纶弹力牛仔布生产的难度较高,突出问题是成布质量指标难以控制,门幅变化大,缩水率难以控制,纬向弹力差异大。在织造工艺上,应将开口时间尽可能地提早、梭口高度适当降低,并适当推迟纬纱释放时间,以减少"纬缩"和"边百脚"等织疵产生。

5. 牛仔布织造工艺发展特点

从目前市场流行趋势来看,牛仔布经后整理呈现各种各样深受消费者喜爱的风格,牛仔织造工艺不仅要依据经纬纱条件来确定,还要与后整理的效果相结合。

二、牛仔布生产工艺案例

1. 轻型牛仔布生产工艺案例

(1)织物规格:经纬纱线密度 36.4 tex,经纬密度 299 根/10 cm×157 根/10 cm,面密度 161.9 g/m²,经纬向紧度 66.7%×35%,总紧度 78.4%,织物组织 $\frac{2}{1}\nearrow$,幅宽 158.8 cm,总经根数 4 680。

(2)工艺流程

经纱:转杯纱(平筒)→络筒(1332MD)→整经→浆染(YD-120)→穿经(G177-160)或结经(日本丰田 S 型)→织造;

经纱染色:经轴(10 个轴)→润湿处理→染色氧化(重复 5 次)→水洗(3 道);

纬纱:转杯纱(平筒);

经纬纱织造→验布→折布→打包入库。

(3)织造工艺:车速 193 r/min;纱罗边开口时间:左 255°,右 305°;入剑时间:左 70°±1°,右 84°±1°;交接时间 180°;打纬时间 0°;后梁高度−35 mm(仍为高后梁);停经架前后尺寸 260 mm(距第三页综);地组织开口时间 295°。

(4)生产质量控制:工艺属于早开口,开口早则打纬时梭口高度大,经纱对纬纱包围角大,布面丰满平整,组织紧密厚实;若迟开口,打纬时梭口高度小,经纱张力小,不易打紧纬纱,布面平整度差。严重时织口游动过多,影响织造顺利进行。因此,早开口有利于打纬及获得匀整、厚实的匀深直的外观效果。

2. 重型牛仔布生产工艺案例

(1)织物规格:用棉/黏/涤(40∶30∶30),经纬纱线密度 83 tex×83 tex,经纬密度 267.5 根/10 cm×157 根/10 cm,经纬向紧度 90.1%×52.9%,面密度 450.5 g/m²,织物厚度为 0.54 mm。该厚重牛仔织物坚牢耐磨富有弹性及透气性。

（2）工艺流程：高速整经→浆染联合→织造→坯布检验→后加工整理。

（3）织造工艺：织物经纱号数粗并为三上一下的破斜纹组织，若采取过迟的综平度，则对钳纬器有较多的挤压，不利于剑杆的快速引纬；若采取过早的综平度，虽可使打入的纬纱紧密而少反拨，但织物纹路不够清晰。故其开口时间以适中为好，选定为315°～320°。

调整该型剑杆织机的开口时间时，以综框平齐左侧送纬剑头在布边 5 cm 处为宜，确保剑杆的有效引纬。梭口高度为 32 mm。

（4）生产质量控制：梭口高度是关键参数，应参照文中所述合宜配置。否则剑杆头受经纱过高摩擦及挤压则将影响剑杆引纬而难于织造。

上述的开口时间、梭口高度、上机张力等配置后，采用适当低的后梁经位置线，可使该牛仔织物布面匀整。采用如上所述织造工艺后，不仅可有效减少"吊经""断经及"松紧边"织疵，使下机一等品率提高约 3%，而且可提高织机效率约 4%。

该织物不宜采用"高温高湿"生产条件以防涤纶热缩扭绞而难于生产。

3. 弹力牛仔布生产工艺案例

可以分为纬向弹力、经向弹力和双向弹力三种，目前市场上开发生产的主要是纬向氨纶弹力牛仔布。

（1）纬弹牛仔布规格（表 5-7）

表 5-7　市场上主要纬弹牛仔布规格

产品代号	成品门幅(cm)	经纬纱线密度(tex)	经纬密度 （根/10 cm）	织物组织	成品面密度 （g/m²）
A	121.9/127	R/C58.5×（C36.4＋PU7.8）	324.6×196.9	$\frac{3}{1}$右斜	339.1
B	109.29/114	JC14.6×2×（C36.4＋PU7.8）	543.36×204.7	$\frac{3}{1}$右斜	305.2
C	124.5/129.5	C83.3×（C28.8×2＋PU15.5）	307.1×149.6	$\frac{3}{1}$右斜	466.2
D	127/l32	C36.4×（C36.4＋PU7.8）	366.1×181.1	$\frac{2}{1}$右斜	254.3

注：① 表中 R/C 为黏/棉，JC 为精梳棉，C 为棉，PU 为氨纶丝。
② 成品门幅一栏中，"/"的前后值为允许的成品门幅变化范围。

（2）工艺流程

经纱：本色筒纱—电子清纱—整经—染色上浆—穿综。

纬纱：氨纶包捻白筒或色筒—电子清纱—定形—染色上芯—织造—验布—防缩整理—定形整理—定等成件—卷筒包装。

（3）主要生产工艺参数

开口时间：地组织 300°，绞边 296°；

布机速度：335 r/min；

综框高度：地组织 160 mm，边组织 130 mm；

后梁高度：21.5 刻度；梭口高度：31 mm（满开）。

（4）质量控制：与普通的牛仔布相比，纬向氨纶弹力牛仔布批量生产的难度较高，布面上极易出现"纬缩"和"边百脚"等织疵。

① 调整织机上机工艺:a)开口时间尽可能地提早,由原来的 306°提早到 296°~300°;b)适当降低梭口高度,由原来的 33 mm 降至 31 mm;c)纬纱释放时间适当推迟;d)适当降低引纬张力,不宜过大亦不宜过小。

② 加强对弹力纱的预处理,弹力纱经过电子清纱器,确保布面质量,同时对弹力纱进行一定的定形处理,以利于织造的顺利进行。

③ 要求挡车工勤查布面,按批、按箱、按只上机使用,不混用,及时发现由于弹力波动而造成织疵的筒子并及时予以更换。

④ 后整理工艺的改进:弹力牛仔布是通过织物后整理获得所需弹性尺寸的稳定及所需织物幅宽,其防缩整理和热定形效果对织物弹性和尺寸的稳定起着非常大的作用。

4. 氨纶包芯弹力竹节牛仔布生产案例

(1)织物规格:包芯弹力竹节以中粗特纱为主,纱线线密度为 29~60 tex,原料以棉、氨纶丝为主;包芯弹力竹节牛仔布则以中型、重型牛仔布为主,薄型规格为辅。

(2)工艺流程

纯棉片纱染色浆纱 ──→ 穿综穿筘
氨纶包芯竹节筒子直接纬纱 ──→ 剑杆织造 ──→ 坯布下机修整 ──→ 烧毛
──→ 上浆拉斜烘干 ──→ 预缩 ──→ 成品布 ──→ 打包

(3)织造主要工艺(哗卡诺机型):

织造速度:330 r/min;

开口时间:305°~315°;

上机张力:1.3 kN;

后梁(双后梁)高度×深度:4 mm×2 mm;

停经架高度:220 mm。

包芯竹节弹力牛仔布的织造在进口 PGM-190 哗卡诺挠性剑杆织机上进行,弹力纱在两侧布边段容易产生纬缩,竹节纱粗细不匀又容易在储纬器中产生送纬引纬不畅等问题,严重影响产质量。

(4)主要生产过程的质量控制:织造重点放在优选上机参数、提高织造效率和布面质量、减少"纬缩""百脚"织疵的生产技术措施等关键问题。采取措施为:

① 采用大张力织造以满足牛仔织物强打纬要求,采用"较高后梁、大上机张力、早开口"工艺确保打紧纬纱和获得丰满厚实织物效果;

② 梭口高度应选择恰当,以减少布面的稀密档,减少经纱断头为宜;

③ 改变废边经纱的开口时间,适当提早废边经纱的开口时间,使之提早与纬纱交织,增加握持力,以控制废边纬纱回弹收缩。为避免卷边,边宽还应适当放大;

④ 增加废边纬纱留量,废边纬纱留量由 4 cm 增加到 5 cm,使绞经对废边纬纱的控制较牢固,预防回弹,减少了弹力纱的滑移,基本上消除了边部纬缩、边百脚织疵,且对锁边—废边段剪切废纬纱无碍;

⑤ 不同纬纱品种,应选择两个以上储纬器。分别调节纬纱张力,以满足多种纬纱交错引纬的需要在织造时,纬纱要有足够、均匀的张力,保证纬纱达到充分的伸长,减少纬缩起圈或断纬、产生纬缩;适当且均匀的张力还可以预防纬纱在绞结时织进布里,产生纬缩,可避免造成布

面起泡泡和布边不良；

⑥ 织机速度比常规牛仔布品种降低 12%～18%，减少布面疵点的产生；车间温湿度要适当，相对湿度以 70%～75% 为宜。

单元 5.5　主要织疵分析

织疵不仅影响产品质量的好坏，也是影响织机生产效率的主要因素。必须对织疵成因进行分析，结合企业生产实践经验概括其一般防治措施。对 3 100 万 m 牛仔布的疵点进行统计分析，结果见表 5-8。

表 5-8　牛仔布疵点统计分析

综合疵点	疵点内容	占总疵点的百分比（%）
横档	稀路、密路、开车痕	38.73
断疵	经缩、断经、松经与紧经及其修痕	3.20
大结头	露于布面的结头，每只 1 分	16.01
纱疵	粗经、粗纬、条干不匀等	31.47

从表 5-8 中可看出横档疵点是牛仔布的第一顽症。不论在有梭织机还是无梭织机上，开车痕疵点都是最多的，只是形成原因不同而已。现代先进的织机上都具有自动寻断纬装置，这种装置虽然不能消除横档疵点，但可以减少横档疵点的产生。

一、常见疵点类型

牛仔布在织造时，常见的织疵还有稀密路、松经、紧经、结头、断经、断纬、纬缩等疵点，其中稀密路、松经、紧经的影响尤为突出。

（一）稀密路疵点

1. 稀痕（稀路）

在布面组织中，两纬之间的距离比设计的距离大，这种开车痕的宽度可能是 2～5 纬，有时也有几厘米宽。其产生的原因：一是停车过程中，经纱产生塑性变形而伸长，织口向档车工一侧前移；二是织机重新启动时的打纬力比正常运转的打纬力小，所以重新开车后的前几纬打不到位，因而产生稀痕。

2. 密痕（密路）

密痕产生的原因：在打纬的瞬间，织口偏离正确的位置而后移（即向经轴的一侧移动），就会产生此种密痕。这种密痕多数在送经、卷取系统工作非正常的情况下才发生（图 5-17）。

织机停台时间过长重新开车，是形成稀密路的主要原因。实践表明，织机停台时间在 3 min 以内时不出现稀密路，5 min 内出现稀密路疵点，10 min 后出现明显稀密路疵点。造成织机停台时间过长的因素很多，如出现停台时，挡车工未能及时处理，导致织口向后位移，开车形成稀密路或开车时打纬力不足、上机张力不够，打纬结束后，织口向后移动，引起稀密路疵点。生产中挡车工应及时处理停台，以预防稀密路疵点的形成。

稀路　　　　　　　　　　　　密路

图 5-17 稀密路疵点

（二）紧经、松经

1. 紧经

单纱紧度过大,使织物上部分经纱屈曲程度比相邻经纱低。

织物中由于经纱张力不匀,使一部分经纱张力较其他经纱的张力大,从而使这部分经纱在织物中过紧,形成紧经。紧经部分经纱的屈曲波高较小,导致白纬显露比例增大,在布面上形成白色痕迹。

2. 松经

单根经纱张力松弛,布面上一根经纱外表起皱。

织物中由于经纱张力不匀,使一部分经纱张力较其他经纱的张力小,从而使这部分经纱在织物中呈现松弛,以致形成松经。织物中的松经部分过多突起,形成深色痕迹(图 5-18)。

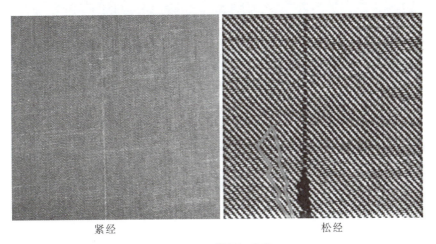

紧经　　　　　　　　　　　　松经

图 5-18 紧松经疵点

3. 产生原因

(1)织轴在浆染联合机上卷绕时,由于各种原因,如筘齿排列不匀、经轴退绕张力不匀、分绞不匀等,使得整个经轴上全幅经纱松紧程度不一致,在织机上产生全幅性的松经及紧经疵点,影响布面质量。

(2)织轴卷绕不紧密。由于牛仔布需在大张力下织造,织造时容易产生松经、紧经疵点。

(3)织轴上的倒断头在织造过程中由于一端失控,导致经纱张力失控,在布面上产生松经疵点。

（4）产生松、紧经的原因还有诸如绞头、倒断头及浆斑影响等。

（三）断经、断纬

1. 断经

织物中缺少一根或几根经纱，断经的部分显露更多纬组织点，花型不完整，在布面呈现一条隐约可见的白色轨迹。

2. 断纬

织物中缺少一根或几根纬纱的疵点，断纬的部分显露更多经组织点，在布面呈现一条隐约可见的色纱轨迹，形成深色痕迹（图5-19）。

3. 形成原因

（1）原纱质量较差，纱线强力低，条干不匀或捻度不匀。

（2）半制品质量较差，如经纱结头不良、飞花附着、纱线上浆不匀、强浆或伸长过大等。

（3）织造工艺参变数调节不当，如停经架、后梁抬得过高，经纱上机张力过大，开口与引纬时间配合不当等，易造成断经。

（4）引纬装置作用不良，造成断纬现象。如选纬器作用时间不当，纬纱夹纱器调节不当，剪刀剪切不良等。

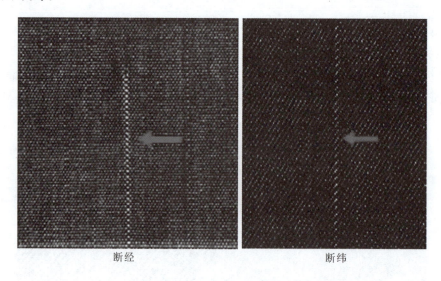

断经   断纬

图5-19   断经断纬疵点

（四）纬缩

纬纱扭结织入布内或起圈现于布面的疵点，称为纬缩。形成的主要原因有：

（1）纬纱回潮率过小，捻度过大、不匀或定捻不良，车间温湿度过低，容易产生纬缩，涤棉纱尤为突出。

（2）开口时间和引纬时间配合不当，开口尚未开足，引纬器已经投入，开口不清，纬纱受阻起圈。

（3）经纱上附有棉杂、飞花、竹节、硬块等，使开口不清，纬纱受阻；吊综过低、过松或吊综不平，经纱两侧张力不一，易产生分散纬缩。

（4）剑杆织机的纬纱状态张力偏大；织机开口时间太迟或右剑头释放时间太早；绞边经纱松弛，开口不清；剪刀剪切作用不正常。

（5）喷气织机上由于气流引纬力不足、引纬工艺不合理、开口与引纬配合不好等都会使纬纱在出口处没有伸直，产生纬缩织疵（图5-20）。

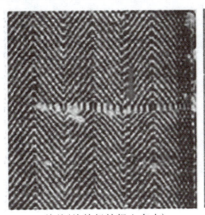

纬缩（纬纱扭结织入布内）　　　　　纬缩（纬纱收缩起圈于布面）

图 5-20　纬缩疵点

（五）跳花、跳纱、星跳

跳纱指1～3根经纱或纬纱跳过5根及以上的纬纱或经纱，呈线状浮现于布面的疵点。跳花指3根及其以上经纱或纬纱互相脱离组织，呈"井"字形浮于织物表面。星跳指1根经纱或纬纱跳过2～4根纬纱或经纱在织物表面形成一直条或分散星点状疵点（图5-21）。

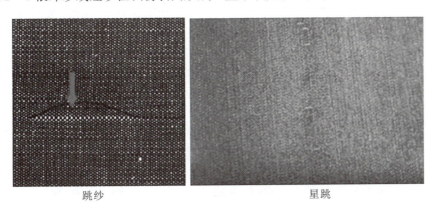

跳纱　　　　　　　　　　　　星跳

图 5-21　跳纱星跳疵点

形成原因如下：

（1）原纱及准备半制品质量不良，经纱上附有大结头、羽毛纱、飞花、倒断头、绞头等，经纱相互纠缠造成开口不清；

（2）开口不良，经位置线不合理，经停机构失灵，断经不关车；

（3）开口与引纬时间配合不当；

（4）织机开口、引纬、送经部分机构状态不良；织机挡车操作不良。

二、剑杆织机上主要织疵的分析与防治

（一）剑杆织机上开车痕疵点的产生与消除

开车痕是剑杆织机、喷气织机在生产过程中常见的布面疵点。它包括开车稀纬、密路及经

缩浪纹疵点,在不同的织物组织结构、紧度下表现出一定的不均衡性。实际生产中斜纹、纱卡类织物的经缩浪纹类开车痕疵点比较突出,直接影响产品的质量。

PICANOL 剑杆织机上解决开车痕疵点的步骤见表 5-9。

表 5-9　PICANOL 织机上解决开车痕的步骤

检查项目	要　　　求
原纱质量	(1) 原纱质量指标是否符合国家标准 (2) 高档产品原纱质量是否符国际标准
经　轴	(1) 经轴上经纱和各种性能指标是否符合质量要求,如回潮率、上浆率及经纱弹性 (2) 经轴质量必须保证织机正常织造
主离合器	(1) 刹车盘与转子之间间隙是否符合要求(<0.05 mm) (2) 启动盘与转子之间间隙是否符合要求(<0.9 mm) (3) 离合器中的碟簧是否破裂 (4) 刹车角度(CODE27)最好小于 150°
卷取机构	(1) 卷取齿轮箱:齿轮、蜗杆是否磨损;从卷取箱上出来的轴上轴承是否磨损 (2) 卷取罗拉及压布罗拉:卷取罗拉及压布罗拉是够够粗糙而能有效地抓紧布面;织面两侧的四个弹簧是否能有效地将压布罗拉压紧在卷取大罗拉上;罗拉上是否废纱缠绕
送经系统	(1) 检查变频器 (2) 检查送经电动机 (3) 检查送经齿轮箱与经轴之间的连轴器 (4) 阻尼器与经纱张力弹簧工作是否正常经纱张力保护开关接近开关的感应块是否接触 PX 开关等
打纬机构	(1) 钢筘不准有松动 (2) 打纬轮与转子之间的间隙是否符合要求及其磨损情况
停车自动定位	能正确停在 300°综平位置

上述步骤是针对(PICANOL)剑杆织机而言,但对其他类型的剑杆织机也有参考作用。一般解决开车疵点的措施从三方面考虑:一方面检查原纱质量及织轴质量,若进厂原纱质量不好则浆染工序加工的织轴质量较差,会造成断经率高、织机停台次数增加,形成开车痕;另一方面看机器设备运行情况,检查主离合器上飞轮的传动取带松紧程度;最后,检查卷取辊表面的磨损程度并清理卷取辊表面飞花黏附物。

此外,挡车工操作不当,对织轴上的倒断、粘并、绞纱头等问题未做及时处理也会造成布面开车痕疵点。

(二)剑杆织机上百脚疵点的产生与消除

百脚是指斜纹织物组织中缺少一根或数根纬纱时形成的疵点。其主要成因有:

(1) 纬停装置不灵敏。

(2) 左右剑中心不一致,交接纬纱不良。

(3) 多臂开口机构工作不正常,内部构件磨损,运动受阻。

(4) 电机刹车装置不良,停车后回综次数正确而织口不对或回综次数不正确。

(5) 吊综不良,造成梭口大小不一致,吊综机件磨损,提综不匀,开口不良引起局部或小段百脚。

(6) 操作水平低,操作失误,质量意识差。

(7) 筒纱质量差、织轴质量差。

百脚织疵解决方法可参考表 5-10。

表 5-10　剑杆织机上百脚疵点的解决方法

百脚疵点的种类	检 查 项 目
全幅性百脚	(1) 检查纹板孔眼是否正确,纹板是否过大,粘接处是否有脱开现象 (2) 多臂机内部的检查:阅读机构上探针是否有飞花阻塞;弹簧是否掉落,回复是否灵活;阅读机构、多臂机及织机三者运动是否同步;多臂机内竖针提刀是否磨圆、竖针与提刀间隙是否合适;提刀连杆是否弯曲变形 (3) 停车后回综次数对而织口不对,检查电动机刹车装置 (4) 停车后回综次数不对,检查电动机刹车装置
半幅性百脚	(1) 检查吊综:吊综高低不平或一边高一边低会造成局间开口不良,形成区域或半幅百脚 (2) 检查是否有某页综卡脱落 (3) 提综各连杆断裂,连接轴或轴承磨损过大,综框综全松动大,引起提综不匀,导致开口不良,从而形成半幅性或小片段百脚

三、片梭织机上主要织疵的分析与防治

片梭织机加工优良,机械设计合理,开车痕疵点不明显。但如果机器调节不合理,也会出现大量开车痕疵点。产生开车痕疵点的原因如下:

(1) 托布架过低,梭口调节过于交错。

(2) 打纬凸轮或转子磨损,造成织机打纬不足,形成开车痕。

(3) 传动离合器、刹车装置磨损或有油污,调节过松,形成开车痕。

(4) 经纱检测器切断过早或过迟,导致织机停车角度不合适,开车时织机便开始打纬,由于车速慢,惯性打纬力不足造成开车痕。

(5) 卷取辊弯曲或磨损,卷取机构各齿间啮合过紧或飞花回丝附着等导致卷取不良,卷取运动不灵活,织口发生位移形成开车痕。

(6) 经轴转动不灵活,摆动后梁和送经机构调节不良或缺油磨损导致送经量不准确,形成开车痕。

(7) 边撑握持力不足,形成开车痕。

四、喷气织机上主要织疵的分析与防治

喷气织机用于牛仔布生产时,由于纬纱靠气流推动,属自由端引纬,受气流形式、压力和气流量的影响,纬纱在异型筘当中不停旋转、抖动,加上纬纱回弹力的影响,因此很容易出现纬向疵点。这些疵点主要为纬缩疵点、坏边疵点、双纬疵点和开车痕疵点等。

(一) 纬向疵点的形成原因

1. 纬缩疵点

纬缩疵点是由纬纱扭结织入布内或起圈织在布面上形成的,可分为出梭口侧纬缩疵点、大纬缩疵点和小纬缩疵点。导致纬缩疵点形成的原因较多,包括纤维及纱线品质、机械状态与工艺设置等方面。从原料的角度来说,纬纱捻度过大、自由端退捻严重、表面毛羽较少以及压缩空气对纬纱的牵引力较小造成纬纱飞行不稳等,都易造成纬缩疵点;纬纱回潮率过低或者化纤含量过高而易起圈,也会造成纬缩疵点;在采用低弹丝或氨纶包芯纱等原料进行织造时,这些纱线过于松散且回弹性大,在纬向飞行过程中也会因伸长变形大而发生纬缩现象;纱线的棉结杂质含量过高、在打纬过程中结杂刮住纬纱也容易造成纬缩。机械状态方面的原因有空压机

出气量不稳定、压缩空气质量不佳及某些气路部件造成气压不稳等。在工艺设置方面,引纬太快或引纬时纬纱受到绞边和经纱的阻碍、辅助喷嘴同步时间不协调、机器转速过高及浆纱质量不佳等原因也会造成纬缩疵点。

2. 坏边疵点

坏边疵点主要有两种表现形式,一种是绞边纱没有绞住使边部经纱脱落而形成的脱纱坏边,它与织机的转速、布边形成装置有关;另一种为纬纱超长或太短引起边卷纬坏边,或者纬纱短没有被绞住而坏边,主要发生于纬纱出梭口侧边部。这是因为纬纱出口侧不像主喷嘴侧那样用纱夹夹住纬纱的外端,而是靠两组绞边纱外加一组平纹组织来控制纬纱。当然产生坏边疵点的原因较多,如外侧边纱甩掉或边经纱之间张力大小不一,以及经纱起球等都可能产生坏边。

3. 双纬疵点

有两根完整或不完整纬纱并合在一起,破坏平纹织物的沉浮规律,称为双纬疵点,其形成原因有断纬与入纬不良两类。双纬疵点的产生大部分是由断纬引起,且断纬后的纬纱头端绝大部分都靠近出梭口一侧,越靠近布边越多,最多的集中在距布边 40 cm 以内,只有少部分在主喷嘴侧。其原因也是多方面的,如原纱品质不能满足喷气引纬的要求,捻度低、单强低或细节多,其断裂强力低于引纬过程中喷射气流对纬纱的牵引力时,就可能产生断纬而造成断纬或双纬疵点;在引纬过程中气流对纬纱的牵引力过大,超过原纱的单强则可能会产生断纬而形成双纬疵点;断纬发生后探纬器误判,或只有一个探纬器,纬纱被吹断,就可能探不到断纬而出现双纬。此外,操作工操作不良,应取出的坏纬没有取出,也是产生双纬疵点的一个原因。织轴卷绕不良有松经和沉纱现象,或经纱上浆率低,被覆效果不佳而毛羽多等,都能造成经纱开口不清,使纬纱飞行受阻,易导致入纬不良而形成双纬疵点;剪刀没有安装在最佳位置或刀片不锋利,剪不断纬纱,也易形成双纬疵点。

4. 开车痕疵点

开车痕是喷气织机在生产过程中常见的布面疵点,包括开车稀纬、密路及经缩浪纹疵点,其产生的主要原因在于织物和经纱的蠕变和松弛特性。在织机停台时布面和经纱均承受着较大的上机张力,而此时钢箱与织口相脱离,织口会偏离其正常织造时的相应位置,偏离量的大小随停台时间的长短而变化。在开车时如织口位置处理不当,也会产生开车痕。

(二)纬向疵点的防治措施

1. 织机工艺的调节

应优先考虑纬纱飞行条件,如加大开口量,综框高度要尽量保证上层经纱与异型箱上缘相切。边纱应穿在1、2片综框里面,并且梭口要与地组织梭口相配合(即上下层经纱在梭口满开时处于同一平面),因为纬纱进入和飞出时都是使用边纱梭口。该措施可防治纬缩、坏边与双纬疵点。

2. 原纱质量的控制

纬纱质量,特别是其条干与牵伸倍数需严格把关,避免出现纬缩疵点。当织造幅宽为165 cm 且牵伸倍数在 3.5 倍以下时,牵伸力很容易满足;大于 3.5 倍时,易出现纬缩疵点。

3. 纬纱状态的调节

在保证储纬器储纱硬度合适的前提下,要让纬纱退绕张力尽量小,并观察织物上废边长度是否相同;使用纬纱制动减小引纬张力峰值;两主喷嘴距离要使纬纱到达时间最早。这样可防止双纬与纬缩疵点出现。

4. 拉伸喷嘴的选择

采用直拉式喷嘴,在异型箱前面加挡块或者再在挡块上面加一薄铁皮卡在箱齿里面,可加大拉伸效果。也可使用垂直喷射式或抽吸式拉伸喷嘴,经比较抽吸式效果较好,品种适应性强且坏边疵点少。尽量减少静止气流,降低对纬纱的损害,可使用夹纱器防止主喷嘴纬纱回缩坏边。

5. 辅助喷嘴的设置

辅助喷嘴的排列要尽量使用同一间距,防止湍流的产生。喷嘴的喷射区间和压力要合适并观察飞行曲线,应尽量为一条直线而到达时间要稳定。该措施可以防止双纬、坏边与纬缩疵点的出现。

6. 探纬器距离的调节

探纬器距离要合适,第一探纬器要离边纱一定距离(一般 10 mm),以防止损伤和误把经纱当成纬纱。在不出现百脚的情况下,把第二探纬器灵敏度或水平值调低,两探纬器距离可适当放长,可到 160 mm,减少有误探测。该措施对防治开车痕有利。

7. 开车痕的防治

开车痕疵点的防治是一个复杂的过程,可调节后梁高度、深度、开口时间、开口大小及综框高度;还可使用织口控制,经轴倒转或正转、空打纬等功能。由于停机时间、停机时综框位置具有不确定性,使得该调节过程变得困难,且效果不好。在实践中,使用变频器无级调节第一打纬力加投一纬启动的方法,可很好解决开车痕问题。另外,提高挡车工的操作水平,保持设备清洁和工作状况良好,使设备效率在 96% 以上,可很好地满足质量要求。

五、牛仔布织疵的在线监测与防治技术

基于摄像技术及智能化识别视觉技术,牛仔布在织机织造时,在线监测系统能够在织造过程中检测经纱、纬纱以及布面疵点。一旦系统检测到经纱、纬纱疵点或者布面疵点等,系统会自动停机,并点亮警示灯,显示疵点图片信息和疵点位置(图 5-22)。

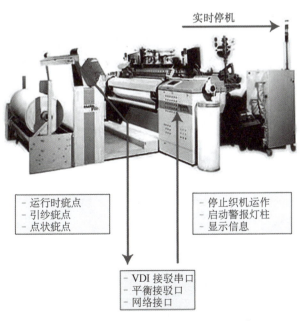

图 5-22 织布机疵点实时自动监测系统

案例：毕麦斯公司(BMSvision)公司在纺织行业的生产管理解决方案中，对整个纺织工厂内的生产制造流程和生产车间物流进行监控，并实时分析和报告生产状况，该解决方案覆盖从纱线采购、库存直至成品织物的发货和运输等各个生产环节。其中，织布机疵点实时自动监察系统(Cyclops)使用移动照相机安装在出布罗拉上和布机组合，扫描检测织物上的经纱和布面疵点。系统探测到经纱或其他表面连续性疵点，机台立即停止，灯柱警报灯闪亮，并通知织机微处理器，记录疵点特性和位置。织机保持停止状态，直至挡车工将疵点处理信号输入报告内，如图 5-22 所示。同时通过织布面监察与质量管理系统(WeaveMaster)，将所有疵点数据和有标记的疵点数据传送到织物质量数据库，以便制订布面疵点分布图和各类质量报告，如图 5-23 所示。

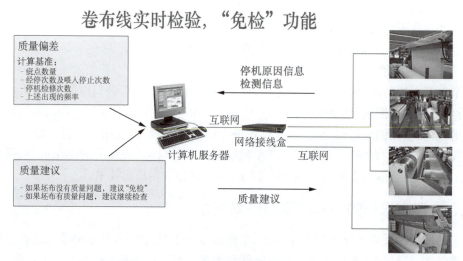

图 5-23　织布机监察与质量管理系统

采用牛仔布织疵的在线监测与防治技术，提高牛仔织造质量及生产效率，是牛仔布智能织造的发展趋势。通过在线监测，可以实时检查织造设备运行异常与挡车操作不当造成的疵点，如：拉伸痕迹、钢筘痕、接头等，也可以全面检查经纬纱喂入不良引起的疵点，如双纱、断纱等，并及时停机处理，防止生产坏布，提高产品质量、减少次品，减少坏布质检部门的工作量。

5-10 视频：
靛蓝纱线的
循环再利用

思考题

1. 解释下列名词：百脚、跳花、稀密路、纬缩；
2. 计算牛仔织物紧度：$7^s \times 7^s$ 棉　72×44。

06 模块六
牛仔布的后整理

教学导航 ∨

知识目标	1. 了解牛仔布后整理加工目的及工艺流程； 2. 熟悉牛仔布后整理工艺； 3. 了解牛仔布的新型后整理技术。
知识难点	牛仔布后整理工艺。
推荐教学方式	采用任务驱动式教学、线上线下相结合的混合式教学模式，学生通过接受教学任务，完成线上资源的自主学习，结合线下讲授与线下资源（织物、设备），掌握牛仔布后整理的知识和技能。
建议学时	6 学时
推荐学习方法	以学习任务为引领，通过线上资源掌握相关的理论知识，结合课堂资源（织物、设备），完成对牛仔布后整理基本知识和技能的掌握。
技能目标	1. 能说出牛仔布后整理加工的工艺流程及加工目的； 2. 能分析常见的牛仔布后整理工艺； 3. 能说出牛仔布几种新型的后整理技术。
素质目标	1. 培养学生自主学习的能力； 2. 培养学生分析问题、解决问题的能力； 3. 培养学生的创新精神； 4. 树立环保和可持续发展理念。

思维导图 ∨

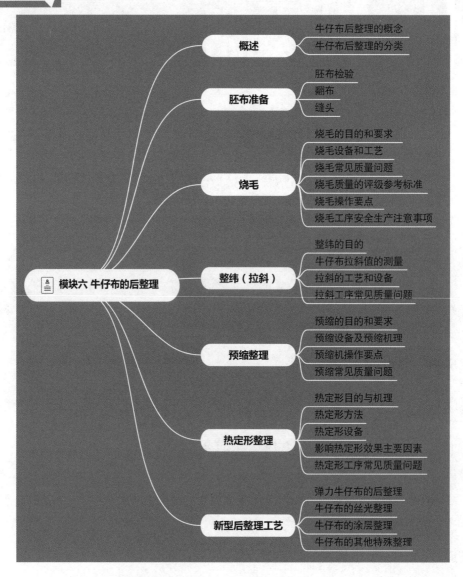

单元 6.1 概　述

一、牛仔布后整理的概念

纺织品后整理是指通过物理、化学或物理和化学联合的方法,采用一定的机械设备改善纺织品的外观和内在品质,提高其服用性能或赋予其某种特殊功能的加工过程。

从织布机上下来的牛仔坯布存在毛羽过多、容易形变等影响服用性能的现象,因此一般要经过后整理加工以赋予面料良好的外观、稳定的形态和实用效果。牛仔布的后整理是提高牛

仔面料附加值的关键工序,牛仔织物经过整理应达到以下要求:

(1) 改变牛仔布的外观,清除布面毛羽、杂质,改善牛仔布表面光泽、平整度,赋予其一定的颜色或花纹效应。

(2) 消除织物潜在的内应力,使产品获得稳定的外形。

(3) 改善织物手感,赋予织物柔软丰满、平滑悬垂或硬挺的手感。

(4) 增强织物服用性能或赋予其特殊功能。

二、牛仔布后整理的分类

牛仔布后整理的范围十分广泛,方法比较多,因此分类方法也比较复杂。

1. 按工艺性质分

按整理加工工艺性质可分为机械物理性整理、化学整理、物理化学整理三种。

(1) 机械物理性整理

牛仔布的机械物理性整理又称一般性整理,是指利用水分、热能、压力及机械作用来改善和提高织物品质的加工方式,织物在整理过程中不与任何化学药剂发生作用,整理效果一般是暂时的,如拉幅、压光、预缩、烧毛、磨毛、抓毛等加工方式。

(2) 化学整理

化学整理是指用烧碱、退浆剂或其他化学整理剂与织物发生物理、化学反应以达到提高和改善织物品质的加工方式。其特点是化学试剂与纤维在整理过程中形成化学和物理化学的结合,织物不仅有物理性能的变化,还有化学性能的改变。化学整理一般效果耐久,并且有多功能效应,如退浆、丝光、套染、印花、防皱、拒水拒油、涂层整理、抗菌防霉整理等加工方式。

(3) 物理化学整理

物理化学整理是在机械整理的基础上加上一定的化学整理,其目的是提高机械整理的稳定性、耐久性。如拉幅定形时加入树脂可以使织物幅宽和缩水率持久稳定,洗水后也不变形;又如耐久压光整理是在压光之前使用树脂,使光泽持久。

2. 按整理的目的分

按客户对牛仔布成品的要求进行分类,可以分为以下几类。

(1) 牛仔布的常规整理

通常把满足牛仔布基本使用功能如布面毛羽少、洗水前后不变形等的整理称为牛仔布的常规整理,又称一般整理、普通整理或传统整理,如烧毛、拉斜、退浆等整理方式。

(2) 牛仔布的特殊整理

通常把成品牛仔布除了常规要求之外的其他整理方式称为特殊整理,如退浆、丝光、定形、压光、套染、印花等整理方式。

此外,还有以牛仔布能保持整理效果的程度来进行分类,可分为暂时性整理、半耐久性整理和耐久性整理。无论哪一种分类法,都可能互相渗透,没有很清晰的界限。

三、牛仔布后整理工艺流程

牛仔布后整理工艺随成品要求而有所不同,其基本工艺流程为:

1. 常规牛仔布整理流程

坯布准备→烧毛→整纬(拉斜)→预缩→成品检验→包装入库。

2. 特殊整理工艺流程

坯布准备→烧毛→特殊整理→整纬(拉斜)→预缩→成品检验→包装入库。

近年来,随着牛仔市场流行趋势的不断变化,后整理加工方法也在不断变化和创新,各类呈现牛仔时尚、流行的后整理加工方法层出不穷,如抗紫外线、防风、保暖、抗菌、套染、印花等。

单元 6.2 坯 布 准 备

牛仔布在后整理加工之前要进行坯布准备工作。坯布准备包括坯布检验、翻布和缝头。

一、坯布检验

坯布检验是对牛仔布质量进行抽验,以保证成品质量。检验内容包括物理指标和外观疵点两项,检验率为 10% 左右,可根据来布的质量和数量适当增减。牛仔布坯布质量影响成品的规格标准和加工工艺,如坯布密度不足会影响成品的布重和风格;坯布经密、幅宽不足会影响成品的幅宽和纬向缩水率。因此,坯布检验是保证成品质量的重要环节。

物理指标检验包括匹长、幅宽、重量、经纬纱纤维成分、经纬密度、断裂强力、纬斜、缩水率等。外观疵点检验包括织造中形成的停机档、筘路、破洞、烂边、缺经、条花、断纬、跳纱、异形纱、油污纱、弯斜、飞花荷叶边等疵点。另外还要检验有无沙粒、铜、铁片等杂质夹入织物中。严重的外观疵点不仅会降低牛仔布成品等级,还会影响加工过程的正常进行,如边纱太长或荷叶边严重,会影响弹力牛仔布退浆、丝光工序的正常进行。

二、翻布

翻布是把要加工的牛仔布一匹匹地按次序翻摆在堆布车或堆布板上,同时将布的两端拉出,方便后续缝接。如果来布是卷装形式需在松卷机上进行。翻布时织物的正反面要一致,质量要求高的牛仔布还要注意头尾一致,每匹布拉出两端的布头约 2 m,为保证后续拉斜整理,还要撕掉布匹两端的布头约 10 cm。堆布要求整齐,不能漏拉。

三、缝头

缝头是将翻好的布用缝纫机逐匹进行缝接,以适应后整理连续生产加工的需要。缝头要求平直、坚牢、边齐,针脚均匀,不漏针,不跳针。缝头两端的针脚要加密,以防止开口和卷边。缝接织物的正反面要一致,不漏缝,顺序正确。丝光、染色等特殊整理工序的缝头要求不同,丝光整理时缝头要加固,两边布端要包边,以防缝线脱落影响丝光工序正常运行。染色整理时缝口要平整,以防轧染时出现色档。

单元 6.3　烧　毛

一、烧毛的目的和要求

烧毛的目的是去除浮于织物表面的纱线、毛羽和细小杂质,使成品表面平整光洁、织纹清晰。烧毛的过程是使织物在平幅张紧状态下快速通过火焰,由于露出表面的绒毛相对受热面积大,会瞬时升温到着火点而被燃烧掉。牛仔织物本体则因交织紧密升温速度慢,在织物温度尚未到达着火点时就已经离开火焰,所以可以烧掉表面绒毛而不损伤织物本体。

多数牛仔布使用的纯棉纱线纱支较粗、捻度较低,织物表面绒毛很多,对于织纹清晰、布面光洁的质量要求来说,烧毛就显得尤为重要。牛仔织物烧毛的具体要求如下:

(1) 布面上的毛羽烧净烧匀

牛仔布的组织结构决定了坯布正面的毛茸较多,如果烧毛不匀、不净,布面会产生阴影条花,影响成品外观质量。

(2) 控制烧毛的最低车速

靛蓝染料不耐高温,如果长时间处于高温中,会出现升华现象,而一部分靛蓝也会转变成为靛红,靛红具有一定的毒性,不仅会危害操作者的安全,而且会使布面呈暗红色,影响牛仔布的正常色光。所以牛仔布烧毛时必须防止布面出现较长的过热时间,务必严格控制烧毛的低限布速。经过烧毛的坯布必须及时灭火冷却。

二、烧毛设备和工艺

牛仔布的成品质量要求决定了烧毛工艺,制定准确的烧毛工艺取决于烧毛设备的性能。

(一) 烧毛设备

牛仔布烧毛常用的设备是气体烧毛机,其火焰温度通常在 1 000 ℃左右,远远高于各种纤维的分解温度或着火点。根据刷毛—烧毛—灭火的烧毛流程,一般的气体烧毛机由进布装置、刷毛箱、烧毛装置、灭火装置及落布装置构成。图 6-1 所示为四火口气体烧毛联合机。

彩图 6-1 联合烧毛机

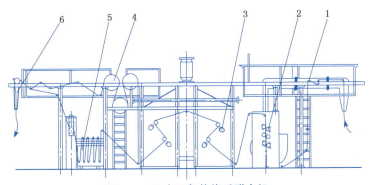

图 6-1　四火口气体烧毛联合机

1—进布装置　2—刷毛箱　3—气体烧毛装置　4—冷却辊筒　5—浸轧装置　6—落布装置

织物的运行路线为:坯布→进布装置→刷毛(一正一反)→烧毛(一正一反或单烧正面2次)→灭火冷却→落布。

(1)进布装置:进布装置的作用是使织物平整无皱地按照一定的位置进入机台,通常由导布辊、紧布器、吸边器、张力调节架等组成,为避免织物起皱,进布装置要高些、长些,以增加织物的经向张力。

(2)刷毛箱:刷毛箱的作用是刷去织物表面的纱头、杂物和尘埃,并使表面绒毛竖立以利于烧毛,刷毛箱内有2至4对刷毛辊,分两列垂直排列,织物自上而下在辊间通过,各毛刷均以逆织物运行方向做高速回转以利于刷起毛羽和清除布拖纱及杂物。调节刷毛辊与织物的接触程度以及辊面与织物间的相对速度,就可以控制刷毛强度,刷毛辊上常常会缠满刷下来的纱线,要注意开机前清洁,以免影响刷毛质量。刷毛箱旁有吸风机,将纱头、绒毛、杂物等吸入箱底并送出室外。

(3)烧毛装置:坯布经过刷毛整理后,进入火焰烧毛部分,烧毛装置由烧毛火口、导布辊、冷水辊、空气混合器等组成。火口一般有4只,织物可根据工艺需要按单面或双面通过火口的火焰。使用的可燃气体有液化石油气、天然气等。烧毛火口是烧毛机的关键部件,对火口的主要要求是燃气与空气能混合均匀、能充分燃烧、火焰稳定均匀,燃烧温度高,火口材料要能耐高温不变形,火口可以调节转向90°以防止突然停车烧毁织物。火口一般是狭缝辐射式,有时会被堵塞或变形从而使烧毛布面留下绒毛长短不一的布面条花,因此在开机前要仔细检查以防出现质量问题。

彩图6-2 两用气体烧毛机和烧毛火口

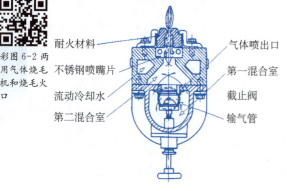

耐火材料　　　　　气体喷出口
不锈钢喷嘴片　　　第一混合室
流动冷却水　　　　截止阀
第二混合室　　　　输气管

图6-2　火口

(4)冷水辊:冷水辊是火口上方的导布辊,为防止布面温度太高以及导辊变形,此辊中间通有流动的冷水,其与火口之间的距离也可以调节以适应织物厚薄与耐温性的不同。冷水辊使用时间过长会因高温产生形变,使牛仔布产生弯纬等质量问题。

(5)灭火装置:牛仔布离开火口后温度很高,且稀松的布边常带有火星,必须立即降温灭火,常用灭火方式有三种:

① 蒸汽灭火:织物在上下排导布辊间穿行时水蒸气会喷射布面灭火,此种方法适用于干布灭火。

② 浸渍轧液槽灭火:织物通过一槽或两槽浸渍槽(槽内装有退浆液)再经小轧车轧液后落布,适用于需退浆的牛仔布。

③ 冷却辊筒灭火:织物通过三只冷却辊使温度降低,达到灭火目的,适用于干布落布的牛仔布。

(6)出布装置:出布装置可以采用平幅摆布落布或大卷装落布。一般硫化染料染色的牛仔布宜使用大卷装落布以防产生色花。

(二)烧毛工艺

烧毛的工艺参数有生产车速、燃烧气压、进风气压、火焰温度、火焰高度、烧毛方式等。烧毛工艺必须依据织物的纤维成分、后期工艺及成品要求来确定。特别是纬纱为涤纶丝的化纤牛仔布,因不耐高温,要特别注意烧毛温度要低、车速要快,落布温度要低,以卷装落布为宜,防止起折痕。

牛仔布烧毛工艺示例见表 6-1。

表 6-1　牛仔布烧毛工艺示例

项目(单位)	工 艺 要 求
生产速度(m/min)	30～100
燃烧气压(Pa)	1 900～2 500
进风气压(Pa)	5 000～6 500
火焰温度(℃)	1 200～1 300
火焰高度(mm)	35～45
烧毛方式	织物正面1～2次

三、烧毛常见质量问题

烧毛常见的质量问题及产生原因:

(1) 烧毛不净达不到质量要求。产生原因:内焰温度低或内焰与布面之间的距离过大;车速过快;刷毛装置没有起到很好的刷毛效果;烧毛次数不够等。

(2) 烧毛不匀产生条花和横档。产生原因:火口堵塞或变形,应定期处理火口;布面有褶皱。

(3) 烧毛过度、手感板结。在对稀薄织物或涤棉混纺织物进行烧毛时容易出现。产生原因:温度过高,车速太慢或接触火口次数多。

(4) 布面颜色发红。产生原因:可能是温度过高、车速太慢。

(5) 布面烧成破洞,布边烧成豁口。产生原因:可能是布边没有完全灭火,由残留的火星造成,应加强灭火。

四、烧毛质量的评级参考标准

该参考标准(表 6-2)的评定条件是织物在一定张力下放在光线比较充足的地方观察评定。牛仔布烧毛后质量必须达到四级以上。

表 6-2　烧毛质量评级参考标准

评级	质 量 要 求
一级	长毛羽较少
二级	基本上没有毛羽
三级	仅有较整齐的短毛羽,布面无烧毛不匀产生的条影
四级	长短毛羽烧净,布面无条影及焦黄现象

五、烧毛操作要点

烧毛的产品质量决定于烧毛机的操作,在生产中要注重设备的养护,定期做好火口结碳、燃料管道、冷却水管道的清洁保养工作,经常做好刷毛箱、刷毛辊的清洁工作。烧毛机操作要点见表6-3。

表6-3　烧毛机操作要点

序号	烧毛机操作要点	处理不当可能产生的后果
1	适当控制进布张力,尽量减少织物意外伸长	进布张力过大或不稳定易产生烧毛折痕,或布幅收缩过大造成狭幅疵布
2	火口火焰燃烧高度、色泽应均匀一致	产生烧毛条花及两边色光差异
3	点火前应先开抽排气风机,停车时应最后关停抽排气风机,生产中抽排风应正常	易产生杂物堵塞火口、火焰燃烧不均匀、烧毛条花等问题;燃烧室内有残留燃气时点火易发生爆炸事故;停车时残留燃气溢出影响工作人员健康。
4	火口及烧毛导辊冷却系统工作正常,出水口水温为40～50 ℃	易造成烧裂火口或导布辊弯曲变形
5	缝头要平齐、对准、牢固	发生边褶皱等疵点,生产中缝口断裂,易烧坏布匹造成停车
6	火口、空气、燃气通道要定期保养,确保畅通	杂物炭粒堵塞火口,产生烧毛条花

六、烧毛工序安全生产注意事项

(1)烧毛使用的燃料易燃易爆,操作不当和管理疏忽都会造成重大安全事故,因此值班挡车工必须谨慎细心操作,特别是火口在开始点火前应先开排气扇,使燃烧室内残存的可燃气体尽量排除,以防发生爆炸或中毒事故。

(2)高温升华的靛蓝气体有一定毒性,应尽可能排出室外,车间保持良好通风,在停车后不能立即关闭排风扇,以免气体溢出。

(3)灭火一定要彻底。残留的火星会烧坏布匹,如果没有及时处理会发生火灾。

单元 6.4　整纬(拉斜)

一、整纬的目的

牛仔布整纬的主要目的是消除因纱线捻度、张力和织物结构等因素而造成的存在于织物内部的潜在纬向歪斜应力。

纱线捻度、捻向和结构(如斜纹织物的左、右斜向)之间的相互作用,使织物内部产生纬纱歪斜应力,亦称潜的纬斜应力,这种纬斜应力在水洗过程中会得到完全释放,从而使水洗后的服装严重变形。牛仔布由于大都使用粗特纱制织,而且组织结构以三上一下、二上一下的斜纹为主,因而具有较大的纬斜应力,在牛仔布的后整理中要采用机械装置积极地消除这种潜在的纬斜应力,使织物提前获得稳定的外形状态,防止服装成形后产生扭曲变形等问题。

二、牛仔布拉斜值的测量

牛仔布的整纬,确切地说应叫作拉斜,因为它要把原来仅有轻微纬斜的织物拉扭成较大的纬纱倾斜程度,从而达到提前消除织物中潜在的纬斜应力的效果,保证服装加工生产的顺利进行。牛仔布整纬拉斜值的测定方法如图 6-3 所示。

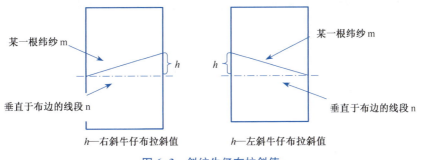

彩图 6-3
整纬机

图 6-3 斜纹牛仔布拉斜值

图 6-3 中，m 为一根横穿整幅布面的一根纬纱，n 为 m 与布边交点处画出的与布边垂直的一条线段，拉斜值 h 就是 m 与 n 在布边另一侧之间的距离（图 6-4）。

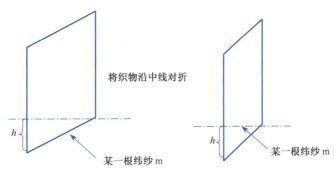

图 6-4 斜纹牛仔布拉斜值的简易测量法

实际操作中纬纱 m 较难画出，可以用以下的简易方法替代：用剪刀在布边剪一小口，然后用手大力撕裂使经纱断裂，这样布样的断头处就是一根贯穿全幅的纬纱 m，用手撕出一块长于 0.5 m 的布样，将布样沿中线对折使两边的布边对齐，此时断头处纬纱 m 上下点之间的相差距离就是拉斜值 h。

三、拉斜的工艺和设备

(一) 整纬(拉斜)工艺

不同纱线线密度和品种结构的牛仔布有着不同的潜在纬斜应力，其拉斜要求也就不尽相同，因此每一单布都必须准确测定其潜在纬斜应力以制定上机工艺参数。为了获得准确拉斜值，必须对织物进行事先测定，以便制订正确的拉斜工艺。方法是在大单布匹中任取布样一块，按上述简易方法撕开布样取得一条完全暴露的纬纱，然后将布样充分洗涤，可以使用酵洗的方法洗涤烘干，最后测量完全干燥后的织物拉斜值，此拉斜值就是此单布匹的拉斜值。按照这个拉斜值再参考经验就可以制定上机拉斜工艺，即先洗样测试再上机操作。

(二) 整纬(拉斜)设备

牛仔布的拉斜设备较简单，常有多导辊式和四导辊式两类，它们的作用原理相同，即调节活动导辊形成两侧不均匀的间距，使运行中的织物两边受到不同的前进阻力，纬向出现扭力，从而达到拉斜纬纱消除纬斜内应力的目的。其原理如图 6-5 所示。当织物运行经过拉斜导布辊时,左右两端行程距离不相同,在6-5中,m边行程长,n边行程短,织物右端n边布速快过左边m,左右不同步的布速使织物纬纱出现歪斜,干燥落布后右斜形成。

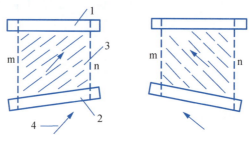

图6-5　拉斜原理

可调导布辊倾斜的程度由所需拉斜值、织物布重、纱支、织物含水率和车速决定,一般由有经验的挡车工操作。拉斜之后的织物要马上检测拉斜值,以便调整上机参数,经过拉斜的大单布匹还必须抽查拉斜值、检测拉斜差异率。拉斜差异率是指成品布(经拉斜整理后)原来的纬斜与经水洗后的纬斜之间的差异值,也可指匹与匹之间的拉斜差值。此值(绝对值)越小则说明牛仔布加工成服装水洗后变形走样的可能性越小,质量越有保证;如果是零,则说明水洗后不会有任何歪斜走样可能。

拉斜时要注意织物的斜向,左斜与右斜的斜向相反,而且左斜布可以适当将拉斜值放大些。拉斜工序必须在织物充分润湿、有较大可塑性的条件下进行,这样才能达到较好效果。

常见的四辊式拉斜装置和多导辊式拉斜装置如图6-6、图6-7所示:

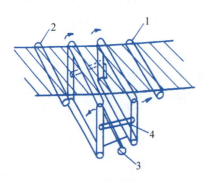

图6-6　四导辊式拉斜机构

1—进布导辊　2—出布导辊
3—调节螺杆　4—调节传动杆

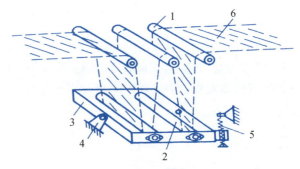

图6-7　多导辊式拉斜机构

1—固定导辊　2—可调导布辊　3—活动框架
4—框架支点　5—调节丝杆　6—织物

四、拉斜工序常见质量问题

拉斜效果的评价是由洗水前后的拉斜差来确定。撕取一块约80 cm长的布样,对折测量拉斜值后,用剪刀在撕口处的布头剪几个小口以防卷曲,然后将布样进行充分水洗,干燥后再次测量拉斜值,洗水前后拉斜差异值越小,拉斜越准确。

服装洗水厂常用的拉斜测试方法是在布样上车缝50 cm×50 cm的正方形,酵洗后量取对角线的长度,两条线长度差值越小,拉斜越准确。

常见拉斜质量问题如下：

1. 拉斜过小

产生原因：凭经验估计拉斜工艺参数时没有经洗水测试；拉斜测试时洗水不充分；不能准确预估预缩工序对拉斜值的影响；拉斜工序落机拉斜值太小。

2. 拉斜过大

产生原因：凭经验估计拉斜工艺参数时没有经洗水测试；不能准确预估预缩工序对拉斜值的影响；拉斜工序落机拉斜值太大。

3. 拉斜不稳定

产生原因：拉斜工序前的布匹干湿度不稳定；拉斜时车间蒸气压不稳定；车速忽快忽慢；布面干湿度、布面温度不同；机台操作人员经验不足，不能准确调节上机参数。

拉斜差异率过大不符合质量要求的布匹一定要返修之后才可进行下道工序。拉斜后的织物烘干时要有一定的回潮率以保证下道工序（预缩）的顺利进行。

单元 6.5 预 缩 整 理

一、预缩的目的和要求

预缩整理是牛仔布生产的关键工序，由于纱线的收缩应力与织造及整理时的拉伸应力，使牛仔布的经向潜在收缩非常大，这种潜在收缩在洗涤时就可以完全释放，导致织物缩短。一般将这种潜在收缩称为缩水，而缩水率就是洗涤前后织物的长度差占洗涤前长度的百分比。

预缩目的是消除织物中大部分的潜在收缩应力，降低成品的缩水率，满足服装加工要求。机械预缩效果可以用预缩率表示：

$$预缩率 = \frac{进机前实测织物长度 - 出机后实测织物长}{进机前实测织物长度} \times 100\%$$

牛仔布预缩整理的具体要求是：

（1）牛仔布经纬向缩水率指标要求较高，目前市场的通行标准是经向缩水率控制在 $-1\% \sim 3\%$，有特殊要求的超级防缩牛仔布则控制在 $-1\% \sim 1\%$，为此必须采取经、纬向都预缩的"双缩"工艺。

（2）要求同一段牛仔布的左、中、右和头、中、尾缩水率均匀一致，同批牛仔布缩水率也基本一致。

（3）预缩前必须进行轻上浆处理，防止预缩后的牛仔布回复伸长，提高预缩整理效果。增加织物的结构稳定性。

二、预缩设备及预缩机理

(一)预缩设备

目前大多采用机械压缩式的橡毯预缩机，如图 6-8 所示。

其工艺流程为：平幅进布→给湿→汽蒸→预烘→拉幅→预缩→烘干→落布。

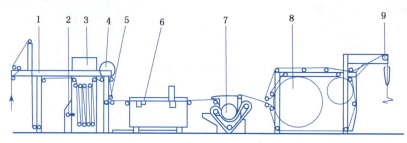

图 6-8　全防缩型预缩整理联合机

1—进布装置　2—给湿装置　3—汽蒸室　4—烘筒　5—整纬装置　6—布夹拉幅装置
7—橡毯预缩装置　8—呢毯烘燥装置　9—落布装置

此种预缩机能使织物的下机缩水率稳定在 2% 以内，预缩率达 14%。多数预缩机主要由进布给湿装置、预缩主机装置、烘干落布装置组成。

1. 进布装置

平幅进布由导布辊、吸边器、松紧架、整纬器组成，如果拉斜值有差异，可在整纬器处微调。

2. 给湿装置

为使织物获得良好的收缩率，在预缩前必须使织物充分湿润。牛仔布一般要求含湿量在 15%～20%，给湿越均匀预缩效果越好。常见的给湿方法有喷雾给湿、蒸汽转鼓给湿、泡沫给湿等。其关键是给湿的均匀性，喷雾给湿是促使织物含潮均匀的一种常用方式。

3. 橡毯预缩装置

三辊橡毯预缩装置的结构组成见图 6-9。

三辊橡毯预缩的工作原理是利用橡胶的弹性，橡胶具有非常好的弹性，当被拉升挤压、变形伸长后，如果外力释放，则会自动产生回缩，以维持原状。如果将织物与其紧压在一起，则织物会产生被动收缩。如图 6-10 所示，具有一定厚度的橡胶材料在弯曲变形时，弯曲内外两侧将出现外侧拉伸、内侧压缩的形变。

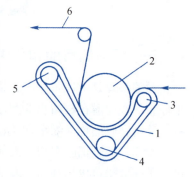

图 6-9　三辊橡毯预缩装置

1—橡胶毯　2—加热承压辊
3—加热加压辊　4—张力调节辊
5—出布辊　6—织物

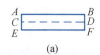 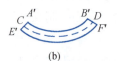 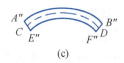

(a)　　　　　　(b)　　　　　　(c)

图 6-10　弹性材料受力完全形变

预缩时橡毯工作原理见图 6-11。在进行机械预缩整理时，将织物紧贴在橡胶毯伸长部位 a 处，则织物将随橡毯的传动而进入给布辊和加热承压辊相接触处，橡毯由伸长状态变换到压缩状态，则 $a' < a$，织物随之被压缩，达到预缩目的。同时，在两辊相交处 P 点，橡毯受到轧延作用，橡毯被压扁而有微小伸长。当运行到 S 点时，这种轧延作用消失，橡毯回缩而产生向后挤压的作用力 F，这个作用力不仅使得织物紧压于承压辊，而且橡毯的主动回缩又进一步带动织物的回缩。调节加压辊对橡毯的挤压量，可以控制预缩率。挤压少时，收缩量小，预缩率小；挤压多时，收缩量大，预缩率大。

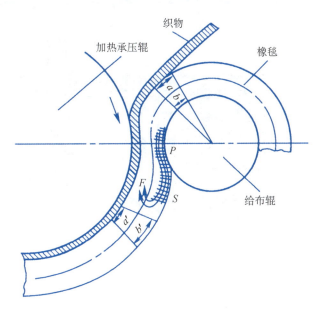

图 6-11　织物预缩整理时橡毯受力情况

织物在橡毯预缩机上得到稳定的收缩，是由下列两个因素实现的：

（1）织物伸长后的收缩：橡毯在加压辊和承压烘筒之间，被挤压伸长之后的反弹作用，使织物收缩。

（2）织物本身具有潜在的收缩作用力：如果说上述橡毯的反弹作用力是织物获得收缩的外因，那么织物本身潜在的收缩作用力就是内因，要保持织物真正的收缩作用，必须依靠内因，即消除织物内部潜在的收缩应力来完成。当含有一定水分的织物，进入高温的承压烘筒与同时起收缩和密封作用的橡毯之间时，汽化的水分就被迫进入纤维内部，使纤维空腔急速膨胀，产生缩水效应。只有当上述两种力同时作用时，织物的预缩才能够顺利地完成。

橡毯是整台机器最核心的部分，橡毯的优劣直接影响布匹的预缩性能。重磅牛仔布需要硬度高的橡胶毯，才能获得较好的平整度、更大的收缩率和更好的手感。橡毯表面承受烘筒高温、冷却水流、反复挤压等作用，表层会逐渐老化失去弹性而影响预缩效果，因此在预缩加工中，需要根据织物本身的特点合理设置温度、压力、车速等工艺参数，以延长橡毯的使用寿命。

4. 呢毯烘燥装置

由三辊橡毯预缩的织物仍然是潮湿的，并且收缩率不稳定，必须经呢毯烘燥装置烘干定形。烘燥装置主要由呢毯大烘筒、小烘筒、呢毯导辊、张力调节装置、呢毯位置校正装置组成，如图 6-12 所示。

呢毯烘燥装置有三个作用：

（1）烘干织物，使缩率稳定，在以后的卷装检验等工序中不易回复伸长；

（2）烫平织物及调节织物在三辊橡毯预缩装置上可能受到的过量收缩，即当橡毯预缩加工中因工艺参数设置不良而导致织物受到过量收缩时，适当增大进入呢毯装置的织物张力可轻易达到调整织物收缩率的目的；

（3）改善织物的手感，消除预缩时在织物表面形成的小皱纹和极光，赋予织物自然的光泽。织物贴不锈钢烘筒的一面手感滑顺，布面亮度高；贴呢毯的一面光泽柔和，手感饱满。

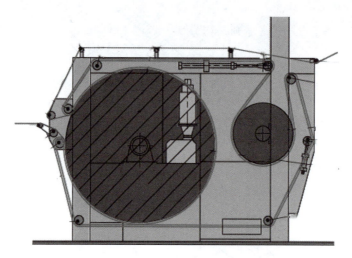

图 6-12　呢毯烘燥装置

三、预缩机操作要点

预缩机操作要点见表 6-4。

表 6-4　预缩机操作要点

序号	操作要点	处理不当可能产生的后果
1	气压达到工艺要求	剩余缩率不稳定,织物烘不干
2	橡毯机与呢毯机速度同步,保持布的松弛状态	预缩效果不稳定
3	以烘干织物为标准,确定生产运转速度	落布回潮率高,预缩效果不稳定
4	开车生产前应先预热烘筒并空车运转,待气压达到要求后再正式生产	上机第一匹布预缩效果不稳定
5	采用反面烘干,牛仔布的反面与烘筒接触	正面烘干,会影响牛仔布正常色光或产生极光现象
6	呢毯的正反面应交替使用	影响呢毯寿命
7	定期用洗涤剂、毛刷清洗呢毯表面	影响呢毯烘燥、熨烫效果

四、预缩常见质量问题

预缩整理常见的质量问题如下:

(1)缩率不稳定。调机时间过长、蒸汽不稳定、车速不稳定、布面含湿率不同,都会产生缩率不稳定的情况。

(2)剩余缩水率不足。发生这种情况的原因是工艺员或挡车工经验不足、考虑问题不充分所致,一般布面温度、卷筒包装都会影响尺寸稳定性。

(3)纬斜不合适。如布面纬斜过大或过小、波浪纬、弓纬、边斜、纬纱弯曲等。产生原因可能是进出布的张力太大;弯辊角度不对;承轧辊压力偏大或偏小;布头尾斜纹方向不对;吸边器老化、橡胶毯老化、边组织不良;前后工序导辊不平、吸边器不良。

(4)条花、布面出现一条条色带。产生原因有轧水辊表面有水垢或蜡渍,导致橡胶带水偏少、湿润程度不够;橡胶表面粘有柔软剂,经过轧水辊后,余水聚而不散,在橡胶的转动下形成一条水带,影响布面颜色而在布面形成经向条痕。

(5)轧皱。毛毯温度太高、毛毯无毛、毛毯含水量不一致等导致轧皱。一般高支高密布中易出现这类问题。

(6)荷叶边。产生原因主要是挡水辊出现了问题。

(7)鱼鳞斑。指织物表面出现均匀的凸凹不平。产生原因可能是橡胶老化、橡胶毯太干;来布手感太硬;橡胶毯压力太大;来布温度太高;承轧辊温度太高或太低;承轧辊表面沾有柔软剂等,从而导致布样经过承轧辊和橡胶毯之间时收缩不一或发生打滑,在布面出现鱼鳞斑。

(8)斑渍。指布面出现的起泡或水渍。产生原因可能是刮水板不平或刮水板上沾有蜡,造成橡胶毯表面干湿程度不一、老化程度不一,导致布面收缩程度不一样;或顶辊压力太大,橡胶毯缩拉过度导致布面变形;轧水辊上缠有纱线;吹气管效果不好,橡胶毯表面有水滴。

单元 6.6　热定形整理

纬纱为涤纶或涤棉的牛仔布在纺丝、织造及染整加工中,纤维由于受到各种外力的反复作用,织物内部积存着内应力,从而使涤纶牛仔布尺寸、形态不稳定,形成褶皱折痕。因此,含合成纤维的牛仔布如纬纱是涤纶或涤/棉的交织牛仔布需要进行热定形整理。

一、热定形目的与机理

热定形整理是利用合成纤维的热塑性将织物在一定的张力下加热到所需温度,在此温度下加热一定时间,然后迅速冷却使织物的尺寸形态达到稳定状态的加工过程。

涤纶等合成纤维是热塑性纤维,在热定形加工时,经加热达到玻璃化温度,非结晶区纤维分子链段热运动加剧,原先的分子间作用力被破坏,这时若对纤维施加一定的张力,分子链段按外力作用方向进行蠕动重排,相邻分子链段间在新的位置上重新建立起分子间作用力,冷却后,原有的皱痕被消除,这种新状态被固定下来,合成纤维产生在这一温度下的定形作用,在之后的预缩、洗水及使用过程中,若温度不高于此定形温度,就不会再产生难以去除的折痕和热收缩。此外,热定形还可改善涤纶的强度、手感和表面平整性,对涤纶的起毛起球现象也有一定程度的改善。

二、热定形方法

根据热定形时织物是否含有水分,分为过水定形和干热定形。

1. 过水定形

过水定形是织物进入热风烘箱之前先进入浸轧槽,使布面带上一定水分的定形方法。由于水的增塑作用,合成纤维容易被拉伸或收缩,在湿热作用下织物幅宽可调节控制。拉斜后半成品幅宽过窄或与成品要求差异过大,可采用过水定形整理。

2. 干热定形

干热定形是织物在干态无水的情况下进行热处理的热定形工艺。采用这种方法定形,织物本身不带水分,不需要烘干,可采用较低的烘箱温度,能节约能源。这种方法适合半成品符合成品幅宽要求的牛仔布。

三、热定形设备

目前,热风拉幅定形机是牛仔布广泛使用的定形设备,主要由进布装置、预热区、高温定形区、冷却区和出布装置组成。图6-13为一热风针铗定形机示意图。其主要的工作流程为:进布架—对中装置—下超喂—机械整纬—螺纹扩幅—上超喂—红外探边—毛刷上针—烘干定形—冷却—出布。

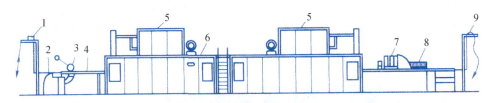

图6-13　热风针铗定形机

1—进布装置　2—超喂上针装置　3—伸幅装置　4—热定形烘房　5—冷却喷风　6—输出装置　7—冷却落布

四、影响热定形效果的主要因素

影响热定形效果的主要因素有热定形温度、时间和张力。

1. 温度

温度在热定形过程中起关键作用。一般含涤纶的牛仔布热定形温度为180~190 ℃,含腈纶的牛仔布热定形温度为170~185 ℃。氨纶弹力织物热定形过程较为复杂,既要考虑合成纤维的定形加工特点,又要考虑到织物结构框架。玻璃化温度是氨纶热定形温度的下限,只有高于此温度,氨纶的热定形才会有明显的效果。但氨纶的耐热性不太好,只能接受190 ℃短时间处理,热定形温度不宜高于此温度。由于氨纶丝被包裹在纱线内部,要使氨纶热定形产生效果,就要考虑氨纶纱所受到的实际温度。大部分棉/氨弹力布热定形温度大于150 ℃、小于210 ℃。

2. 时间

热定形时间是指布面达到定形规定温度、纤维大分子调整并建立新键所需的加工时间。织物热定形时间可分为:

(1)加热时间

加热时间是指合成纤维织物在干态或湿态情况下进入热定形机加热、织物表面温度达到定形温度所需的时间。

(2)热渗透时间

热渗透时间是指热能经织物表面逐渐均匀渗透到纤维内部,使织物内外温度达到统一所需要的时间。

(3)大分子调整时间

大分子调整的时间是指合成纤维主体达到定形温度后,纤维大分子按定形条件进行结构调整所需要的时间。在定形温度下,纤维在应力作用下,内部结构中较弱次价键被破坏,纤维分子链取向重新排列。

（4）急冷却时间

急冷却时间是指织物进行冷却后纤维大分子链达到稳定所需要的时间。经过大分子重排调整后纤维形成了新结构，为稳定这一结构通常采用急速冷却的方法。急冷速度越快，织物形态稳定性越强。如果冷却速度缓慢，织物有剩余的热收缩存在，会影响形态的稳定性。

热定形时间由定形车速确定，影响定形时间的因素还有织物含潮率、纤维种类、纱线密度、经纬密度、布重等。

3. 张力

热定形质量及织物的热收缩率、强力、断裂延伸度等性能指标均受张力影响。张力包括纬向张力和经向张力。拉伸率提高，分子链段间能更好地定向排列，有利于折痕的消除。经向张力用超喂率表示，超喂率是指机器运行速度与织物运行速度的比值。织物经向保持一定的松弛状态，有利于织物扩幅，使经向达到一定的回缩效果。合理控制织物经向超喂率和纬向拉伸幅度，才能使织物的布面平整度、尺寸稳定性和服用性得到提高。

五、热定形工序常见质量问题

热定形工序常见质量问题及产生原因见表 6-5。

表 6-5 热定形工序常见质量问题及产生原因

质量问题	产生原因
折痕	过水定形织物进入轧车时布面起骨痕、死痕
弯纬	超喂设置不当，布边和布中间经向收缩率不同
脱铗布边不齐	布边长短不同或进机幅宽设置不当造成脱铗，引起布匹幅宽不齐
幅宽不稳定	织物进机前含湿率不同、温度不稳定、布边毛边长短不同，都可造成幅宽不齐
布面起泡	多发生在多种纤维的交织物上，纱线热收缩性能不同，造成收缩不一致，产生布面气泡

单元 6.7 新型后整理工艺

前面介绍了牛仔布的基础整理工艺，随着市场的发展，各种各样的新型牛仔布整理工艺不断面世，经过新型整理的牛仔布不仅能提高其内外品质，也极大提高了产品的附加值，如弹力牛仔布的后整理、丝光整理、涂层整理、印花、染色整理等。

一、弹力牛仔布的后整理

（一）工艺流程

弹力牛仔布分经向弹力、纬向弹力、经纬四面弹等几种，常见的是纬向弹力牛仔布。弹力牛仔布的后整理工艺流程为：

（1）坯布 → 烧毛 → 拉斜 → 预缩 → 定形 → 成品检验 → 包装

（2）坯布 → 烧毛 → 定形拉斜→ 预缩→成品检验 → 包装

定形是关键工序，使用的设备是定形机。其工艺参数如温度、幅宽、超喂等由产品的纬向缩水率、成品幅宽及成品纬密确定。如果半成品幅宽足够，可采用工艺（1），即预缩后再定形；如果半成品幅宽过窄，可采用工艺（2），即先湿定形拉宽幅宽再预缩。

（二）加工难点

弹力牛仔布的后整理加工难点主要有：

1. 易卷边

弹力牛仔布在加工中受湿热作用易产生卷边等瑕疵，三片斜纹、四片斜纹牛仔布因纱线排列不同、纱线收缩受到的阻力不同、织造时左右应力不均衡等因素更易产生卷边问题。

2. 易产生皱条、鸡爪痕

氨纶弹力坯布质量不一，如捻度不同、张力不同、纤维密度不稳定等，都会导致后整理加工中产生皱条、鸡爪痕。

3. 门幅不一、尺寸不稳定

纬向弹力牛仔布的纬向缩率较大、各织机送纬张力不一致、纬纱弹力不稳定等，产生幅宽不一，尺寸不稳定。

（三）弹力牛仔布后整理加工注意事项

1. 烧毛工序

弹力牛仔布下织机后纱线会自然收缩，如果没有及时加工，布面上会出现鸡爪痕，特别是纬纱为涤包氨的弹力布，如果烧毛前未烫平布面，鸡爪痕在成品后都无法消除。因此烧毛前先预缩或先定形。注意烧毛力度，单面轻烧毛，防止合成纤维受热温度过高导致织物手感板结、染料升华而纬纱沾色。工艺上车速要快，火焰温度要低，落布温度要低。

2. 热定形工序

氨纶在合成纤维中耐热性最差，软化温度为 $175\sim200\ ℃$，熔点为 $230\sim250\ ℃$，热分解温度为 $270\ ℃$，温度达 $150\ ℃$以上纤维会发黄、发黏、强度下降、回复性变差，在 $195\ ℃$干热下停留 $30\ s$ 弹性会损失 9%。氨纶弹力布热定形就是通过高温破坏氨纶的强力和回复性，降低缩水率，同时控制织物的弹性，使门幅和洗水后的回缩达到成品要求。

确定弹力布热定形工艺参数如定形温度、时间很重要，一旦定形过度将无法修复，因此大货生产前要在稳定的工艺条件下进行小样缩水试验。依据试验数据来确定合理的预缩量，进行正确的控制。

二、牛仔布的丝光整理

丝光整理本是棉印染前处理工序，大量运用在已染色的牛仔面料上，经过多年的发展，丝光牛仔布已占据国内牛仔布市场的半壁江山，在高档牛仔产品中丝光作为基础加工工序更是必不可少。比起传统的后整理项目，牛仔布丝光整理的经济效益非常显著，产品附加值较高。牛仔布丝光整理与白坯印染加工的丝光整理相比有其特殊性，特别要注意牛仔布丝光整理过程中的褪色和沾色控制。

（一）基本工艺流程

普通丝光牛仔布整理的基本工艺流程为：坯布→烧毛→退浆→丝光→拉斜→预缩→成品

检验和包装。

根据牛仔布品种的不同及不同的质量要求,工艺流程会有所调整和变化。例如可以在拉斜后再丝光;为了确保牛仔布的幅宽达到要求,可增加拉幅工序。

(二)丝光的基本原理

丝光整理是将棉牛仔布在一定张力的状态下,借助浓烧碱溶液的作用使纤维素纤维膨胀,然后在拉伸作用下,内部分子重新排列,结晶区增加、无定形区减少,从而保持织物所需要的尺寸,获得丝一般的光泽。牛仔布经丝光后,棉纤维的吸附能力和化学反应活泼性提高,织物的光泽、强度和尺寸稳定性得到改善。

除了浓碱丝光外,目前也有企业采用意大利 Lafer(拉发)公司的 PermaFix 液氨整理机对牛仔面料进行液氨丝光整理。整理时先烘干牛仔面料,除去水分并经过冷风冷却,然后进入装有液氨的密封箱体内,经过轧液槽浸渍液氨,均匀渗透并瞬时吸氨,以保持织物经向张力恒定。棉纤维在短时间内充分膨胀,再进入反应室与氨充分反应,并及时让织物上的氨蒸发出来。织物经过蒸箱中的热烘筒进一步去除残留于布面上的氨,并回收从布面释出的氨。经液氨整理后,面料的缩水率有较大幅度降低,回弹性有很大提高,手感十分柔软,光泽柔和,后续套色时可得到更深颜色。这种方法处理后的布面无氨存在,不会对纤维造成损伤。

(三)丝光牛仔布的风格特征

牛仔布的经纱染色大多是不透芯的,属于环染纱,而纬纱多为本色纱,故牛仔布的丝光效果比普通色织物的丝光效果更好。与没有经过丝光整理的牛仔布比较,丝光后的牛仔布布面平整、光洁、色泽鲜艳、纹路清晰,具有良好的手感和柔软度,悬垂性优良,穿着舒适、自然。丝光整理可使竹节牛仔布更加细腻,减少弹力牛仔布的缩水率,使套色牛仔布和轧光涂层牛仔布具更丰富的层次和色光。

(四)丝光工艺

为保证棉织物丝光加工时对烧碱的吸收更加充分、匀透,使纱线内部纤维也能达到较好的丝光效果,避免表面丝光现象,织物丝光前要进行退浆。退浆采用设备为退浆联合机,由浸酶槽、汽蒸箱、蒸煮箱、水洗槽、干燥烘筒组成。

工艺流程为:进布—浸轧退浆液—汽蒸—热水洗(≥90 ℃,2~3 道)—冷水洗(2 道)—滚筒烘干。

退浆液处方为:退浆酶 AT 10 g、渗透剂 3 g、温度 50 ℃。退浆烘干落布时要保证烘干织物,否则在丝光加工时会不断降低碱槽内烧碱浓度,影响丝光效果。含有硫化染料的牛仔布一定要充分干燥,否则染料泳移严重,放置时间过长,染色时添加的保险粉会在潮湿情况下发热引起燃烧。

丝光设备、烧碱浓度、张力、去碱效果会影响丝光效果。丝光工艺条件如下:

浓碱浓度:210~250 g/L;淡碱浓度:60~70 g/L;淋吸方式:二淋二吸;碱槽轧压:前槽 0.28 MPa,后槽 0.3 MPa;水洗轧压:0.2 MPa;水洗温度:75 ℃;淡碱温度:70 ℃左右;防沾剂 STF-10:2 g/L;渗透剂 CN-S:适量;回潮率:8%±1%。

车速以布面效果而定,织物带浓碱时间也就是丝光时间在 50~60 s 以上可以得到稳定的丝光效果。为保证幅宽,出布铗的布面带碱率要在 50 g/L 以下,为使落布 pH 值在 7 以下,可以在水洗槽加入冰醋酸中和。布铗的扩幅要根据品种的幅宽而定,一般情况下,丝光后幅宽比丝光前幅宽小 2 英寸左右。丝光机尾一般有整纬装置，可以调整拉斜率，机尾落布时，挡车工要撕 0.5 m 布板测拉斜值、纬弯大小和看布底沾色情况，然后根据具体情况调机。

（五）丝光牛仔布的质量评价

目前并没有评价丝光牛仔布质量的统一标准，可根据生产实践从丝光效果与织物质量方面评价。牛仔布的丝光不同于棉白坯布的丝光，因牛仔布经纱已用还原染料染色、混合浆料上浆，纬纱为未经任何加工的原纱，织物不能经受剧烈的煮练、退浆等工序，因此牛仔布的毛细管效应很差，烧碱对纤维的渗透比较困难；另外染色使用的靛蓝、硫化等染料均在碱性环境下染色，水洗、摩擦等色牢度较差，在水溶液中很容易引起白色纬纱的回染，因此丝光效果评价可由织物外观与纱线定形作用综合考虑。

1. 织物外观

评价丝光牛仔布的外观可以从牛仔布的布面光洁度、纹理清晰度、纬纱沾色度、纤维膨胀度、光泽度、经纱摩损度、织物的布面完好性、平整度与颜色均匀度等几方面来判断。鉴别不同丝光厂的效果时需使用相同的织物，在相同的湿度、温度及光线环境下对织物的布面、布底一一做出对比。

（1）布面光洁度：布面光洁度就是织物表面的光泽与洁净程度，牛仔布丝光的目的是提高布面的光泽，光泽度的好坏与丝光工艺中的烧碱浓度、张力、车速等有关，合适的工艺参数可以赋予织物柔和自然的超强光泽。这种光泽是纱线膨胀的结果，即使经过剧烈的水洗，光泽也不会消失或减弱。目前市场上充斥着大量用防缩时布底贴缸或轻轧光的方法来提高织物的光泽的牛仔布，这种光泽是一种刺目的极光，织物经过水洗后光泽即消失。从纱线表面的形态能看出，经过布底贴缸预缩或轻轧光的织物其纱线截面被压成扁平，而正常丝光的织物中纱线截面为饱满的圆柱形。

丝光时织物要经受反复的浸轧、冲洗，这时布面上的杂质与棉籽壳会有一定程度的脱落，织物的洁净度得到提高，使布面看起来美观、舒服，因此比较丝光质量好坏时布面的光洁度为第一要素。比较时采用水洗前后同时对比的方法最为准确，即将织物先在洗水前对比，之后再使用相同方法同时在一台洗衣机内洗水，将经洗水干燥后的织物也同样对比光洁度，以洗后织物为主，光洁度好的为丝光效果好。

（2）纹理清晰度：牛仔布多为 3 枚或 4 枚斜纹，风格特点是色经白纬对比强烈，斜纹清晰粗犷，经过丝光处理后织物的经向缩水率减小、成品纬密降低，织物的斜纹组织更加清晰，纱线外毛羽减少。因此，通过比较织物组织的清晰程度可以衡量丝光质量的好坏。浮经排列整齐、斜纹笔直、纹理清晰度好的织物丝光效果好。

（3）纬纱沾色度：牛仔布是染色后再丝光，在丝光过程中染料会有不同程度的脱落，脱落的染料会在丝光液中回沾到白色的纬纱上，使白纬不再清爽干净。丝光时纬纱的沾色主要产生在浸碱槽与布铗淋冲碱阶段，浸碱槽中碱液浓度高会使靛蓝与硫化染料大量脱落，又由于是连续性生产，如果生产顺序安排不当就会使其他颜色的染料回染到织物上；布铗淋冲去碱阶段使用的是循环水洗碱液，温度高，一淋一吸就使残留染料停留在织物上。因此牛仔布丝光工序的清洁生产很重要，可用纬纱的沾色度来衡量丝光效果，质量高的丝光牛仔布应是纬纱沾色少，布面颜色纯正。

（4）纤维膨胀度和光泽度：丝光时碱液的渗透使纤维膨胀而产生光泽，可通过目测纱线的膨胀圆润程度来比较丝光效果。

（5）经纱磨损度：在丝光过程中张力调节不当会使经纱上的染料受损，特别是导布辊上有杂质时不仅妨碍布匹的正常运动而产生纬弧，还会使布匹表面的纱线刮花、靛蓝染料脱落，从而使布面看起来有均匀的条花、白点。因此，可通过观测布面经纱的磨损度、染料颜色的完整性来评价丝光效果。

（6）织物的布面完好性、平整度与颜色均匀度：丝光织物的布面平整度得到提高，其主要原因是丝光时织物受到较大张力，纱线的松紧程度得到重新调整，另外在多次的压轧下布面的平整也会有所改善。织物的布面完好性、颜色均匀度与丝光工序紧密相关，布铗去碱段幅宽调节的不当会使织物烂边、卷边，出布铗段织物带碱量高会使弹力织物在洗水阶段严重卷边，布面出现褶痕死皱；各轧车均匀度有问题会使织物颜色不均匀，严重的会产生色条、色差。

2. 纤维定形作用

丝光具有稳定织物尺寸和形态的作用，丝光时纤维晶体结构重排、内应力消除是织物尺寸稳定性提高的主要原因。纤维的定形作用可以从丝光前后织物洗水后的纬纱密度的变化中得到：将丝光前丝光后的织物或不同厂家生产的同样组织规格的牛仔布在相同情况下充分洗水、干燥，平衡之后进行密度测量，如果已丝光织物比未丝光织物纬密小 $2\sim4$ 根，则说明织物有一定的丝光作用，且密度减少得越多说明丝光效果越好；如果纬密没有变化或只有一根纱左右的变化说明丝光效果差。

3. 其他要求

丝光生产中容易出现沾色、卷边现象，因此对织物的颜色归类必须经两道程序：即在打卷后剪两份匹条，先进行洗前的初步对色，随后将匹条缝成"百家衣"进行洗水，干燥之后再进行二次对色，结合两次结果对布匹进行颜色归类。

织物在丝光时因停车造成的停机档或因卷边造成的折边、折痕等色差、布面问题，一律不得在大货中出现。

织物的内在质量主要是缩水率、pH 值的问题。缩水率要求稳定，市场公认不超过 3％；pH 值要求出口织物不超过 7.5，内销产品不超过 8.5；其他内在指标可按合同标准进行。

三、牛仔布的涂层整理

涂层整理是在织物表面均匀地涂上一层或多层能形成薄膜的高分子化合物，同时将一些功能性助剂牢固地附着在织物表面，赋予织物某些功能的一种表面整理技术。涂层整理的主要目的是改变织物的功能、外观和风格，使织物具有防雨、防风、透气、防水透湿、防污、阻燃、抗紫外线等多种功能，以及皮膜感、油感、蜡感、纸感、柔软滑爽等手感特征。经涂层整理后的牛仔布在质地、视觉和触觉感官上完全区别于传统的普通牛仔，风格独特，是高档的、高附加值的新型牛仔品种。

牛仔布涂层整理工艺流程为：烧毛→退浆→丝光→印前定形→涂层→焙烘→定形→缩水→检验包装。

（一）涂层整理技术特点

（1）整理只发生在织物的表面，与传统的浸轧后整理方式不同，溶液不需透入织物的内部，只涂敷在织物的表面，因而可节约原料，并能保持纤维本身柔软的特点。

（2）采用的工艺主要是轧光、涂布、烘燥和焙烘，一般情况不需要水洗，因而能节约大量的能源，基本没有污水排放，可以减少对环境的污染，符合当今纺织品环保的趋势。

（3）对基布的要求比较低，对纤维原料的限制较小，棉、涤棉、黏胶、麻、天丝等纯纺和混纺、交织物均可进行涂层整理。织物组织结构、纱支规格的适用性广泛，在印染上有些产品可以不经过前处理，省去了复杂的前处理工艺，不仅使生产更简便，同时也能节约能源和水。因此，一些低档织物经过涂层整理，可以制成高档产品，产生较高的利润。

（二）涂层整理工艺分类

1. 按涂层剂分

先进的织造技术、先进的涂层设备及性能优良的涂层剂，这三者有机结合才能生产出高质量的涂层织物，其中涂层剂是关键。

涂层剂又称涂层胶。最早的涂层胶如氯丁橡胶和其他合成橡胶等涂层剂只防水而不透湿，涂层织物有闷热感，舒适性差。随着技术的发展，通过对涂层胶化学结构改性和变换涂层加工等方法，研制出一系列防水透湿的涂层胶，牛仔涂层主要使用聚丙烯酸酯类（简称PA）和聚氨酯类涂层剂（简称PU）。

（1）聚丙烯酸酯涂层剂（PA）：聚丙烯酸酯涂层剂是由甲酯、乙酯、丁酯选择适当的比例配制而成，以调节其手感的软硬程度。它具有柔软、耐干洗、耐磨、耐老化等优点，并有良好的耐光热性。此外，因丙烯酸聚合物颜色很浅，在光照下可长时间保持成膜的透明度，适合做装饰用材料的涂层。但由于其含有较多的亲水基团而涂层不耐水洗。

（2）聚氨酯涂层剂（PU）：聚氨酯涂层剂是由聚氨酯型和一定的聚醚型配合而成。聚氨酯的特殊结构使涂层柔软而有弹性，涂层强度好，可用于很薄的涂层，且耐磨、耐湿、耐低温、耐干洗。涂层形成大量的微孔，赋予织物优良的防风、防水、防污的同时，还具有优良的透湿和透气性能。所以对透气透湿的衣着织物，宜采用聚氨酯涂层剂。其主要不足在于价格较贵、成本较高、耐气候性差。

2. 按涂层方式分

（1）刮刀涂层法：利用各种刮刀在底布表面涂上涂层剂，具有结构简单、价格便宜、适用广泛等优点。但涂层厚薄较难控制，易产生横向条纹。

（2）辊筒式涂层法：利用转动的圆辊筒给织物表面涂层的方式。其特点是能够计量地把涂层剂均匀涂在基布上，即使被涂的基布不平整，也能够均匀涂布，具有涂层厚薄均匀的优点。

（3）圆网式涂层法：在滚筒或胶毯上用圆网刮涂，根据网孔的密度、大小得到不同厚薄的涂层，更适宜于泡沫涂层，同时还可运用网眼稀度进行点粘刮涂。

（4）胶毯式刮刀涂布：可用作厚薄层泡沫浆涂布。

3. 按涂层工艺分

涂层织物的加工方法主要有干法直接涂层、湿法涂层、泡沫涂层三种。

（1）干法直接涂层：干法直接涂层工艺指不依靠媒介将涂层浆直接涂敷到织物上，经烘燥、热处理、冷却，涂层剂在基布表面形成坚韧的薄膜。这种工艺及设备较简单，一般配好涂层浆后即可涂布。涂层时应注意防止涂层浆渗透基布。

干法涂层工艺路线为：

织物防水→热轧光→第一次涂层→烘干→第二次涂层→烘干

（2）湿法涂层：湿法涂层又称凝固涂层，与干法涂层在烘箱中成膜不同，它是在凝固浴中生成多孔膜。将单组分聚氨酯涂层剂溶于二甲基甲酰胺（DMF）中制成涂布浆涂在基布上，然后浸入水中，利用 DMF 与水的混溶性让水在涂层膜内置换 DMF，降低 DMF 的浓度，促使聚氨酯凝固成膜。

湿法涂层工艺流程为：

织物防水整理→湿法刮涂→预凝固→烘干→湿法辊涂→凝固水洗→烘干

湿法涂层涂布后必须进行水溶处理，工艺较复杂，设备较庞大，但透气性和弹性比干法涂层好。而干法涂层工艺设备简单，操作方便，且经过不断改进工艺，干法涂层已能达到湿法涂层工艺的水平，因而很多染整厂采用干法涂层。

（3）泡沫涂层：泡沫涂层是将涂层剂、发泡剂、泡沫稳定剂等和少量水以空气为稀释剂，通过发泡设备使之成为泡沫状态，均匀施加到织物表面，然后用轧辊使织物表面上的发泡层破裂，将涂层剂分布到织物表面的工艺。泡沫涂层整理的织物手感柔软，透气、透湿性优良，同时减少了后续烘燥工序热能、电能的消耗，节约用水和化学药剂，有利于环境的保护。此外，泡沫涂层还有其独特的优势，可以根据不同的要求创造出不同的风格，对牛仔布这种布身厚重、更注重追求独特风格的布种，泡沫整理有不可取代的优势。

泡沫整理系统主要包括发泡机和泡沫施加机，发泡机又分静态和动态发泡机两种类型，牛仔布涂层整理常用动态发泡机。

泡沫涂层工艺流程为：

织物打卷→刮刀式施加泡沫浆液→烘干→轧压→后处理→焙烘→打卷

（三）涂层牛仔布基布的选用

进行涂层整理的基布涂布前要经退浆、丝光、拉幅、轧光处理。丝光效果直接影响涂布质量，基布布面越平整，涂布质量越好。为生产质量档次高、涂层效果好的牛仔面料，应注意以下几点：

（1）待涂的基布要表面光洁，棉结杂质少，这一点对生产高档次的涂层牛仔布很重要。如果布面上的棉结和杂质清除不干净、不彻底，则布面经过涂层、水洗处理后，棉结杂质会因水洗而移位，从而在布面出现白星点，大大降低布面质量。

（2）坯布检修时注意质量，布面不能留有老鼠尾、毛边及纱尾，否则在涂层后毛边和纱尾位置改变，原位置处出现白条从而影响布面质量。

（四）涂层整理易产生的质量问题及相应措施

（1）容易出现边中色差：这与布面张力不匀有关。因此应严格控制布面张力，保持布面平整。此外，涂层刀使用时间过长会造成磨损，因而要磨平刀口。

（2）加浆操作易使布面出现加浆痕：最好设置加浆槽，避免加浆时浆料直接接触布面。

（3）布面出现色点：产生原因是涂层浆有细小涂料颗粒分散不均匀而显露于布面。因此需将涂料或色浆用 100 目以上的丝网过滤，同时制浆时要充分搅拌，使细小颗粒得以均匀分散。

（4）布面有刀线：产生原因是毛屑或线头嵌于刀口而在布面形成一条长痕。应加强前处理，保持布面清洁，生产时定时吸尘、定时清洁。

四、牛仔布的其他特殊整理

牛仔布的特殊整理产品主要是在整理方式上大胆引入印染加工整理的各类整理方法，并结合牛仔布的特性而生产的时尚、流行产品。

（一）套染和套色整理

套染和套色牛仔布是指对牛仔坯布再进行一次染色处理，使牛仔布的白色纬纱变成棕色或灰色，具有怀旧的效果。

传统的牛仔布是色经白纬，为使牛仔布不用洗水套色也能洗出怀旧风格，需将牛仔布的纬纱改成色纬，但使用色纬成本过高，而牛仔布套色成本比较便宜。经过套色的牛仔布不仅能使白纬上色，而且能加深经纱的颜色，掩盖原本一些白色纬纱的疵点，并且布面露白较少，使布面品质看起来更高档。

牛仔布套色的生产工艺流程：

烧毛→退浆→丝光→染色→烘干→定形拉幅→缩水→成品检验和包装

染色过程主要分染色、洗水、氧化、煮碱洗水、烘干等几个工序。染料有直接染料、硫化染料、还原染料、活性染料等，也有用涂料的染色方式。织物套染前要充分退浆，保证涂料的扩散速度，提高涂料的覆盖率，防止局部浆料残余造成染色不匀，形成条花。套色后的牛仔织物经充分水洗后，需要再进行一道柔软处理，目的是改变成品的手感及服用性能。

1. 涂料套色

涂料套色具有的优点为：工艺流程短；耗能低，常温阳离子处理和染色，无热能消耗，节约能源；中性染浴易控制，中性染浴添加助剂少，控制条件少，有利于质量稳定；无水洗，涂料浸轧后无须水洗，直接烘干即可；用量少，涂料套染所需染料用量少，小容量染槽即可完成；染色批差、色差少，涂料染色与面料不发生化学反应，以覆盖着色，在保证染色浓度和浸渍时间的前提下，基本无色差、批差的染色问题。

涂料套色具有加工工艺的优势，实现了连续不间断轧染的流水线生产，多组分的牛仔面料实现同步连续轧染，提高了色光的稳定性和色牢度的可控性，在变换水洗方法时可产生多变的水洗风格，提升了产品质量和附加值。

2. 活性染料套染

活性染料分子结构上带有反应性的活性基团，在染色过程中与纤维素纤维发生化学反应形成共价键结合，染料成为纤维大分子的一部分而上染。因此活性染料也称为反应性染料。

活性染料色谱齐全、色泽鲜艳、性能优异、适用性强，运用活性染料对牛仔布进行套染，可获得柔软的手感和丰富的颜色，产品附加值高。

牛仔布活性染料套染常用的方法有轧染、卷染和冷轧堆套染。

轧染工艺流程：浸轧活性染料→烘干→浸轧碱液固色→汽蒸→烘干。

卷染工艺流程：活性染料入缸→卷染→固色→水洗→出缸。

冷轧堆套染工艺流程：浸轧染液→打卷后转动堆置→后处理（水洗、皂洗、烘干）。冷堆套染具有设备简单、能耗低、染料利用率较高、匀染性好等优点，适用于小批量、多品种生产。

（二）印花

印花整理是将牛仔布根据需要在台板平网或卷筒印花机上印花,得到各种花纹图案或在牛仔布颜色的基础上获得新的颜色。印花整理适合任何牛仔布品种。

不同的印花方法可达到不同的效果。如发泡印花能形成具有贴花、植绒和绣花的三维立体花型,手感柔软、艺术感强;泡泡印花形成泡泡纱的凹凸立体感;金粉印花形成富丽堂皇的效果;夜光印花形成黑暗中的花型。

牛仔布印花生产工艺流程:

烧毛→退浆→(丝光)→印花→防缩→检验包装

1. 涂料直接印花

涂料直接印花是直接使用涂料在织物上印制花纹。此种方法简单方便,但只适用于浅色牛仔布。

2. 涂料拔染印花

涂料拔染印花是牛仔布最常用的方法,适用性广、色彩鲜艳,适合各种牛仔布。拔染浆中用来破坏靛蓝等地色染料使之消色的化学药剂称为拔染剂。用来着色的涂料称为着色剂。其原理是根据靛蓝染料的结构和特性,在已染有地色的织物上涂敷拔染浆,在还原剂或氧化剂的化学作用下,花型部位的底色染料结构破坏,产生白色或其他色泽花纹图案的印花工艺。花型部位地色消除形成色地白花称为拔白。如在拔染浆中加入能耐拔染剂的涂料,在消色部位又印制上其他色泽获得各种彩色图案的拔染印花称为色拔。

用于牛仔布拔染印花的拔染剂有两种类型。一是酸性拔染剂,如 JN 拔染剂,需在酸性介质中使用。另一种是碱性拔染剂,如雕白粉,需在碱性介质中使用。它们在高温汽蒸中发生分解释放出具有很强还原作用的物质,促使靛蓝染料分子还原成隐色酸,隐色酸在碱性介质中生成隐色体钠盐而溶解,再经水洗去除;在酸性介质中生成羟基化合物,溶于水而被去除。

在碱性介质中生成的隐色酸易氧化转变成不溶性染料,因此碱性雕白粉拔印效果不如酸性拔染剂。另外,酸性拔染剂成本比雕白粉要低得多,工艺质量稳定,易于控制,生产中常用酸性拔染剂进行拔染印花。酸性氧化拔染剂常用的是氯酸钠和黄血盐钠。在酸性条件下,经汽蒸处理,氯酸钠产生很强的氧化作用,使靛蓝染料结构中的共轭双键断裂,被氧化为可溶于碱的靛红,经碱洗和皂洗去除,达到氧化拔染印花的目的。

经涂料拔染处理的印花部分手感偏硬,织物强力下降。氧化拔染剂和酸剂都会使纤维脆损,因此要优化氧化拔染剂的组成,按合理的配比制备拔染浆,制定适宜工艺条件,严格控制操作,兼顾印花牛仔布的拔染效果,使牛仔布的强力保留率达到 90％左右。

（三）磨毛整理

磨毛整理是将牛仔布用砂纸处理织物表面,使织物产生绒感,柔软度提高,厚度增加,磨毛面手感细腻。

磨毛整理适合中厚型牛仔品种及较平整的牛仔面料,所需设备为磨毛机,其工艺流程为:

(烧毛)→退浆→(丝光)→磨毛→防缩→检验包装

（四）树脂整理

树脂整理是利用树脂等化学方法对织物进行处理,使织物具有防缩防皱、洗可穿、耐久性压烫或特殊的洗水效果。

用作牛仔布整理的树脂以热固性树脂为主,能充分渗透到纤维内部,在高温焙烘和催化剂作用下,与纤维素的分子发生交联反应,使牛仔布物理力学性能改变形成一层保护膜,达到防缩、防皱、免烫效果并提高色牢度。牛仔布因本身特性洗后纹路不清、纬向缩水率大,尤其弹力牛仔布更明显,洗水后褪色大。经过树脂整理后的牛仔布大大提高以上性能。

树脂整理生产工艺流程:

烧毛→退浆→(丝光)→树脂整理→防缩→检验包装

主要生产设备是印花机、焙烘设备,其他生产设备与正常丝光所需设备相同。

(五)轧光整理

轧光整理是指在湿热条件下,经由软、硬轧辊组成的轧点连续轧压的机械处理使牛仔布表面光滑、均匀,并具有较好的光泽的整理方法。

轧光整理生产工艺流程:

烧毛→退浆→(丝光)→防缩→轧光→检验包装

轧光采用普通的轧光机即可,温度不能太低,否则光泽效果不明显;车速不宜太快,进布要平整。

(六)手感整理(爱乐整理)

爱乐整理是物理机械手感柔软加工方式的典型代表,最初因意大利 AIRO(爱乐)绳状柔软整理机出现而得名。国内又叫空气洗,由具有一定温湿度的高压气流按一定的要求对织物进行连续不断的拍打作用和循环滚动,使气流与织物、纱线和纤维的全方位接触,使织物的组织结构松软、纱线结构发生松弛、纤维充分伸展,从而获得一种柔软并具有弹性的特殊手感。另外,由于织物和气流通过文丘里管时,喷嘴处产生较大的空气压力,可使织物主要以平幅状接受撞击,而管内壁形成的气流边界层对面料则起到充分的气垫保护作用,避免了机械动力对面料造成的褶皱和摩擦,确保加工中不产生横档、擦伤及褶皱。在湿加工过程中,还有利于水浴中化学药剂向织物渗透,同时空气压力差把吸附在面料的染料颗粒"洗"下来,从而改善织物的外观及手感。该整理既可用于轻薄牛仔也可用于厚重牛仔织物的加工。

(七)泡沫整理

泡沫整理是借助泡沫载体把化学药剂施加到织物上,而不是像水介质那样把整个织物浸透,具有容易烘干、节省能源的优势。这一方法可以单面加工,尤其适合某些只需表面整理的面料。目前牛仔后整理中常见的有泡沫丝光、泡沫涂层、泡沫套色(加色)等。当牛仔泡沫丝光时主要是利用其单面丝光,颜色变化小、色泽鲜艳,反面以及白纬不易被污染沾色,花度对比明显。当牛仔采用泡沫涂层时,可获得比普通涂层薄的皮膜,能很好地体现牛仔涂层后的外观效果,同时也不会因为涂层太厚而影响织物本身的风格特征。当涂层胶中加有染料或涂料时,泡沫涂层就是一种套色工艺,可以正反面同时套色,使牛仔织物正反面显示不同的颜色、风格或功能,甚至得到闪光或立体感的特殊效果。如果结合各种牛仔洗水工艺,效果更加自然。

思考题

1. 说出牛仔布后整理的技术要求。
2. 写出常规牛仔布的后整理工艺流程。
3. 牛仔布为什么要进行整纬处理？
4. 如何测定斜纹牛仔布的拉斜值？
5. 牛仔布为什么要进行预缩？预缩要达到什么技术要求？
6. 牛仔布后整理有哪些常见疵点？如何预防？

07 模块七
↗ 牛仔布的检验及质量指标

教学导航 ∨

知识目标	1. 掌握牛仔布检验的一般流程、内容、注意事项； 2. 掌握牛仔布检验主要质量控制点及质量指标； 3. 熟悉牛仔布质量考核标准。
知识难点	牛仔布检验主要质量控制点及质量指标。
推荐教学方式	1. 宏观教学方法：任务教学法； 2. 微观教学方法：引导法、小组讨论法、多媒体讲授法、案例分析法。
建议学时	4学时
推荐学习方法	1. 教材、教学课件、工作任务单； 2. 网络教学资源、视频教学资料。
技能目标	1. 能说出牛仔布检验的流程和内容； 2. 能识别牛仔布常见的检修疵点； 3. 能利用相关标准进行机织牛仔布的品质评定； 4. 能利用相关标准进行针织牛仔布的品质评定。
素质目标	1. 培养学生分析问题、解决问题的能力； 2. 培养学生自主学习的能力； 3. 培养学生一丝不苟的工作态度和爱岗敬业的职业精神。

思维导图 ∨

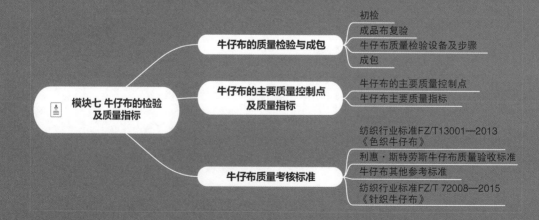

7-1 微课：
牛仔布的质
量检验

单元 7.1　牛仔布的质量检验与成包

牛仔布的质量检验一般分两次完成，即坯布的初验和成品布的复验。

一、初验

初验是指根据质量标准和对口协议规定，对织造工序生产的布匹进行逐匹检验、加工，并负责原坯的布面质量记录，以便于统计入库产量、质量的完成情况，起到质量把关和指导生产的作用。

（一）初验的内容和目的

1. 大疵点打上记号

检验中如果发现布面上出现的 9 英寸以上的大疵点或破洞，则在布边打上记号，供成品检验评等时识别。生产出来的坯布需经过全面验修，瑕疵布匹要抽出当废布处理。

2. 检修小疵点

牛仔布是一个不可修织的品种，大多数工厂只是对在初验过程中发现的小疵点，比如杂物织入、松紧经等进行修理。以下是一些小疵点的修织方法：

（1）松经：隔两次挑起，挑成圆形至布面平整，修后要用梳子沿经向适当用力梳理；

（2）拖纱：平布面剪去纱头；

（3）纬缩：在布底挑起至布面不露白为止；

（4）结头：挑至反面，用钳子钳去；

（5）杂物：在反面钳除，挑除后必须梳刮均匀，不留空隙。

3. 追踪记录连续性疵点

检验过程中发现连续性疵点，要立即记录以便追踪，并要及时反映以减少损失。

4. 核实布匹的规格

机号、品种、组织、布号、长度和认真检查布头两端一次，并按标识顺序填写在布头上。

（二）初验注意事项

（1）验布时，目光要集中在布面上，两眼一致从起点开始巡回检查，在巡回中发现疵点或其他原因停车而目光中断，要从起点再看起；

（2）中途开剪布匹，要核准长度和织布班别；

（3）布面修织后，疵点的纱头一定要剪清，不得把纱头花毛要扫清，不得留在布内；

（4）布面花毛要扫清，回丝要取清；

（5）严格执行每修好一匹布清点一次工具的制度，以防工具夹入布内，造成事故。

二、成品布复验

复验是指对已经过后整理的成品牛仔布进行最终检验，并进行评等定级，分件包装。复验内容包括：

1. 对成品牛仔布按照质量标准进行评分

（1）评分方法：疵点在 3 英寸或以下为 1 分，疵点在 3～6 英寸为 2 分，疵点在 6～9 英寸为

3 分,疵点在 9 英寸以上为 4 分,破洞不论大小计 4 分。

(2) 以下疵点在同一码内最多不超四点:斜布纹线、弯布纹线、叠色、异味、阴阳色、走纱、整理不平均、宽度错误。

2. 对于不合格的产品作次品处理,不合格产品的验收标准

(1) 连续有规律性疵点 1 码计 4 分,连续性 3 码以上做不合格品对待;

(2) 达不到加工要求幅度则计不合格;

(3) 每一批布分色最多接受 3 个 LOT 色,每个 LOT 色最小码数为 500 yd,每 LOT 色之间色差按评级灰色卡 4～5 级;

(4) 每匹布中边,头尾色差不能低于 4～5 级;

(5) 码长差异,相对实行长度同卡片标码差异超过 1‰,则该匹布不合格;

(6) 有臭味、恶臭的布不合格。

3. 对成品牛仔布进行评等定级

因为牛仔布的一些疵点未经烧毛缩水不能显示出来,所以一般初验不对牛仔布的质量进行评等定级,而是在复验时候进行评等定级。按照 Levi 评分标准对布面的疵点进行评分,每平方码疵点评分不超过 40 分的评为 A 级,超过 40 分的评为 B 级。

4. 抽样检验牛仔布的外观质量和物理指标

牛仔布的外观质量和物理指标也是在复验过程中抽样检验。除了牛仔布的布幅宽度,由复验工对每个缩水下来的卷装单位逐一进行丈量外,其他指标如缩水余量、纬斜率、经纬密度、布重、断裂强力、撕破强力、色牢度等,由品质部门按批抽样检验,以确定该批布出厂的等级。

5. 对色

每一个卷装的牛仔布都必须按照色板进行分色,确定色号并保证无明显左中右色差,匹间色差在标准以内。为了避免各人对颜色的分辨率有差异,对色最好由专业对色工在标准光源箱下进行。染色工艺控制比较好的工厂颜色只分三档,为了使出厂的牛仔布的颜色保持长期稳定,要管理好对色用的色板。色板要求密封,储存于光线微弱的地方。对色用的色板每周更换一次,以避免色板在空气、光线下变色而影响对色的准确度。有的工厂对颜色管理比较严格,不但对成品牛仔布的表色进行对色分档,还将各卷布的布样缝成"百家衣"进行重漂,以核对底色是否一致。如果发现表里不一致,便可及时进行调整,以保证入库时同一色号的牛仔布表里颜色完全一致。在出货前,再将留于布卷内的小块布样取出,缝成"百家衣"进行漂洗,发现经漂洗后的颜色不一致的进行调整,以保证出厂的同一批牛仔布不会因生产时间不同或生产缸号不同而产生差异。

彩图 7-1 工业纺织品瑕疵检测系统(AI Textile Vision Inspection System)

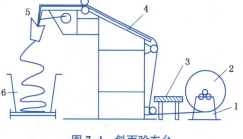

图 7-1　斜面验布台

1—布卷退绕架　2—布卷　3—踏板
4—倾斜验布台板　5—摆布斗　6—储布箱

三、牛仔布质量检验设备及步骤

(一) 牛仔布验布机

牛仔布的初验与复验一般都在斜面验布台或水平台板式验布机上进行。图 7-1 和图 7-2 分别为斜面验布台及水平台式验布机示意图。一般的复验布机都为带有卷布装置的验卷联合机,检验、评级、卷筒、包装一次完成。亦有的工厂在复验前先行码布,然后在平台上逐码翻阅检验,最后送成卷机分装、卷筒、包装。图 7-3 所示是 CW-500WB 型牛仔布厚布料验布机。

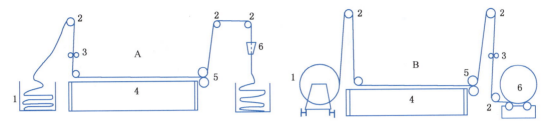

图 7-2 水平台板式验布机

1—存布箱或布辊 2—导布辊筒 3—导布器(吸边器) 4—水平台板 5—拖引轧辊 6—落布摆斗或卷轴机构

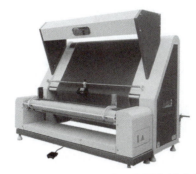

图 7-3 CW-500WB 型牛仔布厚布料验布机

(二) 验布操作步骤

(1) 引布前先检查布辊芯是否都停在托脚槽内,以免发生事故;

(2) 引布穿头路线为先经过座台下面,穿过踏脚板,再拉上机器横梁上,在布头的一端 5 cm 内记上修布工号,将机号、布号抄写在记录表上;

(3) 检查布头 1 m 内有无硬伤和残疵;

(4) 回复码表起始数到零位;

(5) 将布头叠成三角形,一边开车,一边放手,紧接着手摸布边;

(6) 见疵停车,四分疵点要穿绳标记,可修性疵点要修尽。

四、成包

成包工序的主要任务是按照有关包装标准和方法,对定等、修织洗的布匹,根据内、外销的要求,分别进行包装,并按规定做好包装标志。

(一) 牛仔布的包装要求

牛仔布主要用于服装加工,成包方法必须适应服装厂的要求。

(1) 段长不能太短,一般要求 36.5 m(40 yd)以上,否则会造成裁剪浪费;

(2) 要使服装厂台板剪裁时退绕方便;

(3) 要防止采用折叠打包造成的折痕疵点;

(4) 要便于运输装卸和节省仓位。

(二) 常用的成包方法

牛仔布的包装主要有折叠包装和卷筒包装两种。折叠包装用设备如 FA911-75 型打包

彩图 7-2 智能检测设备可检测疵点

彩图 7-3 检测软件—在线检测,实时统计

机,如图 7-4 所示。卷筒包装采用设备为 MTJB 型平幅卷筒机,如图 7-5 所示。

图 7-4　FA911-75 型打包机

图 7-5　MTJB 型平幅卷筒机

折叠包装与卷筒包装的特点见表 7-1。

表 7-1　常用的成包方法

包装名称	折叠包装	卷筒包装
适用场合	短途运输内销包装	长途运输外销包装
打包设备	FA911-75 型打包机	MTJB 型平幅卷筒机
成包方法	将牛仔布折叠成 1 m(或 1 yd)的平幅联匹,折好后拉出 1 m 左右布头用反面包好布匹。按拼件定长规定装入内衬塑料薄膜的硬质纸箱	用直径 45～50 mm,长度大于布幅 20～25 mm 的硬质纸芯或塑料筒芯平整卷装牛仔布,外套塑料袋和麻布袋,再捆 2～3 道包装带
成包长度或重量	按客户要求,一般为 100～200 m	定长拼筒:如 150 m,允许搭 1～2 段小于 36.5 m 的零布 乱码拼筒:长度不限,最短段长 按客户要求限制,重量一般为 100 kg
刷唛或附产品说明书要求	写明产品规格、长度、品等、批号、出厂日期、生产单位等	

单元 7.2　牛仔布的主要质量控制点及质量指标

一、牛仔布的主要质量控制点

随着牛仔面料应用领域的不断拓宽,品种的不断创新,市场对牛仔面料质量的要求越来越高,既要风格独特还要求有一致性和重现性。又因为牛仔布颜色的易变和风格的不规则难以掌控,牛仔布的质量控制必须覆盖整个生产过程,从原料的选择到产品的交付全过程监控,特别防止出现不可回修、更改的事故和引起重大影响的失控,实现以正常交货和防损为主要目的的质量管理。通过多数工厂的经验,建议从下面几个工序设立质量控制点,防患于未然,将不合格因素消除,防止不合格品流入下道工序,预防损失,提高产品的质量及其稳定性。

(1)供应商筛选:先择优选择,再实际评定,保持质量跟踪。

(2)重点原料检测:由化验室负责,按批次检测,合理抽样,检后方可使用,并跟踪使用情况,记录备查。表 7-2 所示为牛仔布原料检测控制项目和要求。

表 7-2　牛仔布原料检测控制项目和要求

指　标		要　求	影　响
棉纱	平均单纱强度	＞10.8 cN/tex	影响成布强力
	最低单纱强度	＞7.9 cN/tex	决定生产的顺利程度
	单纱强力变异系数	＜12％	决定生产的难易程度
	实测号数	满足产品批次要求	决定用纱量和成本
	条干、棉结杂质	条干较好、棉结杂质较少	决定质量,成本和风格
染化料	批次、色光、力份	色光、力份符合规定,小样色光同存样一致	直接影响颜色
浆量	批号、黏度、含水率	符合规定	直接影响生产效率和质量

（3）工艺控制:一般工厂以工艺卡为依据进行工艺控制,并建立复核程序和抽查机制。

领料:核对产地、品种、数量(上机前核对,主管检查);

整经:核对棉纱产地和规格、整经根数和长度(上机前核对,交班时核对,主管检查);

浆染上轴:核对整经轴棉纱产地和规格、整经根数和长度,轴数(后车核对,工长检查);

染液测试、色样对板:执行染色工艺,染液各组份测试符合要求后才能开机,班中抽查 2～3 次;首轴对样,每千米取样,套色单色对样,(调色核对,工长检查);

收纱要求:特别注意纱线排列要求,处理好分绞线(前车核对,工长检查);

穿综:特别注意纱线排列要求;

上轴:全面首检后才能开车交班(上轴工核对,工长检查);

检验:按工艺要求对新产品和上轴机台首检、反馈质量问题(验布检,QC 查)外观评分标准分 A、A-、B 布。

100 码 A 布内稀路、百脚不可超过 4 条,疵点累计分数不可超过 30 分,码长要求在 35 码以上;100 码 A-布内稀路、百脚不可超过 8 条,疵点累计分数不可超过 60 分,码长要求在 20 码以上;B 布要求 10 码以上,超过 A-布标准评作 B 布;A 布内不允许有连续 3 码以上同一明显疵点;无明显左中右色差;匹间色差在标准以内;布面风格一致;A 布头尾 5 码内不允许有 4 分的疵点;布面疵点用不退色记号笔标记,每一处评 4 分的疵点必须作出标记并穿线。4 分红线,2 分色线。

翻布:核对品种和要求,兼顾质量工艺抽查;

缩水:执行工艺要求;

烘干:执行工艺要求;

打卷:执行工艺要求、核对品种、剪样洗水。

（4）上机首检:由各工序质量负责人执行,必须用表格形式定人定项目定方法记录在案,特别在浆染、织造上轴、检验、洗水试验等重要控制点,要求第一时间控制和处理。新产品要全过程记录跟踪,为大货工艺做好准备。

（5）洗水试验:由防缩厂、试化验室、技术人员负责,按批抽样,以酵磨为标准洗,及时对样,通知客户机头板。

缩水率:满足客户和标准要求;

纱线排列:符合样布和技术要求;

风格:符合样布和技术要求;

拉斜:满足客户和标准要求;

幅宽:满足客户和标准要求;

弹力:符合样布和技术要求。

二、牛仔布主要质量指标

(一)外观疵点

布面上用肉眼直接发现与正常组织不同的疵点如稀路、百脚等,以匹为单位,按外观疵点评分标准,根据程度或长度进行评分定等。

(二)成品的幅宽和质量

产品在国内市场销售时,对布幅考核以 FZ/T13001—2013《色织牛仔布》纺织行业标准中外观质量技术要求幅宽偏差项考核。对在国际市场上销售的产品,通行的标准允许有 2.54 cm(1 英寸)的允许波动范围,例如 111.8~114.3 cm(44~45 英寸)或 149.9~152.4 cm(59~60 英寸)。

对于布重,国内行业标准以标准回潮率(8%)时有浆重量偏差不大于－3%来考核,还需同时考核纬密偏差。而在国际上对牛仔布的规格重量,则采用自然回潮率(约 6%)下每平方码布含浆重量的盎司数为依据,并要求考核水洗处理后的重量损失,以检验浆料对布重量的影响,对经纬密度仅作参考。

(三)染色牢度

染色牢度即织物上染料的染色牢度,国内有皂洗、摩擦(干摩擦、湿摩擦)、耐氯漂和日晒牢度等四项指标。国际上除上述四项外,还有臭氧和烟气褪色两个色牢度指标。

(四)成品布强度

国家标准,考核成品布的纬向断裂强度。国际上通行的标准则依据成品水洗后为准,项目除经纬向断裂强度外,还考核撕裂和磨损强度两项指标。

(五)成品布水洗尺寸变化率

牛仔布的水洗尺寸变化率(俗称缩水率)指标要求较高。国际市场上,如果此项指标超标准就不是降价销售的问题,而是必须退回工厂重新进行预缩整理,待完全达到标准后方能验收。这是因为牛仔布服装加工大多有成衣的水洗后处理工艺,如果成品缩水率超标准,势必造成服装水洗后外观尺寸变形走样,无法进入市场。水洗尺寸变化的测试方法很多,目前常用方法可分为洗衣机洗涤法和浸渍法两类。通常是抽取有代表性的试样,在每块试样上标记若干对标记点,在规定的标准大气中调湿,测量每对标记点之间的距离。然后,按规定的程序、设备对试样进行洗涤和干燥。再次调湿,测量每对标记点之间的距离,计算试样的尺寸变化率。

(六)水洗前后纬斜差异率

水洗后纬纱倾斜差异率为成品原来纬纱斜率与水洗后斜率的差异值。即:纬纱倾斜差异率＝成品原来斜率－水洗后斜率。如图 7-6 所示,纬斜类型有弧线型纬斜及直线型纬斜。其中,纬纱倾斜差异率按下式计算:

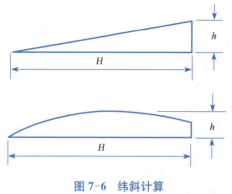

图 7-6   纬斜计算

$$纬斜率＝\frac{h}{H}×100\%$$

式中：h——倾斜最大值(cm)；H——布幅(cm)。

纬斜率的差异值有正负之分，负值表示整纬拉斜程度不足，正值表示整纬拉斜超过规定。此值(绝对值)越小，则说明牛仔布加工成服装水洗后变形走样的可能性越小，质量越有保证；如果是零，则说明水洗后不会有任何歪斜走样可能。此值控制在±2.0%范围为宜。

单元 7.3　牛仔布质量考核标准

7-4 FZ/T 13001—2013《色织牛仔布》

一、纺织行业标准 FZ/T 13001—2013《色织牛仔布》

(一)适用范围

本标准规定了色织牛仔布的术语和定义、要求、布面疵点评分、试验(检验)方法、检验规则、包装、标志、运输和贮存。

本标准适用于以天然纤维、化学纤维为原料的各类纯纺、混纺和交织的服装用色织机织牛仔布。本标准不适用于色织弹力牛仔布、色织提花牛仔布等织物。

(二)技术要求及分等规定

(1)产品的质量要求分为内在质量和外观质量两个方面。内在质量包括密度偏差率、水洗尺寸变化率、断裂强力、脱缝程度、撕破强力、耐磨性能、平方米质量偏差、纤维含量允差、纬斜尺寸变化和染色牢度(耐皂洗、耐摩擦)；外观质量包括幅宽偏差、色差、弓纬和布面疵点。

(2)分等规定

① 色织牛仔布的品等，分为优等品、一等品和合格品。

② 色织牛仔布的品等以内在质量和外观质量综合评定，按其中的最低等级定等；内在质量按批评等，外观质量按段(匹)评等。

③ 内在质量的技术要求见表 7-3。

表 7-3　内在质量的技术要求

项目			要求		
			优等品	一等品	合格品
密度偏差率(经纬向)/%		≤	−2.0	−3.0	−3.0
水洗尺寸变化(经纬向)/%		≤	−2.0～+1.0	−3.0～+1.5	−5.0～+1.5
断裂强力(经纬向)/N　≥	200 g/m² 以下		100		
	200～270 g/m²		175		
	270～339 g/m²		270		
	339 g/m² 及以上		350		
脱缝程度(经纬向)/mm		≤	5.0	6.0	6.0
撕破强力/N ≥	200 g/m² 以下	经向	14	12	12
		纬向	12	10	10
	200～270 g/m²	经向	18	15	15
		纬向	16	11	11

续　表

项目			要求		
			优等品	一等品	合格品
撕破强力/N ≥	270～339 g/m²	经向	24	20	20
		纬向	18	15	15
	339 g/m² 及以上	经向	30	25	25
		纬向	24	18	18
耐磨性能/次 ≥	339 g/m² 以下		15 000	10 000	10 000
	339 g/m² 以上		25 000	20 000	20 000
平方米质量偏差/% ≥			−2.0	−3.0	−5.0
纬斜尺寸变化/cm			±2.0	±3.0	±3.0
染色牢度/级 ≥	耐皂洗	变色	3～4	3	2～3
		沾色	3～4	3	2～3
	耐摩擦	变色	3～4	3	3
		沾色	2	1～2	不考核

注：水洗褪色产品色牢度考核由供需双方另订协议。

④ 外观质量的技术要求见表 7-4。

表 7-4　外观质量的技术要求

项目		要求		
		优等品	一等品	合格品
幅宽偏差/cm ≥		−1.5	−2.0	−2.5
色差/级 ≥	左、中、右色差	4～5	4	4
	段(匹)前后色差	4	3～4	3～4
	同包匹间色差	4	3～4	3～4
	同批包间色差	3～4	3	3
弓纬/%		2.0	2.0	3.0
布面疵点/(分/100 m²) ≤		20	28	40

（3）一等品不应存在一处评为 4 分的破损性疵点或横档疵点。若存在一处评为 4 分的破损性疵点或横档疵点，应具有假开剪标志（30 m 及以内允许 1 处假开剪，60 m 及以内允许 2 处假开剪，100 m 内不允许超过 3 条假开剪）；布头两端 3 m 内不允许存在一处评分为 4 分的明显疵点。假剪开疵点的分数应累计计分。

（4）连续 10 m 以上的弓纬全段(匹)布降等。

（三）布面疵点评分数规定

1. 布面疵点评分数规定

见表 7-5。

表 7-5　布面疵点评分数规定

评分/分　疵点	1	2	3	4
经向明显疵点	8 cm 及以内	8.1～16 cm	16.1～24.0 cm	24.1～100 cm
纬向明显疵点	8 cm 及以内	8.1～16 cm	16.1 cm～半幅	半幅以上
横档疵点	—	—	—	严重
严重污渍	—	—	2.5 cm 及以下	2.5 cm 以上
破损性疵点（破洞、跳花）	—	—	0.5 cm 及以下	0.5 cm 以上
边疵　破边、豁边、波浪边	经向每长 8 cm 及以内			
边疵　针眼边（深入 1.5 cm 以上）	每 100 cm	—	—	—
边疵　卷边	每 100 cm			

注:(1) 棉结、棉点疵点由供需双方协定。

　　(2) 无边组织的织物,边组织以 0.5 cm 计。

2. 每 100 m² 布总评分计算

按式 7-1 计算,计算结果按 GB/T 8170 修约到个数位。

$$A = \frac{a \times 100}{L \times W} \tag{7-1}$$

式中:A——100 m² 布总评分(分/100 m²);a——段(匹)长疵点累计评分数(分/段或匹);

　　L——段(匹)长(m);W——约定幅宽(m)。

3. 布面疵点的检验规定

检验布面疵点时,以布的正面为准,但破损性疵点以严重一面为准。正反面难以区别的织物以严重一面为准。有两种疵点重叠在一起时,以严重一项评分。

4. 布面疵点的计量规定

(1) 疵点长度以经向或纬向最大长度计量;

(2) 条的计量方法:一个或几个经(纬)向疵点,宽度在 1 cm 及以内的按一条评分;宽度超过 1 cm 的每 1 cm 为一条,其不足 1 cm 的按一条计;

(3) 经向 1 m 内累计评分最多 4 分。在经向一条内连续或断续发生的疵点,长度超过 1 m 的,其超过部分按表 7-5 再进行评分;

(4) 在一条内断续发生的疵点,在经(纬)向 8 cm 及以内有 2 个及以上的疵点,按连续长度测量评分。

(四)试验方法

序号	测定项目	执行标准
1	密度偏差率	GB/T 4668
2	水洗尺寸变化	GB/T 8628、GB/T 8629(洗涤程序 5A,干燥:F)、GB/T 8630
3	断裂强力	GB/T 3923.1
4	脱缝程度	按 GB/T 13772.2

序号	测定项目	执行标准
5	撕破强力	GB/T 3917.1
6	织物耐磨性	GB/T 21196.2
7	平方米质量偏差	GB/T 4669
8	纤维含量	GB/T 2910、FZ/T 01101
9	耐皂洗色牢度	GB/T 3921—2008 方法 C(3)
10	耐摩擦色牢度	GB/T 3920
11	幅宽的测定	GB/T 4666
12	弓斜和纬斜尺寸	GB/T 14801

纬斜尺寸变化按式 7-2 计算：

$$S = S_1 - S_2 \qquad (7-2)$$

式中：S——水洗前后纬斜尺寸变化(cm)；S_1——水洗前纬斜尺寸变化(cm)；S_2——水洗后纬斜尺寸变化(cm)。

（五）测验规则

按 FZ/T 13001—2013 执行。

（六）标识、包装

1. 包装

产品包装应保证产品不破损、不散落、不沾污。通常以塑料薄膜为内包装，以塑料编织袋、麻袋或硬纸箱等为外包装。产品应捆扎牢固，便于运输。应在布梢上系吊牌，应放在固定位置上，吊牌的内容应逐项填写清楚，字迹工整，不得涂改。

成包(件)规定：成包(件)口寸，应按产品等级分别成包，包(件)重量和长度按客户合同规定。

2. 标识

标识应符合 GB/T 5296.4 的规定，明确、清晰、耐久，便于识别。每匹或每段成品上，均应附有标签，标签应粘贴或悬挂在反面布角处。每匹或每段布的正面两端布角处 5 cm 以内，应加盖清晰的厂梢印。拼匹时(拼匹应在客户允许的条件下方可进行，一般情况不得拼匹，应在两端布连接处加盖骑缝印。梢印不能渗透到布正面，并能经水洗净为宜。在外包装刷上唛头，确保标识清晰易辨、不褪色，外包两头所写内容一致，并注明合同号、名称、等级、色号、包号、数量、重量、体积、地址及日期。

（七）运输、贮存

产品运输应防潮、防火、防污染。产品应放在阴凉、通风、干燥、清洁的库房内，并防蛀、防霉。

（八）其他

用户对产品有特殊要求的由供需双方另订协议。

二、利惠·斯特劳斯牛仔布质量验收标准

美国利惠·斯特劳斯(Levi Strauss)牛仔布验收标准是目前国际商业通用标准,属于国外较先进标准。大多数国家和地区如西欧、美洲、东南亚及我国一些中外合作企业都以此标准作为贸易往来的验收标准。

(一)随机采样的数量

(1)少于或等于1 000 yd的100%抽检;

(2)1 000～10 000 yd以内的,抽检1 000 yd;

(3)超过10 000 yd抽检10%。

(二)查货计分标准

采用"四分制"计算,织物品级评定使用"四分制"分级。

(1)疵点的扣分标准(疵点长度不分经纬向):①3英寸及以下扣1分;②3～6英寸扣2分;③6～9英寸扣3分;④9英寸以上扣4分;⑤破洞等破损性疵点,则不计长度大小,每个扣4分。破洞是指在同一地方有两根或两根以上的纱断裂的疵点;⑥结头在9英寸×9英寸面积的不超过5次扣1分,不超过10次扣2分,不超过15次扣3分,15次以上扣4分;⑦布边1英寸内连续性的经向疵点扣2分,非连续性疵点不扣分,布身连续性疵点扣4分;⑧每码布的疵点扣分累积不能超过4分。

(2)疵点内容:经向疵点主要有粗经、紧经、松经、经向条花、回丝及飞花附入等;纬向疵点主要包括错纬、双纬、横档、稀路、粗纬、纬缩、双纬、断纬、粗节、密路、纬纱条干不匀及断纬等。

(3)织物有以下任一种情况时,均不得评为一等品:①长度短于40 yd(凡有假开剪的,其假开剪的一端布长度应不少于40 yd,另一端应不少于15 yd);②每匹布超过一个接头(含假开剪)不能作为一等品;③每匹布允许的一个接头的两段布,其中一端布长度应不小于40 yd,而另一端应不小于20 yd,否则不能接受为一等品,且每匹布里面接头两端布的色差必须在做同一件衣服的色差允许范围内;④每匹布的头尾色差严重的,边—边色差和边—中色差严重的,不能接受为一等品;⑤织物的使用幅宽(不计织边和针孔)小于订单规定的最小有效幅宽的,不能被接受为一等品,除非利惠公司有特殊规定,订单上规定的最小幅宽都不包含织边;⑥布边一侧或两侧呈松、紧或波浪形荷叶边,或者布面平摊时有局部凹凸不平,甚至呈现大面积波浪形,不能接受为一等品;⑦幅宽60英寸的织物纬斜差异超过1.5英寸的;幅宽60英寸的提花组织纬斜差异超过1英寸的,不能接受为一等品;⑧每匹(段)布的头一码有3分或4分疵点的(包括假开剪的两端),不能接受为一等品;⑨每百码内有3处通幅性疵点的,不能接受为一等品;⑩疵点宽度在半幅以上的纬疵、剪割疵点、破洞、蛛网直径大于3/8英寸的均作严重疵点;每百码内有4个严重疵点,不能接受为一等品。

(4)每匹布的头和尾不能有3分和4分疵点。

(5)织物疵点的分级:规定A级品100 yd² 累计扣分,每段布不得超过24分。

(6)如果有20%的抽样有以下疵点,整批货将被拒绝:①边边或边中色差明显;②头尾色差;③染色条纹或染色不匀;④窄幅;⑤纬斜超过规定的允许范围;⑥波边浪纹;⑦疵点扣分太多;⑧手感太软或太硬超过标准;⑨以上情况交叉重复出现。

（7）每匹布和整匹布的分数超过这一类别的分数标准,整批货将被拒绝。具体如下:

第一组:单卷,最多 15 分/yd²;整批,最多 12 分/yd²。

第二组:单卷,最多 20 分/yd²;整批,最多 15 分/yd²。

第三组:单卷,最多 30 分/yd²;整批,最多 25 分/yd²。

平均分计算方法为:

每 100 码布的扣分＝(每卷布的总扣分×100 yd)/每卷布的实际码长

每 100 平方码的总扣分＝(每 100 码布的扣分×36 英寸)/抽验货的实际幅宽

整批货的 100 平方码的平均扣分＝总扣分/抽验匹数×每 100 平方码的总扣分

（8）实际码数和标签上标明的码数,超过或少于标签上的码数,将被拒货,供应商必须纠正错误,大货才能接受。

（9）色差标准必须由利惠公司和供应商在装船前制订并同意。装船的布料的色差必须符合制订的色差标准。

（10）疵点标签要求:①所有在纬向 9 英寸或更长的疵点,必须使用金属贴纸贴在有疵点的布边,以便在布的正反面都能看见;②贴纸应贴在离疵点 6 英寸范围内的布边上;③所有在经向 9 英寸或更长的疵点,必须使用不同色的金属贴纸贴在有疵点的布边,以便在布的正反面都能看见;④环绕疵点的头和尾要各贴一张贴纸;⑤所有布与布的接头处,都应被标记;⑥所有破洞都应被标记;⑦所有被扣 4 分的疵点,都应被标记;⑧目标是 90%的严重疵点都要被标记;⑨金属贴纸的大小至少宽 3/4 英寸,长 3 英寸。

(三) 包装要求

（1）布匹应卷装在直径(内径)1.5～2 英寸的硬质管子上,管子要有足够的厚度和强力,可以在运输途中和储存过程中不受损害;

（2）纸管两端伸出布卷的长度不超过 0.5 英寸;

（3）卷筒布的外套包装材料的头端应塞送筒内,以避免在运输或储藏过程中发生退绕现象;

（4）每匹布均应贴上标签,并注明以下内容:染色序号、件号、类别或品名、颜色号、色泽号、码长、净重、幅宽、纤维含量;

（5）每匹布应放进坚固的包装箱中,包装箱的宽度应比布料宽 2 英寸,每个包装箱装入货物后重量不超 500 磅,装入同一箱中的布料色泽必须一致,如有两种以上的色泽拼箱将被拒收;

（6）单独的每卷布也必须有牢固的外包装,以便运输途中不受到伤害;

（7）包装箱内应备有一式两份装箱单,一份放入箱内,一份贴在纸箱外面;

装箱单内容包括:箱号、类别或品名、颜色号、段长记录单、码长、净重、染色批号、成品幅宽、纤维含量、色泽号以及其他供应商提供的、能辨明箱内货物的信息。

(四) 织物物理内在测试指标要求(表 7-6)

表 7-6 利惠公司全球面料质量标准牛仔织物(弹性和非弹性)

项目		单位	质量标准 A (Not applicable for pants)	B	C	D	E	F	G	H	01	测试方法	条件
3 洗 3 干后的织物面密度分类		oz/yd²	0~3.4	3.5~5.9	6.0~7.9	8.0~9.9	10.0~11.4	11.5~12.5	3.0+(Level)	3.0+(Level)	13.5+		3次水洗
		g/m²	0~118	119~202	203~267	268~335	336~387	388~437	438+	438+	460+		
织物面密度			面密度允许误差±5.0%									LS & Co. 21	
Note 1 硬挺度		kg	NA(不适用)						2.0~5.0		1.5~4.5	ASTM D4032	
Note 1 + Note 2 经向延伸性		%	NA(不适用)						6.0~13.0		2.0~5.0	ASTM D31007 (modified)	洗前
Note 3(最小)起毛起球		等级	3.5									BS NISO 12945-1 (18,000cycles)	
拉伸断裂强力(最小)(经向×纬向)		kg	15×13	20×15	30×20	40×30	55×35	65×40	70×50	80×60	90×60	ASTM D5034 (modified)	
撕破强力(最小)(经向×纬向)		g	1100×900	1200×1000	1000×16	100×210	1000×280	4300×330	4500×3600	5800×4900	6000×4600	ASTM D1424 (modified)	
Note 4(弹性伸展)		%	允许误差±4.0% 弹性在10%~20%的织物:4.0									ASTM D3107 (modified)	
Note 4 弹性回缩(最大)		%	弹性大于20%的织物:6.0										
Note 5 机洗 尺寸稳定性 经向&纬向	无弹性织物或弹性织物在没有弹性方向	%	Note 6(做过热定形的弹性织物或织物低缩率含有长丝的弹性织物) (洗衣型号)Wascator(ISO):(-5.0~-1.0)/±1.5%范围 (洗衣型号)Kenmor(AATCC):(-4.0~-0.0)/±1.5%范围 没有做过热定形的弹性织物 (洗衣型号)Wascator(ISO):(-8.0~-1.0)/±1.5%范围 (洗衣型号)Kenmor(AATCC):(-7.0~-0.0)/±1.5%范围								目标: -11.8× -6.5范围: (-10.0~ -13.6)× (-5.2 ~-7.8)	AATCC 135& Appendix 12 或 ISO6330/ISO55077	3次水洗
Note 5 机洗 尺寸稳定性 经向&纬向	Note 4 弹性织物在有弹性方向	%	做过热定形的弹性织物 (洗衣型号)Wascator(ISO):(-14~-8.0)/±2.0%范围 (洗衣型号)Kenmor(AATCC):(-13.0~-7.0)/±2.0%范围								NA		

物理指标

续表

项目		单位	质量标准									测试方法	条件
			A Not applicable for pants	B	C	D	E	F	G	H	01		
物理指标	接缝滑移(最小) 经向×纬向	kg	NA	7.0×7.0		1.0×11			NA			ASTM D434 (at 6.35mm)	
	织物面密度	oz/yd² 或 g/m²				允许误差±5.0%						LS & Co. 21	
	Note 9 纬斜	%	NA				±3.0					LS & Co. 2	洗前
	耐家庭洗涤色牢度(最小)	灰度等级					(变色)3.0					AATCC 135 & Appendix 12 或 ISO6330/ISO55077	3次水洗
	耐摩擦色牢度(最小)						干摩擦:3.0 湿摩擦:1.5					AATCC8	
	耐光色牢度(最小)						(变色)3.5					ATCC16(Option 3)10AF	
	Note10 pH酸碱度	数值					4.0~7.5(LSE/APD)(欧洲市场/亚太市场) 5.0~9.0(LSA)(美国市场)					ISO3071	
	Note 11 纤维含量	%					±3.0					AATCC20/20A	洗前
	Note 12 燃烧性(最小)	等级					1类					16CFR1610,1615 & 1616	
法规要求	Note 13 甲醛含量(最大值)	mg/kg					儿童服装要求小于 20 成人服装要求小于 75					JISS L1041-B OY ISO 14184-1	

注:1. 不适用于弹性织物。
2. 经向伸长中可以接受的范围超过4%(如7%~11%)并且必须在规定的范围内。
3. 仅刷毛、起毛和均匀混纺织物测试。
4. 仅适用于弹性织物。
5. 尺寸稳定性可接受的范围应该不超过3%(如-1.0%~-4.0%)并且必须在规定的范围内,对于没有定形的弹性织物,在有弹性的方向,范围应不超过4%。
6. 低缩率的弹性长丝,如XLA polyster,T-400,polyster PBT。
7. 对于美国市场的阻燃产品用AATCC测试标准,对于欧洲和亚太市场的产品用ISO测试标准。
8. 仅适用于均匀混纺织物。
9. 仅适用于斜纹机织物。
10. 仅适用于服装没有经过水洗的织物或全部硫化染色的织物,对于硫化染色的织物,pH值最小不低于5.0。
11. 仅适用于混纺织物测试。
12. 不管织物重量,结构和纤维成分如何,没有担保文件的织物必须测试燃烧性;对于特殊织物,结构有担保文件,重量小于3.5oz/yd²(120g/m²)或绒线毛高度≥1/16英寸(1.5mm)的必须测试其燃烧性能。1级是根据织物重量和结构来定义的。
13. 仅适用于经过树脂处理的织物。

三、牛仔布其他参考标准

(一) 兰铃(BLUE BELL)牛仔布质量指标

兰铃(BLUE BELL)牛仔布质量指标见表7-7。

表 7-7　兰铃(BLUE BELL)牛仔布质量指标

布　类				靛蓝牛仔布、斜纹、人字形斜纹
最后用途				男或女用牛仔裤、工作服等
物理指标	单位	标准	最低	试验方法
整理后重量 　特种 WRANGLER14.75 oz/yd² 　经三次家庭式水洗其他重量	oz/yd²	14.75 14.20	14.50 14.00 买入重量	ASTMD1910 布样面积 24 英寸×27 英寸
重量损失 经三次家庭式水洗(所有重量)	%	8.0 最大	10.0 最大	$(W_1-W_2/W_1)\times100\%$ W_1:经整染重量 W_2:水洗后重量 ASTMD1682
强力 　14.75 oz/yd²(经×纬) 　13.75 oz/yd²(经×纬) 　11.5~12.5 oz/yd²(经×纬) 　10 oz/yd²(经×纬) 　7.5 oz/yd²(经×纬)	1b	220×166 200×140 150×120 120×180 100×55	190×150 170×125 120×80 100×70 90×50	抓样方法
弹力牛仔布	1b	≥上列 60%的纬纱 强力		
撕破强力 　14.75 oz/yd²(经×纬) 　13.75 oz/yd²(经×纬) 　11.5~12.5 oz/yd²(经×纬) 　10 oz/yd²粗组织(经×纬) 　10 oz/yd²细组织(经×纬) 　7.5 oz/yd²组织(经×纬)	1b	13×12 12×10 11×9 10×7.5 8×6 7×4	11×10 10×8 9×7 8×6 6×4 5×3	ASTMD1424 埃尔门多夫(ELMENDORF) 织物撕破强力实验法
屈曲磨损次数 　14.75 oz/yd²、13.75 oz/yd²(经×纬) 　10~12.5 oz/yd²(经×纬) 　7.5 oz/yd²(经×纬)	次	2 000 1 800 700	1 600 1 000 600	ASTM D1175 1 磅磨头 2 磅张力
预防纱支滑动 　14.75 oz/yd²、13.75 oz/yd²(经×纬) 　7.5~12.5 oz/yd²(经×纬)	1b	40^{1/8} 30^{1/8}	40^{1/4} 30^{1/4}	ASTMD434
手感(硬挺度) 　14.75 oz/yd² 普通 　14.75 oz/yd² 防缩(桑福斯特整理) 　14.75 oz/yd² 工厂水洗 　13.75 oz/yd² 　11.5~12.5 oz/yd² 防缩(桑福斯特整理) 　12.5 oz/yd² 防缩(桑福斯特整理) 　10 oz/yd²(经×纬) 　7.5 oz/yd²(经×纬)	1b	15 10.5 5 13.5 7.5 11.5 7.5 4.5	12.5~17.5 8~13 4~6 11~16 5~10 9~14 5.5~9.5 3~6	ASTM 环形带方法 (桑福斯特整理为美国商业名称,指棉 或人丝织物经化学和机械的防缩整理)

物理指标	单位	标准	最低	试验方法
尺寸变化	%			AATCC 135Ⅲ B 布样尺寸:
全部最大防缩整理		—		24 英寸×27 英寸
一次家庭式水洗		—	1.0 最大	18 英寸记号
三次家庭式水洗		—	1.5 最大	140 ℉水洗
全部防缩牛仔布		$-2.0×3.0$	$-3.0×-3.5$ 最大	滚动干燥机烘至正常的
三次水洗(经×纬)		$+1.0×1.0$	$+1.5×+1.5$ 最大	干燥手感
弹力牛仔布				
卷曲变形纬纱(经×纬)		$-3.0×4.5$	$-4.0×-5.0$ 最大	
弹力纬纱(经×纬)		$-3.0×-7.5$	$-4.0×-8.0$ 最大	
三次家庭式水洗后之织物 捻转 24 英寸长度内的移位	in	0.5	1.0 最大	直接量度水洗布样,沿经向 一端的纬纱折边
伸长度	%			5 磅、2 英寸宽条带,10 min,
14.75 oz/yd², 13.75 oz/yd²(经×纬)		$7×6$	$9×9$ 最大	10 英寸夹钳,2 英寸×15 英寸条带
10~13.75 oz/yd²(经×纬)		$9×8$	$11×9$ 最大	
弹力纬纱牛仔布		20	15	
色牢度(适用各种重量规格水洗)				
色差变化/沾色				
靛蓝		3.0/2.5	2.0/2.0	AATCC61
非靛蓝		3.5/3.0	3.0/2.0	AATCC8
摩擦脱色法(干×湿)				
靛蓝		$3.0×2.5$	$2×1.5$	
非靛蓝		$4×3$	$3×2$	
柔软度等级				AATCC124
防缩整理布匹		4.5	4.0	

分级标准

最高扣分(每 100 yd²)甲级 30 点;次级 60 点;

弓纬和斜纬最高位:每 10 英寸阔度可允许 3/8 英寸。

(二)香港某公司牛仔布评分定等标准

香港某公司牛仔布评分定等标准见表 7-8。

表 7-8 香港某公司牛仔布评分定等标准

1. 评分方法(不论经向或纬向):

    0.1~3 英寸   1 分

    3~6 英寸   2 分

    6~9 英寸   3 分

    9 英寸以上   4 分

2. 以上疵点连续 3 码以上则整匹评为疵布:

    A. 粗经或粗纬 B. 双经或双纬 C. 断经或断纬 D. 松经或紧经 E. 竹节纱 F. 云织 G. 条干不匀

    H. 停车痕 I. 边撑痕 J. 经纱磨痕 K. 坏边 L. 色痕 M. 穿错 N. 两边色有深浅

3. 以下疵点则不能接受:

    A. 破洞 B. 破边 C. 油污

4. 评分须知:

    A. 每码布至多只能扣 4 分,即使超过 4 分也只作 4 分计算

    B. 每匹布之第一码及最后一码不能有任何疵点

    C. 每 100 码最多只能接受 24 分,而每批布平均每 100 码只能接受 16 分

    D. 码长要 60 码以上,而每批布码长 80 码以下者最多只能接受 10%

四、纺织行业标准 FZ/T 72008—2015《针织牛仔布》

(一)适用范围

本标准适用于鉴定以棉为主要原料的针织牛仔布的品质。本标准不适用于机织牛仔布。

(二)技术要求及分等规定

1. 项目要求

针织牛仔布要求分为内在质量和外观质量,内在质量包括甲醛含量、pH 值、异味、可分解芳香胺染料含量、纤维含量、顶破强力、平方米干燥重量偏差率、水洗尺寸变化率、水洗后扭曲率等指标。外观质量包括疵点评分规定、散布性疵点和局部性疵点的降等规定等指标。

2. 分等规定

(1)针织牛仔布分为优等品、一等品、合格品。

(2)外观质量按匹评等,内在质量按批评等,二者结合以最低等级定等。

3. 内在质量要求

内在质量要求见表 7-9。

表 7-9　内在质量要求

项目		优等品	一等品	合格品
甲醛含量/(mg/kg)	≤	婴幼儿用品(A类)20, 直接接触皮肤(B类)75,非直接接触皮肤(C类)300		
pH 值		4.0～10.5		
异味		无		
可分解芳香胺染料		未检出		
顶破强力/N	≥	250		
平方米干燥重量偏差/%		±4.0		±5.0
水洗尺寸变化率/%	直向	−4.0～+1.5	−6.0～+2.0	−7.0～+2.0
	横向	−5.0～+1.5	−6.5～+2.0	−7.5～+2.0
水洗后扭曲率/%		3.0	4.0	5.0

注　弹力型针织牛仔布不考核横向水洗尺寸变化率和顶破强力(弹力型针织牛仔布是指含有弹性纤维的针织牛仔布)。

4. 外观质量要求

(1)外观质量以匹为单位,疵点评分规定见表 7-10。

表 7-10　外观质量允许疵点评分

优等品	一等品	合格品
≤20	≤24	≤28

(2)同匹色差,用 GB/T 250 评定,优等品不低于 4～5 级,一等品、合格品不低于 4 级。

(3)同批色差,用 GB/T 250 评定,优等品不低于 4 级,一等品、合格品不低于 3～4 级。

(4)散布性疵点、接缝和长度大于 60 cm 的局部性疵点,每匹超过 3 个 4 分者,顺降一等。

思考题

1. 牛仔布检验的基本流程是什么?
2. 牛仔布的初验、复验的目的是什么? 有哪些基本内容?
3. 牛仔布成包的主要任务是什么? 说出其成包方法及要求。
4. 牛仔布的主要质量控制点及控制指标有哪些?

08 模块八
↗ 牛仔服装的洗水

教学导航 ∨

知识目标	1. 熟悉牛仔服装的洗水方法和流程； 2. 熟悉牛仔服装的特殊整理方法； 3. 了解牛仔服装洗水的常见问题。
知识难点	分析牛仔服装的洗水方法，常见问题。
推荐教学方式	1. 宏观教学方法：任务教学法； 2. 微观教学方法：引导法、小组讨论法、多媒体讲授法、案例分析法。
建议学时	4 学时
推荐学习方法	1. 教材、教学课件、工作任务单； 2. 网络教学资源、视频教学资料。
技能目标	1. 能说出牛仔服装洗水的基本流程； 2. 能分辨牛仔服装常用的洗水方法； 3. 能分析牛仔服装洗水常见问题产生原因并提出解决办法。
素质目标	1. 培养学生分析问题、解决问题的能力； 2. 培养学生自主学习的能力； 3. 培养学生一丝不苟的工作态度和爱岗敬业的职业精神。

思维导图 ∨

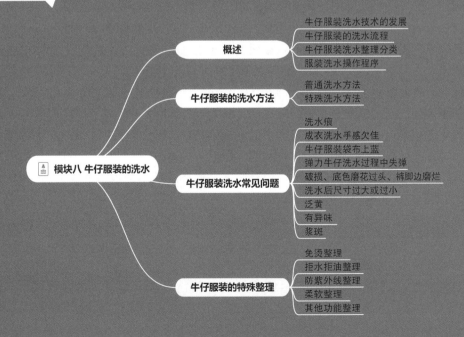

单元 8.1　概　　述

牛仔服的洗水整理是牛仔服生产的最后工艺阶段,也是服装后整理的核心,直接关系着服装的外观、品质和价值。前加工中的浆纱、染色工序是牛仔服呈现颜色的基础,而洗水则是服装风格形成的关键,已成为一种在牛仔服装上创造色彩时尚的艺术,牛仔服的立体风格和"穿旧感"都通过各种后整理和洗水方法获得,同样的牛仔服装在不同的化学药品、洗染条件和洗染设备处理下洗出的效果不同。牛仔服装洗水的目的主要有以下几点:

（1）对服装进行预缩水,以保证服装在销售和穿着使用过程中的尺寸稳定。

（2）去除浆料和浮色;清除服装缝制过程中的污染物,保证服装洁净,提高表面光洁度,增加服装的清晰感和鲜艳度。

（3）改善服装的手感,如加软、加硬、抛光、蓬松等,提高服装穿着的舒适度。

（4）改善服装的颜色外观,如进行褪色、漂白和加色等,通过出现云斑的色彩、皱纹、磨旧磨损、表面起毛起绒,达到不同的视觉效果。

（5）增加服装的功能,如防皱、防污、防水、防油、抗静电等。

（6）补救因布料、颜色、缩水不准、色牢度和日照牢度级别不够、布面处理有问题而引起的质量问题。

一、牛仔服装洗水技术的发展

牛仔服装的后整理工艺始于 20 世纪 70 年代,最初只是通过加入柔软剂或洗涤剂使衣物洗后更加柔软、舒适,后来渐渐有了漂洗后处理工艺,牛仔服装的色彩在洗水后,可以形成浅蓝或蓝中带白,有刻意营造的陈旧感。后来采用石磨洗后处理工艺,即在洗水中加入一定大小的浮石,洗后布面呈现灰蒙、陈旧的感觉。20 世纪 80 年代中后期,逐渐有酸洗、砂洗,洗水后处理工艺变得较为丰富,洗出的陈旧感也更加逼真。90 年代,酶处理技术(酵素洗)广泛应用于牛仔面料和牛仔服装,洗白的花纹细腻,布面温和地褪色、褪毛而产生桃皮绒效果,并得到持久的柔软效果。近几年来,永久性压烫树脂整理技术的兴起,使服装的尺寸与形态稳定性比传统工艺处理的织物效果更佳;炒雪花洗水使牛仔服装豪放粗犷的风格更加完善。

牛仔服装的洗水技术随服装业的发展而不断发展,洗水技术已成为提高服装品位与附加值的现代化新技术。洗水加工是服装加工的关键,所有的服装性能测试指标和生态指标都取决于服装洗水技术。因此,服装洗水一方面要求加工过程中不排污,另一方面,加工后的服装还要符合国际生态纺织品标准。随着人们对服装品质要求的不断提高及新原料、新技术的发展,洗水加工的地位和作用将进一步得到提高。

二、牛仔服装的洗水流程

牛仔服装洗水加工通常采用如下基本工艺流程:

服装预处理→退浆→水洗→(套色、固色)→酶洗→酶失活(加热至 80 ℃以上或在 pH＝10～11 的条件下洗 5 min)→水洗(清水磨)→(漂白、马骝、树脂压皱)→柔软整理→烘干→整烫→包装(成品)。

牛仔服装的洗水是一个长而复杂的化学-机械处理过程,其中一些步骤可以调整或组合,但基本操作大致相同。

三、牛仔服装洗水整理分类

根据洗水整理所用的助剂和洗涤效果,洗水整理一般分为普洗、漂洗、石洗、酵素洗、砂洗、化学洗;特殊的洗水整理有雪花洗、碧纹洗、蜡洗、扎洗、马骝洗、喷砂、手擦、猫须、人为损伤、激光雕刻等。近几年,免烫整理、柔软整理、拒水整理等比较先进的特殊整理方法也越来越多地应用于牛仔服装,使牛仔服装的附加值不断提高,舒适性、功能性不断增加。

四、服装洗水操作程序

为保证洗水生产的顺利进行,在进行批量生产前必须根据洗水要求进行试洗,并测试布料缩水情况。对制衣厂送来洗水的成衣牛仔,先进行查货检验,检查布面污迹、破洞、疵点、针洞、车缝疵点等情况。

1. 打板/洗小样

牛仔服装在洗水前应先做小样洗水,以洗出与客户来样相同的颜色,经试验后确定洗水的方法及工艺。首先分析来样颜色,根据来样颜色、要洗的服装样品颜色和风格要求,确定采用哪种洗水方式。来样牛仔布浆纱颜色分析要准确,否则将很难把握大货颜色,造成资源和人力的浪费。例如,来样是黑加蓝,如果分析错为特深蓝,在漂磨、漂洗整理时就会出现严重问题,黑加蓝染色时一般是先染硫化黑再套染特深蓝,硫化黑染料不耐漂,如果当成特深蓝漂洗将会破坏硫化黑,造成缸差。

通过小样洗水,还能检验出布样有无纬斜等质量问题,避免损失。任何货品都必须先试样2~3件,经烘干后确认,当正品率达到100%后才能进行中试。如有问题及时改进配方,并记录下改进后的配方,同时将洗前衣物样存档。

2. 中试/试缸

为最终决定大生产配方,还要再进行中试。中试一般要洗50件样板,经确认无误后,由后道检验员检验,正品率达到98%才能生产大货。

3. 生产大货

由于洗样板与大货洗水所用的洗缸容量不同,浴比不同,洗后的布色光会存在差异,因此要对洗水配方进行修正。同一批货物必须先洗一缸烘干,经检查没问题后再洗下一缸,不允许将大货全部洗完后再进行烘干、检查。

单元 8.2　牛仔服装的洗水方法

8-2 牛仔服装的普通洗水方法

一、普通洗水方法

1. 退浆洗

退浆洗是牛仔洗水的准备工艺,目的是去除浆料,使服装柔软,利于后道洗水,同时减少后续洗水助剂的用量。退浆洗采用大浴比,以降低对织物机械损伤。

　　牛仔布大多采用淀粉或变性淀粉浆料、羧甲基纤维素类(CMC)浆料、聚乙烯醇类(PVA)浆料、聚丙烯酸类浆料、聚丙烯酸酯类浆料。退浆的方法有碱退浆法、酶退浆法等。对于含有PVA浆料的牛仔服装,只需进行PVA退浆;既含有PVA浆料又含有淀粉浆料的,则先进行PVA退浆,再进行酶退浆。中低档牛仔服装从降低经济成本考虑可采用碱退浆法,常规牛仔产品以酶退浆为主。退浆洗工艺流程为:

　　退浆→过水(1~3次)→柔软→脱水→烘干→整烫

2. 普洗

　　普洗即普通洗涤,是最常见和最简单的洗水方法,对要求保持原来本色的牛仔服装,均只能进行普洗。普洗水温保持在60~90 ℃,加入一定量的洗涤剂,经过约15 min的洗涤后,过清水并加入柔软剂即可。普洗使织物更柔软、舒适,在视觉上更自然、干净。根据洗涤时间的长短和化学药品的用量多少,普洗又可分为轻普洗、普洗、重普洗。轻普洗洗涤时间约5 min,普洗约15 min,重普洗约为30 min。轻普洗、普洗、重普洗三者之间没有明显的界限,差异在于洗涤时间和洗涤剂用量不同,视各厂的加工条件而异。

　　蓝加黑牛仔服装的普洗工艺及配方为:

　　润湿处理(1%~2%渗透剂,清洗30 min)→退浆(退浆粉TR-2A 4%,45~55 ℃,40 min)→清洗(3次)→加软(柔软剂2%~3%,增白剂0.5%~1%,20 min)→脱水→烘干→整烫。

3. 石磨/石洗

　　石磨整理即在洗水中加入一定大小的浮石(图8-1),利用浮石在一定浓度的漂水下与服装产生研磨作用,织物表面的纤维被磨损脱落,露出里面圈状的白色纱线,织物表面呈现

(a) 土耳其浮石

(b) 印尼浮石

(c) 人造陶瓷浮石

(d) 国产腾冲火山浮石

图8-1　各种浮石

出蓝白对比的效果,给人以灰蒙、陈旧的感觉,同时服装局部菱角和缝接处在浮石作用下会产生磨白作用,从而使牛仔服装富有立体感。石洗一般在退浆后进行,根据不同要求采用黄石、白石、陶瓷浮石、人造石、胶球等进行洗涤。石磨整理出来的色光深浅取决于漂水的浓度和时间,洗涤后最终效果与浮石的大小、浮石占的比率、浴比、时间的长短、服装的数量等有关。使用浮石前,要充分清洗,并认真除去其他异物,以免洗涤效果受影响。通常的洗涤条件如下:时间为 30～90 min,温度为室温至 60 ℃,浮石与织物的比率为 0.5∶1～3∶1,浮石规格为直径 1～7 cm。

石洗步骤:

预湿、浸泡服装→不加浮石,将服装放入洗涤机→用淀粉酶洗涤退浆,浴比大约是 10∶1→清洗→根据外观效果的要求加入浮石(30～90 min,浴比约为 10∶1),还可加入洗涤助剂→排水→冲洗→加柔软剂(服装也可移入另外的机器进行柔软整理)→脱水→转笼干燥

石洗的缺点是浮石灰易沉积在织物上形成对人体的污染,织物色泽萎暗,同时易出现服装脱线,织物破损,设备磨损程度大,并产生大量工业垃圾——浮石灰。由于近年来生物酶技术的发展,石洗逐渐被酶洗所代替。

4. 漂洗

漂洗是用氧化漂白剂破坏靛蓝染料分子结构而使深蓝色的织物褪色,使衣物有洁白、鲜艳的外观和柔软的手感。漂洗一般是服装在普洗过清水后加温到 60 ℃,再根据所需要漂洗的颜色深浅加入相应的漂白剂,经过大约 10 min 取出衣物与样板对色。对色一致后应对水中的漂水进行中和,使漂白停止。根据使用的漂白剂不同,漂洗可分为氧漂、氯漂和高锰酸钾漂洗三种。

(1)氯漂:利用次氯酸钠的氧化作用来破坏染料结构而使织物褪色。次氯酸盐是一种强漂白剂,可以侵袭并破坏靛蓝染料结构的稳定性。在漂洗过程中,牛仔布将由于靛蓝被氧化成靛红而褪色,靛红可溶于水而被去除,达到褪色的目的。

经氯漂后的服装含有部分未分解的次氯酸钠残留氯,残留氯对人体有害,还会损伤纤维的性能,故服装要进行脱氯处理。脱氯常用的方法是用大苏打溶液处理,在漂洗结束后,加入 2%～3% 的大苏打($Na_2S_2O_3$),在 40～50 ℃ 热水中处理 10～20 min,再充分水洗,即可去除氯。

(2)氧漂:是利用双氧水在一定 pH 值及温度下的氧化作用来破坏染料结构,达到褪色增白的目的。双氧水漂洗剂只能将黑色漂成中灰色或中浅灰色,不能漂成很浅的颜色,也不能把黑色牛仔服漂白,一般漂后布面会略微泛红。

氧漂工艺流程为:氧漂→柔软剂处理(2%～3%,2 min)→过水 3 次(80 ℃以上)→脱水→烘干→整烫。

双氧水用于牛仔成衣的漂白,白度比较纯正,失重少,对棉纤维的损伤也比次氯酸钠少,但成本相对较高,多用于中高档牛仔成衣或者对白度要求高的加工。

(3)高锰酸钾漂洗:高锰酸钾是目前比较流行的漂洗剂,主要用于黑色牛仔服的漂洗。黑色牛仔服也可用双氧水漂洗,但双氧水漂洗剂只能将黑色漂成中灰色或中浅灰色,不能漂成很浅的颜色,也不能把黑色牛仔服漂白,漂洗的面料颜色较呆板。高锰酸钾漂洗剂可以将颜色漂得很浅,因此,对要求颜色很浅的牛仔服只能用高锰酸钾进行漂洗。高锰酸钾漂洗剂漂后的织物表面有一层白毛,类似雪花洗效果。一般在漂洗过程中为加强效果,会

加入磷酸使衣物色光鲜艳,磷酸加入量根据实际效果进行增减。经高锰酸钾处理后衣物需要加入大量草酸还原,以去除服装上残留的锰化物。

5. 酵素洗

酵素洗又称为纤维素酶洗。酵素是一种纤维素酶,它可以在一定 pH 值和温度下,对纤维结构产生降解作用,使表面靛蓝染色层变松,然后在机械摩擦作用下被除去,使布面温和地褪色、褪毛("桃皮"效果),并得到持久的柔软效果。与石磨洗相比,酵素洗可使织物获得减量效果和永久性柔软手感,还可提高织物悬垂性和光泽,洗出的花纹细腻不发灰。酶洗又被称为生物石洗,很少剂量的酶可代替数公斤的浮石,免除了繁重的搬运、储藏、处理浮石的劳动,减少了浮石对衣物的损伤和洗涤环境中的砂尘,浮石处理中沾污服装、污染车间地面及下水道的问题也不复存在。因此,采用生物酶洗技术取代传统的石磨技术处理牛仔布,可缩短工艺流程,减轻劳动强度,降低生产成本,减少污水排放,符合绿色生产要求。酵素洗根据酵素用量、洗涤时间和风格,可以分为重酵洗或轻酵洗。

酵素洗可同时添加石头使用,称为酵素石洗或酵素石磨洗,目前普遍采用这种磨洗工艺。酵素根据 pH 值分为酸性酶和中性酶,酸性酶多用于低档服装的石磨漂洗工艺,中性酶则用于高档服装。

酵素石磨洗工艺步骤为:将退浆后牛仔服装放入洗水机→放水至合适水位(加入浮石或胶球)→加防染剂→开机运转→升温至适合温度→检查或调整 pH 值→加入酵素→磨洗一定时间并对样板→放水至较高液面,升温至 60 ℃以上(加纯碱灭活)→次氯酸钠或双氧水轻漂洗→水洗→(其他工艺,如套色等)→过柔软剂。

一般工艺条件:中性酶酵磨处理:纤维素酶用量为每百克服装需用 3～10 g,浮石用量为每百克服装用 20～30 g,pH 值控制在 5.5～8.0,温度 55～65 ℃,浴比 1:10,时间 60～90 min。酸性酶酵磨处理:酸性酶用量为每百克服装 1～3 g,浮石用量为每百克服装 20～30 g,pH 值控制在 4.5～5.5;温度 45～55 ℃,浴比 1:5 左右,时间根据服装需要控制在 30～60 min。

牛仔服装退浆后先用浮石水洗再用酵素水洗会呈现较细腻的花纹;先用酵素水洗再用浮石水洗则呈现较粗犷的花纹。只要工艺控制得当,可做出陈旧而不破烂的效果。

6. 砂洗

砂洗采用工业洗水机,利用砂洗剂及碱性和氧化性助剂对织物进行处理,使洗后衣物具有一定褪色效果及陈旧感。若配以石磨,洗后织物表面会产生一层柔和的霜白绒毛,再加入一些柔软剂,可使洗后织物松软、柔和,从而提高穿着的舒适性。操作时是使用一排水平放置的滚筒,滚筒上可裹上砂纸,或采用经过化学处理的研磨剂。将牛仔布套在滚筒上,对凸出的部分进行磨砂处理,从而使牛仔布部分褪色,并在布面产生绒感,手感柔软、细腻。砂洗处理方法还可使牛仔服产生褶皱、猫须等时尚外观效果。

砂洗用剂有膨化剂、砂洗剂和柔软剂。膨化剂起膨化作用,衣物经膨化后,纤维疏松,在砂洗剂的摩擦下,疏松的表面纤维产生丰满柔和的茸毛,借助摩擦作用及氧化剂的协同破坏,织物表面褪色并产生一定的花度效果,具有陈旧感。

砂洗工艺目前已较少采用,且大多用在丝绸、休闲服装和仿牛仔面料上,而纯牛仔服装的水洗已极少使用。

7. 化学洗

化学洗主要是通过使用强碱助剂($NaOH$、$NaSiO_3$ 等)来达到褪色的目的,洗后衣物有较为明显的陈旧感,再加入柔软剂,衣物会有柔软、丰满的效果。如果在化学洗中加入石头,则称为化石洗,可以增强褪色及磨损效果,从而使衣物有较强的残旧感。化石洗集化学洗及石洗效果集于一身,洗后可以达到一种仿旧感和起毛的效果。磨损程度视加工时间而定,化石洗茸毛短而多,整体效果优于砂洗。

化学洗工艺流程:退浆→化学洗→清洗→(50 ℃,洗衣粉 1 g/L,5 min)→过水→过酸中和(40 ℃,冰醋酸 0.1 g/L,5 min)→过水→柔软处理(50 ℃,软油 1 g/L,30 min)→脱水→烘干→整烫。

8. 套色

牛仔服装在最后都要做套色或拖色来达到一定的怀旧效果,如套米色有旧的效果,套灰色有脏的效果。也可以在布面进行不同层次的蓝色套染,造成喷砂刷黄、绿或淡蓝等效果,牛仔服装具有自然铜绿、土壤黄色,渲染了陈旧的效果。常用染料有硫化、活性、直接染料和涂料等。

9. 破坏洗

破坏洗是将衣物用浮石打磨(同时加入一定量的酶)处理,从而在某些部位如骨位、领角处产生一定程度的破损,然后再经柔软处理。洗后衣物呈现较为明显的残旧效果,也可先在指定位置划开布面,再经洗水后达到磨烂的效果。破坏洗多用于布身较厚的斜纹牛仔服装。

二、特殊洗水方法

1. 雪花洗

将干燥的浮石用高锰酸钾溶液浸透,然后在专用转缸内直接与衣物打磨,通过浮石打磨在衣物上,使高锰酸钾把摩擦点氧化掉,布面呈不规则褪色,在服装蓝色的底上形成类似雪花的白点,称为雪花洗。它是将化学药剂与浮石相结合对牛仔服装进行的整理。把服装普洗、退浆、脱水,但不烘干,按下列步骤操作:

浮石浸泡 5%～10%的高锰酸钾溶液(1～2 h),捞出沥干→浮石放入石磨机内与服装一起干磨(约 20 min)→雪花效果对板→取出衣物在洗水机内用清水洗掉衣物上的石尘→草酸中和锰氧化物→水洗→加增白剂和柔软剂→脱水→烘烫

2. 碧纹洗

碧纹洗也叫单面涂层或涂料染色,这种洗水方法是针对经过涂料染色的服装而设计的,其作用是巩固原来的艳丽色泽并使织物手感变柔软。工艺流程为:服装浸染涂料→烘干焙烘(130～150 ℃)→洗水→将浮石放入洗衣机→装入退浆后浸染涂料的服装→加酵素→调节 pH值,转洗 30～90 min→70 ℃热水冲洗 2 次→制软(去掉浮石)→转笼烘燥机烘干。

3. 蜡洗(冰纹)

蜡洗是将传统的蜡染工艺与现代的印染、洗水技术相结合,开发出的一种新的洗水工艺。与蜡染不同之处在于,蜡染是白图案、蓝花、蓝线条,而蜡洗是蓝图案、蓝底、白线条。通过设计,可生产出许多图案,如果用硬度较大的石蜡还会形成龟裂花纹,达到印染所不能达到的效果。

蜡洗所用的蜡通常为由蜂蜡、石蜡、松香配制而成的混合蜡,也可以用单独的石蜡来描绘

8-3 牛仔服装特殊洗水方法

图案。用毛刷将熔蜡均匀涂抹在服装图案上,将服装浸泡到高锰酸钾溶液中,使服装上没有涂蜡的地方剥色,然后将浸泡后的服装放入洗衣机内,加入纯碱、洗涤剂等将蜡洗净,最后用草酸、双氧水洗去多余的高锰酸钾及二氧化锰,就能得到美丽的图案。

4. 扎洗/网袋洗

扎洗是在洗水过程中用绳子等将服装捆扎出各种图案的花型,再进行酵洗或漂洗,洗后布面形成印花一样的不规则图案。还可进行脱色处理,使服装的花色更加多样性。

网袋洗是将牛仔服装压紧塞进网袋,放进洗水设备进行酵洗或漂洗,因面料紧压,面料各部分接触化学药剂量不同,洗后打开布面不同位置形成特殊的无规律图案。

5. 手擦

又称手砂,原指用砂纸纯手工在服装上摩擦,后泛指利用砂纸、刀片、小型砂轮机等工具在服装表面对纤维进行物理损伤褪色的手工打磨加工工艺。摩擦使布面的染色基层去除而留出底布色,产生立体褪色的独特效果。

手擦处理通常在前后裤腿和裤腰位、袖子及前后身等设计部位采用。砂纸目数由纱线粗细、布面品质、颜色牢度及手擦部位要求的轻重来综合选定,目数越大,砂纸越细。手擦处理效果自然、有层次感,在腰头等细微部位均可进行,缺点是工人劳动强度较大。

6. 机擦/机刷

用电动刷子或磨轮直接在面料的表面进行打磨处理,使衣物表面达到局部磨白的效果。机擦处理适合在前腿位、膝盖处、后臀部等较大面积的位置采用。先用吹裤机利用充气模型将裤子吹胀并固定,再用电动设备打磨。机擦打磨速度比手擦要快得多,是人工手擦的替代工艺,但效果比手擦死板。机擦后需用手工修整裤缝边缘、袋口边、裤脚的折边处等细小部位,以期达到特殊的效果。故机擦只用于需要大面积且连续磨白的部位。

机擦用的擦头一般有 280、320、400 三种规格,280 用于粗厚牛仔布,320 普遍用于蓝色牛仔布,400 用于薄牛仔布或黑牛仔布。

7. 喷砂

又称打砂,利用空气压缩机和喷砂装置产生的强气压而喷射出金刚砂(氧化铝)微粒,在强气流作用下,氧化铝微粒以高速喷在服装的表面使服装产生局部磨损。靛蓝染料的纤维在摩擦力作用下剥离织物表面,故可喷射出多种多样的粗化、发白的图案。采用模板喷砂还能产生猫眉纹效果。这种工艺不仅可以取代传统的石磨工艺,同时可以大大提高工作效率,每完成一条牛仔裤只需几秒钟。金刚砂可回收再添加到砂筒中继续使用,但喷砂的工作环境相对恶劣,操作工人需要穿全套防尘装备。该法中由于喷砂力量过大对织物有一定损伤,并且效果比较呆板,一般与手擦、机擦结合运用。

8. 喷马骝

喷马骝是用喷枪把高锰酸钾按设计要求喷到衣服上,所喷位置因发生化学反应而使布料褪色,颜色变浅而产生磨旧效果。其原理是利用高锰酸钾的氧化作用将牛仔服装表面的靛蓝染料或硫化染料破坏,使染料颜色褪去,服装表面出现霜白效果。布的褪色程度可通过高锰酸钾溶液浓度和喷射量来控制,有时可使用模板以达到精致的艺术图案。高锰酸钾反应产物二氧化锰通过后续还原剂如草酸、亚硫酸氢钠等水洗去除。

喷马骝与喷砂的本质区别在于前者为化学作用,后者为物理作用。从褪色效果上看,喷马骝褪色均匀,织物的表层里层均有褪色且可以达到很强的褪色效果,对服装基本无物理损伤。而喷砂只是在织物表层有褪色,对纤维有物理损伤。

9. 猫须

猫须是手擦的一种,因加工后的效果如猫须状而得名。猫须加工是模仿穿着后在关节伸屈部位产生的一种自然磨旧像猫须似的纹路,采用打砂或机刷等方式磨洗出折痕。猫须纹通常出现在牛仔裤的前裤裆左右侧和后裤脚处,也可用在股腋、臂腕、膝腕等处。

随着怀旧风的盛行,猫须成为牛仔洗水工艺中最常见的工序,同时也是最复杂的工序。猫须可分为普通猫须、立体猫须、手缝猫须、马骝猫须、手抓猫须和树脂猫须等,如图 8-2 所示。

(a) 手擦猫须   (b) 立体猫须   (c) 手抓猫须

图 8-2 各种猫须加工效果牛仔布

10. 树脂压皱

8-4 牛仔服装的镭射(激光)处理

其原理同免熨烫整理。牛仔布多为纯棉织物,棉属于纤维素纤维,纤维内部结构无定形区含量较多,使织物在外力作用下易产生折皱,影响美观及穿着舒适性。树脂整理是通过树脂整理剂与纤维无定形区里大分子链的交联作用提高防皱抗皱性能,达到免烫效果。经免烫整理的牛仔布织物易于打理,穿着不易皱,机洗后平整度好,不需熨烫,达到洗可穿的效果且手感更舒适。树脂压皱可按加工要求形成持久的特定皱褶,配合磨洗、马骝、喷砂、手擦等工艺来表现牛仔服的风格。

11. 激光雕刻

激光雕刻是利用激光雕刻机去除浮在牛仔布纱线表面的蓝色,在面料上雕刻出各种图案,或是在织物表面切割出具有镂空效果的各种图案。它利用计算机进行图案设计、排版,使激光雕刻机中的激光束按照计算机排版指令,在织物表面进行高温刻蚀,受高温刻蚀部位的纱线被烧蚀、染料被气化,从而产生花纹图案或其他洗水整理效果。激光刻蚀能获得各种花型图案,使服装更加精致和富有创意,通过精确工艺切割,还能产生马骝、猫须、破烂、磨旧等效果,如图 8-3 与图 8-4 所示。

图 8-3 激光雕刻机

12. 人为损伤法

牛仔服装为了得到一些特殊的风格或新奇的外观,采用一些特殊的方法,如特重磨、特重漂、用坚硬物(如剪刀、枪弹)制出规则或不规则的小洞,在服装表面形成局部或全面损伤的特殊处理,如图 8-5 所示。

图 8-4　激光雕刻牛仔织物

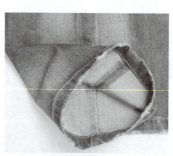

图 8-5　采用人为损伤法在牛仔裤上形成的特殊外观

13. 扎花洗

扎花洗可以获得闪电效果,现在很流行,即把牛仔裤腿按实际要求扎成卷状,放到专业的洗水机洗水。清水洗涤 1 次后阴干到不滴水为准,选择适当比例的漂水,事前多在裤边内、裤耳内实验,因为阴干裤脚会有多褶皱,选择需要效果的部分用力拉扯使痕迹明显,用毛巾沾漂白水擦拭褶皱的里边,清水洗后甩干。

14. 隐形印花洗

隐形印花是先在牛仔面料、衣片或牛仔成衣上印花,然后通过洗水显示特殊花纹图案的一种加工工艺。

显色的原理是在织物表面同时创造具备亲水性和憎水性的两部分。当织物遇水后未印花部分润湿速率较快,而印花部分因有拒水剂存在将不被润湿或润湿速率很慢,最终造成在同一块布料表面上含水量的极大差别,而导致亲水性部位的颜色和疏水性部位的颜色对光线的反射不一致,出现不同的颜色光泽,亲水性部分的颜色较疏水性部位颜色深很多,由于该色差的出现而花纹被显示出来,这样就达到了隐色印花的效果,如图8-6所示。

隐形印花洗工艺流程为:牛仔裤经喷马骝水 →干擦→ 再酵洗 → 脱水烘干→成品。

图8-6 隐形印花洗牛仔裤外观

单元 8.3 牛仔服装洗水常见问题

8-5 微课-牛仔服装洗水常见问题

目前国内已制订牛仔服装洗水标准车间建设规定及设备技术要求,在生产设备技术改良过程中严格控制计量,加强设备管理,大大降低了牛仔服装洗水中因生产操作不规范导致的工艺不稳定、产品重现性差等质量问题。洗水车间质量控制所需的基本计量仪器用具包括:磅秤、电子称、pH 试纸(或酸度计)、温度计、烧杯、量筒、量杯等,并应配备专门的化验室技术人员。

牛仔服装洗水最常见的问题是洗水效果差异大、色差大,或者是样板打出来符合要求,大货却做不到。牛仔服装洗水常见问题分析如下。

一、洗水痕

1. 原因分析

(1)布料含有化纤成分,在水中比较僵硬,容易和机器摩擦产生洗水痕;

(2)布料本身有折痕或生产过程、运输过程中产生了压痕,在洗水前没有整烫或吹气展开;

（3）服装落机时未完全湿透就开机，或内部放置不匀就转动机器；

（4）洗水前衣物的线头太长或者绑绳太长，线头或绑绳在洗水时与衣物缠在一起或衣物相互缠绕；

（5）洗水时浴比过大或过小；

（6）脱水不够就烘干，烘干时放入太多衣物，或烘干前没有抖顺、理平衣物；烘干温度过高、时间过长、烘得太干等（针对斜纹布类）。

2. 洗水痕避免方法

（1）洗水厂收到货时应首先检查布料是否含有化纤成分，其次检查布料是否有死痕或折痕。如含有化纤成分且有死痕或折痕的，先挑出几件做头缸并做记录；

（2）若头缸没有问题则按正常洗水程序做大货；如有问题则改变洗水工艺程序：先整烫、吹气，后做猫须和手擦，或者整烫、吹气后退浆、烘干，再做猫须和手擦；

（3）落机时每件衣物需打水泡，完全湿透且放置均匀后再转机；

（4）洗水前必须将制衣厂送来的待洗水加工的衣物线头剪干净，最长的不可超过 2 cm；

（5）加水适中且衣物要适量下机，并且在中途停机时查看衣物有无相互缠绕；

（6）脱水尽量脱干些，衣物抖顺、理平后再入机烘干，烘干时温度适宜，且不能烘得太干。

二、成衣洗水手感欠佳

成衣洗水手感欠佳与洗水时间、洗水方法、柔软剂的种类和用量、采用的柔软工艺、烘干时间等因素有关。

1. 洗水时间

洗水时间不足，洗水手感欠佳。一般加强洗水时间，布面会更柔软。

2. 洗水方法

不同洗水方法手感不同，如先退浆再石洗，手感会柔软一些，如果未经退浆直接石洗酵磨，如果操作不当，手感也要差一些。

3. 柔软剂的种类、用量

洗水后成衣的手感主要取决于柔软剂的种类。柔软剂分非离子型、弱阳离子型、阳离子型、阴离子型等大多采用阳离子型柔软剂，也有采用有机硅类柔软剂的，但风格不一样。非硅类软膏和软片类柔软剂的特点是柔软、蓬松，而有机硅类柔软剂显得平滑。在饱和情况下，柔软剂用量越多效果越好，但过多会造成浪费且对手感提高不大，甚至还会起到反作用。

4. 柔软工艺

柔软时间、水比对手感的影响也很大。加软正常情况下应该独立进行，如把过水和加软同浴进行，会造成过水不清或返蓝严重或手感不够。加软一般在常温（最好是 40～60 ℃）下行机 5～8 min 即可。需注意的是水比较大时软油用量会增加且手感不好；水比较小时软油不能充分溶解，会使成品沾上未融化的软油而导致成品有一团团的软油印，形成次品。

5. 烘干时间及打冷风时间

烘干时间和打冷风时间对手感的影响也很大。一般成衣洗水后放入离心机甩干至 80% 左右后烘干。烘干时机内成品不要过多，多了会导致烘干时间过长而返蓝，一定要尽快把成品烘干至 95% 左右，然后打冷风。打冷风对手感影响很大，打冷风时间要适当长些，但时间过长,成品间相互摩擦又可能导致成衣沾色,因此一定要掌握好。

三、牛仔服装袋布上蓝

1. 牛仔服装袋布上蓝原因

(1) 洗水过程中没有加防回沾功能的皂洗剂;

(2) 洗水厂所用洗水原料质量差或原料失效;

(3) 洗水时温度过高或过低(酵素的最佳使用温度为 45～60 ℃之间),造成酵素失去作用或者发挥不到作用;

(4) 脱水不干,脱水后放置时间过长,未及时烘干或烘干时衣物放得太多,烘干温度过高;

(5) 过水不清或者过清水的次数不够,过清水时没有转机或者放水时没有转机。

2. 避免牛仔服装袋布上蓝的方法

(1) 洗水过程中(退浆、磨底)多添加些防染剂与枧油,过清水时转机多清洗几次;

(2) 尽量使用防染效果好的酵素、防染剂及枧油,不能使用高温环境下放置的酵素和过期的酵素;

(3) 洗水时温度适宜,时间适当(酵素发挥作用的时间为 20～40 min 之间);

(4) 脱水要干并及时烘干。

四、弹力牛仔洗水过程中失弹

1. 失弹原因分析

牛仔中的氨纶成分是聚氨酯纤维,该纤维遇到高温会裂解、遇到强碱则水解,都会造成纤维失去弹性,遇到氯气也会失弹。

2. 避免方法

(1) 聚酯型氨纶弹力牛仔退浆过程中,少用碱退浆,多采用酶退浆;

(2) 由于牛仔碱性加工较少,通常弹力牛仔失弹主要是洗水过程中洗水机内水温过高所致。洗水温度最好在 55 ℃左右,绝不可以超过 60 ℃,否则易出现鸡爪印或不规则的水痕。如洗水加热操作过程中忘记关蒸汽阀导致机内水温过高(超过 60 ℃)时,可以立即放水,边放热水边加冷水进机舱,但在放水过程中不要停机;

(3) 聚醚型弹力牛仔布氯漂时漂水的添加量不要太多,最好是分两次轻漂。

目前市场上有一些氨纶保护剂,针对聚醚型氨纶纤维,通过纺纱工艺精准包覆氨纶隔绝氨纶与漂水接触来防止氨纶断裂。

部分面料会产生假失弹现象,这是由于纱线捻度过大或织物结构过紧造成洗水后纤维产生溶胀抱紧氨纶,使氨纶失去活动性。一般烘干机内打冷风即可缓解该情况。

五、破损、底色磨花过头、裤脚边磨烂

这种情况常出现在漂洗、雪花洗、酵磨等工艺中。洗水过程中,如时间控制不当会导致底色磨花过头。一旦底色花过头,在后续过水时要尽量缩短转机时间,以减轻磨花现象。对于裤脚边损烂现象,可以明火烧去磨损外露的纤维。如果要避免类似情况发生,在酵磨过程中一定要频繁对板,严格控制酵磨时间。

六、洗水后尺寸过大或过小

外销单在尺码方面要求比较严,如果牛仔成衣洗后尺码过大,可以重新放入洗水机加水轻微转动,使牛仔服装出现二次缩水,但注意不要影响颜色,然后再返烘一次。如果水洗后尺码过小,可在烘炉内做打冷风处理或放入洗水机内加蒸汽转机打汽(不用加水),可以改善效果。

但根本的解决办法是试板过程中做好洗缩水测试,确定参数后严格按要求操作,不时检测牛仔成衣的尺寸。

七、泛黄

洗后布面泛黄疵点产生原因有:漂白工序中次氯酸钠用量过大;中和不彻底,使有效氯在衣物中残留过多;增白工序没有正确操作;水质混浊,含钙、镁离子太多。

八、有异味

通常发生在水洗、石磨、漂洗、酵洗等工艺中。产生主要原因在于洗涤不干净,中和不彻底,衣物上残留的氯太多;或洗涤过程采用了不清洁的水源。

九、浆斑

浆斑疵点主要发生在石洗、石漂、石磨等工艺。产生原因有:退浆工序操作不当;退浆率低,未充足退浆;染整过程中上浆不匀。

单元 8.4　牛仔服装的特殊整理

一、免烫整理

免烫整理又称洗可穿整理,是利用防皱整理剂通过整理剂与纤维大分子链的交联反应增强纤维的弹性,提高了织物的防皱抗皱性能,进而达到免烫的效果。牛仔布多为纯棉织物,棉属于纤维素纤维,在外力作用下易产生褶皱,影响服装的美观及穿着舒适性。所以,对纯棉牛仔织物尤其是薄型牛仔织物进行防皱整理显得尤为重要,免烫整理使服装更加挺括而又不失去柔软与滑爽的风格,但会使服装的吸水性、强力有所下降。此外,免烫整理剂大多含有甲醛,会使服装在整理后释放游离甲醛,影响健康及环境。所以应使用超低甲醛或无甲醛整理剂,并加强工艺控制,尽可能减少甲醛。无甲醛整理是今后免烫整理的发展趋势。

处理方法:将服装浸在防皱整理乳液中 10 min,脱水、烘干、烫平后倒挂在定形架上,在150 ℃条件下处理 3 min,取出降温后包装。

知识拓展
——牛仔洗水技术迈向智能化

知识拓展
——洗水英文小课堂

二、拒水拒油整理

拒水拒油整理是利用拒水拒油整理剂处理织物,使水和油均不能润湿织物,达到拒水拒油的效果。牛仔织物一般比较厚实,透气性欠佳且容易沾污,因此在进行拒水拒油整理的时候要既防水又透气,减少或避免油垢的沾污。拒水拒油透气的牛仔服装是今后的一个发展方向。

美国棉花公司的风暴牛仔技术是在保持牛仔服装原有特性的基础上,赋予其优异的拒水性和透气性,保护穿着者不受潮湿和雨水的困扰,其喷淋的整理剂为氟化物拒水整理剂、蜡质拒水整理添加剂、特殊的柔软剂等。用风暴牛仔技术处理过的牛仔服装强力和耐磨性更好,在中等雨量下能保护穿着者受湿衣的困扰,并保持服装良好的透气性能。

目前防水整理剂很多,但拒水又拒油的整理剂只有有机氟类整理剂,它是聚(甲基)丙酸氟烷基酯共聚物乳液,拒水拒油效果好、效果持久,但价格较贵、加工成本较高。

处理方法:水洗过的服装脱水、烘干后,在拒水拒油整理溶液中浸泡 20 min,脱水、烘干、烫平后倒挂在定形架上,在 170 ℃下烘 3 min,取出降温包装。

三、防紫外线整理

紫外线对人体皮肤的照射容易引发各种皮肤病,甚至皮肤癌。对一年四季都适宜穿着的牛仔服装进行防紫外线整理,对人体健康具有重要的意义。防紫外线整理是利用织物上的整理剂对紫外线进行吸收和反射以减少皮肤上受到的辐射量。

常用的防紫外线整理剂主要有紫外线反射剂(或称散射剂)和紫外线吸收剂两大类。紫外线反射剂是不具活性的金属化合物,如纳米级二氧化钛、氧化锌、碳化钙、瓷土、滑石粉等,主要是利用无机微粒的反射和散射作用,起到防紫外线透过的效应。紫外线吸收剂主要利用有机物质吸收紫外光并进行能量转换,以热能形式或无害低能辐射将能量释放或消耗,主要有水杨酸类、二苯甲酮类、苯丙三唑类和均三嗪类等几种。牛仔布的抗紫外线整理有浸渍法、浸轧法和涂层法,牛仔服装的抗紫外线整理主要采用浸渍法。

四、柔软整理

柔软整理分机械柔软整理和化学柔软整理。机械柔软整理是利用机械作用,采用气流式整理设备,利用高压气体的冲击和驱动力,对织物进行机械的甩打和膨化处理,使织物刚性降低而获得柔软效果。化学柔软整理是利用柔软剂对织物进行处理,减少织物与织物、织物与人体之间的摩擦,使织物具有柔软滑爽的效果。牛仔服装与传统服装相比,手感粗硬、厚实,穿着舒适感较差。柔软处理可赋予牛仔服装滑爽、柔软的手感,提高穿着舒适性。机械柔软整理过程中,如果不加化学药剂,整个加工过程属于绿色整理,随着设备技术的发展,提高机械柔软整理的耐久性,机械柔软整理将成为柔软整理的主要方式。

化学柔软整理处理方法:浸柔软剂乳液 10 min,温度 50 ℃,取出脱水、烘干、烫平,倒挂在定形架上,在 150 ℃条件下定形 3 min。

五、其他功能整理

功能性整理扩大了牛仔布在服装、装饰及其他领域的应用,随着健康、环保生活理念的推行,很多新型整理特别是健康功能整理相继出现。牛仔服装的健康整理有护肤、保健、抗菌等作用。

艾蒿在我国有悠久的食用历史,艾叶具有抗过敏、抑菌、软化血管等作用。将艾蒿油包在天然多孔微胶囊中制成艾蒿整理加工剂,用于牛仔服装的整理,能使其效果持续更久。

丝蛋白具有良好的生物相容性,能制成纤维、膜片、颗粒和溶液等各种形态,将其施加于其

知识拓展
——牛仔服装循环再用新技术

他纤维上,可以使纤维具有蚕丝一样滑爽、柔软和吸湿的优点,穿着后可使皮肤保持一定的湿度,还有极好的触感。用丝素整理的牛仔面料折皱回复性提高,手感改善,吸湿透气性、服用性能良好。用水溶性丝素结合黏合剂树脂对牛仔服装进行整理,可获得有效的无甲醛免烫整理效果。

负离子是一种带负电荷的空气离子,经过负离子整理的纺织品具有增强新陈代谢、缓解疲劳、促进血液循环、抗菌防臭等效果。负离子牛仔织物的整理有两种方法;第一种方法是将负离子粉体材料制成负离子浆,通过黏合剂黏附到牛仔织物上;第二种方法是将纳米负离子粉体分散液借助架桥基和硅氧烷亲水有机整理剂,使服装具有更好的亲水性、更高的黏附牢度、更好的手感和抗静电性。

参考文献

1. 梅自强. 牛仔布和牛仔服装实用手册. 2版. 北京：中国纺织出版社，2009.
2. 香港理工大学纺织及制衣学系. 牛仔布生产质量与控制. 北京：中国纺织出版社，2002.
3. 林丽霞，刘干民. 牛仔产品加工技术. 上海：东华大学出版社，2009.
4. 刘瑞明. 实用牛仔产品染整技术. 北京：中国纺织出版社，2003.
5. 姚继明，张双利. 牛仔及休闲服装水洗技术. 北京：中国纺织出版社，2012.
6. 叶霖，戴俊. 剑杆织机制织双面弹力牛仔布的实践. 现代纺织技术，2003(1).
7. 沈艳琴，钱现，韩惠民. 轻薄型牛仔布的开发. 上海纺织科技，2005(4).
8. 相鹰. 天丝/棉/Coolmax弹力牛仔布的生产实践. 上海纺织科技，2009(11).
9. 魏景新，雷旭. 麻类牛仔布经纱上浆技术. 纺织导报，2003(6).
10. 彭志忠. 牛仔面料印染深加工整理. 染整技术，2011(6).
11. 王德伍. 牛仔布的功能整理. 河北纺织，2011(2).
12. 史志陶，陈锡勇. 棉纺工程. 3版. 北京：中国纺织出版社，2004.
13. 谢春萍，徐伯俊. 新型纺纱. 2版. 北京：中国纺织出版社，2009.
14. 李济群，瞿彩莲. 紧密纺技术. 北京：中国纺织出版社，2006.
15. 上海纺织控股(集团)公司. 棉纺手册. 3版. 北京：中国纺织出版社，2004.
16. 刘森. 机织技术. 北京：中国纺织出版社，2006.
17. 郭黎霞. 浅谈牛仔织物的来样分析. 上海纺织科技，2007(3).
18. 中国就业培训技术指导中心. 助理纺织面料设计师. 北京：中国劳动社会保障出版社，2009.
19. 杨桂莉，彭诚. 牛仔布染色及质量控制. 天津纺织科技，1995.
20. 刘涛. 牛仔布的特殊涂层. 广东：广东省纺织工程学会，2008广东牛仔深加工技术创新研讨会论文：94～97.
21. 李显波. 防水透湿织物生产技术. 北京：化学工业出版社，2006.
22. 文水平. 牛仔面料后整理技术与发展. 纺织导报，2010(10).
23. 李竹君. 牛仔新品种及其生产工艺. 纺织导报，2010(10).
24. 程学忠. 绿色环保浆料是牛仔布用浆料的发展方向. 纺织导报，2002(5).
25. 王纪良，毛慧贤. 牛仔布生产过程控制及产品质量提升. 河南工程学院学报，2008(4).
26. 毛慧贤，王纪良. 牛仔布松边原因及解决办法. 棉纺织技术，2008(8).
27. 陈宏武. 减少牛仔布色差及条花疵点的工艺探讨. 四川纺织科技，2001(3).
28. 杨佩琴，刘荣清. 关于牛仔布质量标准的探讨. 上海纺织科技，2002(6).
29. 陆冰. 色织牛仔布缩水率实验干燥方法的研究. 中国纤检，2004(11).

30. 郭莉,姚舒林,曾林泉. 靛蓝牛仔布常见疵病的产生及防止. 上海纺织科技,2004(2).

31. 自动络筒机工艺及控制系统探讨. 中国自动化网,2008(1).

32. 罗建红,黄俊. 牛仔布的经纱上浆. 四川纺织科技,2003(10).

33. 蒋矿生,倪国英,符海平. 牛仔布的环保加工工艺. 印染,2004(13).

34. FZ/T 72008—2006 针织牛仔布.

35. FZ/T 13001—2001 色织牛仔布.

36. 沈兰萍. 新型纺织产品设计与生产. 2 版. 北京:中国纺织出版社,2009.

37. 张曙光. 现代棉纺技术. 上海:东华大学出版社,2007.